普通高等教育 电气工程/自动化 系列教材

电　机　学

主　编　李朝霞
副主编　崔崇雨　张　涛
参　编　扎西顿珠　权学政

机械工业出版社

本书根据从特殊到一般的认识规律，逐一论述变压器、异步电机、同步电机和直流电机四种典型电气设备，使读者掌握电机的基本概念、基本原理和基本分析方法。本书重点是各类电机的稳态性能分析，各种电机在电、磁、力各方面的共同特点总结。本书可使读者对电机各方面性质的内在联系和机电能量转换的实质有完整的、由感性到理性的认识和思考。书中还有与内容对应的典型例题、思考题和习题，便于自学。

本书是高等学校电气工程及其自动化专业主干课电机学的教材，也可供其他相关专业本科生、研究生以及从事电机运行和制造的工程技术人员参考学习。

图书在版编目（CIP）数据

电机学 / 李朝霞主编 . —北京：机械工业出版社，2021.12
普通高等教育电气工程自动化系列教材
ISBN 978-7-111-70173-6

Ⅰ. ①电… Ⅱ. ①李… Ⅲ. ①电机学-高等学校-教材 Ⅳ. ①TM3

中国版本图书馆 CIP 数据核字（2022）第 026257 号

机械工业出版社（北京市百万庄大街 22 号　邮政编码 100037）
策划编辑：王玉鑫　　　　　责任编辑：王玉鑫　王　荣
责任校对：肖　琳　张　薇　封面设计：张　静
责任印制：郜　敏
北京富资园科技发展有限公司印刷
2022 年 4 月第 1 版第 1 次印刷
184mm×260mm · 16 印张 · 396 千字
标准书号：ISBN 978-7-111-70173-6
定价：49.80 元

电话服务　　　　　　　　网络服务
客服电话：010-88361066　　机　工　官　网：www.cmpbook.com
　　　　　010-88379833　　机　工　官　博：weibo.com/cmp1952
　　　　　010-68326294　　金　书　网：www.golden-book.com
封底无防伪标均为盗版　机工教育服务网：www.cmpedu.com

前　言

电机学课程是高等学校电气信息类专业的一门核心基础课，也是一门承上启下的课程，其特点是理论性强、概念抽象、专业性特征明显。作为电机学课程的教材，本书主要内容为电机的原理与运行，主要分析基于电磁感应原理的变压器及交、直流电机的基本结构、工作原理和运行特性，着重于稳态性能的分析。

本书借鉴和吸收了国内外优秀电机学教材的精髓，编写时力求概念清晰、取材精练、实用性强、适应面宽且便于教学。本书可帮助学生梳理课程的核心要点，形成清晰的知识体系，培养学生分析典型问题的能力。

本书的编写思路和特点为：

1）注重基本概念、基本理论和基本方法的阐述，减少不必要的数理论证和数学推导。

2）考虑到电气工程自动化专业的需要，本书加强了理论与实际的联系，强调理论为实践服务，以培养学生解决实际问题的能力，强化学生的工程意识。

3）本书共分五篇，即变压器、交流电机的共同理论、异步电机、同步电机和直流电机，每篇由若干章组成，每章后附有思考题、习题，在每篇结尾给出小结，对本篇内容进行全面、系统的总结，包括基本概念、主要公式、重要结论等，为学生复习提供了方便。

4）各章具有相对的独立性，讲授次序可以根据具体教学情况进行调整。

本书编写时强调电机学本身内容的完整性和系统性，结合编者多年的教学实践经验，注重文字的流畅性，文字与插图紧密结合，叙述深入浅出，内容安排循序渐进。本书在编写的过程中，得到了西藏农牧学院电气工程学院有关同志的大力支持和帮助，收到了他们提出的许多宝贵意见，同时参考和借鉴了有关专家关于电机学和电机理论的论述和文献资料，在此一并致以谢意！

限于编者学识水平，书中难免会有错误和疏漏之处，恳请广大读者批评指正。

编　者

目　　录

前言

绪论 ················· 1
 第一节　电机的作用、分类 ········ 1
 第二节　磁路的基本物理量 ········ 1
 第三节　常用铁磁材料及其特性 ····· 3
 第四节　磁路的基本定律 ········· 5
 第五节　电磁基本定律 ·········· 9
 第六节　其他定律 ············ 10
 第七节　电机的制造材料 ········ 11
 思考题 ·················· 12

第一篇　变压器

第一章　变压器基本工作原理与结构 ··· 14
 第一节　变压器的工作原理和分类 ··· 14
 第二节　电力变压器的基本结构 ···· 14
 第三节　变压器的型号和额定值 ···· 18
 思考题 ·················· 20
 习题 ··················· 20

第二章　变压器的运行原理与特性 ···· 21
 第一节　变压器的空载运行 ······ 21
 第二节　变压器的负载运行 ······ 26
 第三节　变压器的参数测定 ······ 31
 第四节　标幺值 ············· 34
 第五节　变压器的运行特性 ······ 35
 思考题 ·················· 38
 习题 ··················· 38

第三章　三相变压器及运行 ········ 40
 第一节　三相变压器的磁路系统 ···· 40
 第二节　三相变压器的联结组别 ···· 41
 第三节　三相变压器绕组连接方法及其磁路系统对电动势波形的影响 ··· 44
 第四节　变压器的并联运行 ······ 45
 思考题 ·················· 49
 习题 ··················· 50

第四章　三相变压器不对称运行及瞬态过程 ·· 51
 第一节　对称分量法 ··········· 51
 第二节　三相变压器的各序阻抗及等效电路 ········ 52
 第三节　三相变压器 Yyn 联结时的单相运行 ········· 54
 第四节　变压器的瞬变过程 ······ 57
 思考题 ·················· 61
 习题 ··················· 62

第五章　电力系统中的特种变压器 ···· 63
 *第一节　三绕组变压器 ········ 63
 第二节　自耦变压器 ··········· 66
 第三节　电流互感器和电压互感器 ·· 68
 思考题 ·················· 70
 习题 ··················· 70

第一篇小结 ················ 71

第二篇　交流电机的共同理论

第六章　交流电机的电动势 ········ 76
 第一节　交流绕组的基本概念 ····· 76
 第二节　三相单层绕组 ········· 78
 第三节　三相双层绕组 ········· 81
 第四节　正弦分布磁场下绕组的感应电动势 ··············· 83

第五节　谐波电动势及其削弱方法 …… 85
　　思考题 …………………………………… 87
　　习题 ……………………………………… 88
第七章　交流绕组的磁动势 ……………… 89
　　第一节　单相绕组的磁动势 …………… 89
　　第二节　对称三相电流流过对称三相
　　　　　　绕组的基波磁动势 …………… 94

*　第三节　不对称三相电流流过对称三相
　　　　　　绕组的基波磁动势 …………… 96
*　第四节　三相绕组合成磁动势高次谐波
　　　　　　分量 ……………………………… 97
　　思考题 …………………………………… 98
　　习题 ……………………………………… 98
第二篇小结 ………………………………… 100

第三篇　异步电机

第八章　异步电动机的结构和
　　　　工作原理 ………………………… 102
　　第一节　异步电动机的基本概念 ……… 102
　　第二节　感应电机的工作原理 ………… 105
　　思考题 …………………………………… 106
　　习题 ……………………………………… 106
第九章　异步电动机运行原理 …………… 107
　　第一节　主磁通和漏磁通 ……………… 107
　　第二节　转子静止时异步电动机的运行 … 108
　　第三节　转子转动后的异步
　　　　　　电动机的运行 ………………… 111
　　第四节　三相异步电动机参数的试验
　　　　　　测定 …………………………… 115
　　思考题 …………………………………… 117
　　习题 ……………………………………… 117
第十章　三相异步电动机的功率、
　　　　转矩及工作特性 ………………… 119
　　第一节　异步电动机的功率平衡方程式
　　　　　　和转矩平衡方程式 …………… 119
　　第二节　异步电动机的电磁转矩及
　　　　　　机械特性 ……………………… 121
　　第三节　异步电动机的工作特性 ……… 125
　　思考题 …………………………………… 126
　　习题 ……………………………………… 126

第十一章　异步电动机的起动、调速
　　　　　和制动 ………………………… 128
　　第一节　起动电流和起动转矩 ………… 128
　　第二节　异步电动机的起动方法 ……… 129
　　第三节　异步电动机的调速方法 ……… 131
　　第四节　三相异步电动机的制动 ……… 135
　　思考题 …………………………………… 136
　　习题 ……………………………………… 136
第十二章　三相异步电动机的异常
　　　　　运行 …………………………… 138
　　第一节　三相异步电动机在非额定电压下的
　　　　　　运行 …………………………… 138
　　第二节　三相异步电动机在非额定频率下
　　　　　　运行 …………………………… 139
　　第三节　三相异步电动机在电源断相时的
　　　　　　运行 …………………………… 139
　　第四节　三相异步电动机在不对称电压下
　　　　　　运行 …………………………… 139
　　思考题 …………………………………… 142
第十三章　其他常用异步电机 …………… 143
　　第一节　单相异步电动机 ……………… 143
　　第二节　异步发电机 …………………… 145
　　思考题 …………………………………… 147
第三篇小结 ………………………………… 148

第四篇　同步电机

第十四章　同步电机概述 ………………… 152
　　第一节　同步发电机的基本工作原理及
　　　　　　分类 …………………………… 152
　　第二节　同步电机的基本结构 ………… 153

*　第三节　同步电机的励磁系统 ………… 156
　　第四节　同步电机的额定值 …………… 158
　　思考题 …………………………………… 158
　　习题 ……………………………………… 158

第十五章　同步发电机的运行原理 …… 159
第一节　同步发电机的空载运行 ………… 159
第二节　同步发电机带对称负载时的电枢反应 …………………… 162
第三节　隐极同步发电机的分析方法 …… 166
第四节　凸极同步发电机的分析方法 ……………………………… 168
思考题 …………………………………… 170
习题 ……………………………………… 171

第十六章　同步发电机的运行特性 …… 172
第一节　同步发电机的空载特性和短路特性 …………………… 172
第二节　零功率因数负载特性和保梯电抗 ……………………… 173
第三节　同步发电机的稳态运行特性 …… 175
思考题 …………………………………… 177
习题 ……………………………………… 177

第十七章　同步发电机的并联运行 …… 178
第一节　并联运行条件及并联方法 ……… 178
第二节　同步发电机的功角特性 ………… 182
第三节　并网运行时有功功率的调节与静态稳定 ……………… 184

第四节　并网运行时无功功率的调节与V形曲线 ………………… 187
思考题 …………………………………… 189
习题 ……………………………………… 190

第十八章　同步电动机及同步调相机 … 191
第一节　同步电动机的基本电磁关系、方程式、相量图 ………… 191
第二节　同步电动机的无功功率调节 …… 193
第三节　同步电动机的起动 ……………… 195
第四节　同步调相机 ……………………… 196
思考题 …………………………………… 197
习题 ……………………………………… 198

第十九章　同步发电机的异常运行和突然短路 ………………… 199
第一节　同步发电机的不对称运行 ……… 199
第二节　稳态不对称短路分析 …………… 201
第三节　同步发电机的失磁运行 ………… 203
第四节　同步发电机的突然短路 ………… 205
思考题 …………………………………… 215
习题 ……………………………………… 215

第四篇小结 ……………………………… 216

第五篇　直流电机

第二十章　直流电机的基本原理和电磁关系 …………………… 222
第一节　直流电机的工作原理、基本结构、额定值 ……………… 222
第二节　直流电机的励磁方式 …………… 225
第三节　直流电机的磁场和电枢反应 …… 225
第四节　电枢绕组的感应电动势和电压、功率平衡方程式 ……… 229
第五节　电枢绕组的电磁转矩和转矩平衡方程式 ……………… 231
思考题 …………………………………… 233
习题 ……………………………………… 233

第二十一章　直流发电机和直流电动机 ……………………… 235
第一节　并励发电机的电压建起 ………… 235
第二节　直流发电机的运行特性 ………… 236
第三节　直流电动机的工作特性和机械特性 …………………… 239
第四节　直流电动机的起动、调速和制动 … 242
第五节　直流电机的换向和改善换向的方法 …………………… 244
思考题 …………………………………… 246
习题 ……………………………………… 247

第五篇小结 ……………………………… 248

参考文献 ………………………………… 250

绪论

第一节 电机的作用、分类

一、电机的作用

电机是以电磁感应定律为基础，实现电能与机械能之间的转换及电能特性变换的机械装置。电机的作用主要表现在三个方面：

（1）电能的生产、传输和分配 在发电厂中，汽轮机（或水轮机、柴油机、燃气轮机等）带动发电机发电，将机械能转换成电能，然后经变压器升高电压，通过输电线路把电能传输到各用电地区，再经变压器降低电压供用户使用。

（2）驱动各种生产机械和装备 电动机广泛用于驱动生产机械、设备和器具。例如机床、电力排灌、机车牵引、抽水鼓风、轧钢造纸以及家用电器的驱动等。

（3）自动控制系统中的控制器件 控制电机在控制系统、自动化系统中作为执行、检测、放大和解算器件。

二、分类

电机按实际结构分为：
1）静止电机，即变压器。
2）旋转电机，包括直流电机和交流电机。交流电机有同步电机和异步电机之分。

电机按功能分为：
1）将机械功率转换为电功率的发电机。
2）将电功率转换为机械功率的电动机。
3）由一种电功率转换为另一种电功率的电机，这类电机又可分为：
① 输入和输出电压不同的变压器。
② 输入与输出波形不同的变流机。
③ 输入与输出频率不同的变频器。
④ 输入与输出相位不同的移相器。
4）起调节、放大、控制作用的控制电机。

第二节 磁路的基本物理量

电和磁是构成电机的两大要素，它们相互关联，缺一不可。磁在电机中以场的形式存在，在工程计算中，通常把磁场简化为磁路来处理，本节介绍磁路的基本概念。

一、磁感应强度

1）磁场是运动电荷（电流）的周围空间中存在的一种特殊形态的物质。当闭合导体中通入电流时，在导体的周围就会产生磁场。在变压器和电机中，套在铁心上的线圈流过电流，就会在线圈周围的空间形成磁场。

2）磁感应强度又称磁通密度，是表示磁场内某点磁场强弱的物理量，也是表征磁场特性的基本场量。磁感应强度用 B 表示，单位是特斯拉（T），它是一个矢量。

磁力线是表示磁场分布的假想存在的曲线。规定磁力线上的每一点的切线方向就是该点的磁感应强度的方向，如图 0-1 所示。

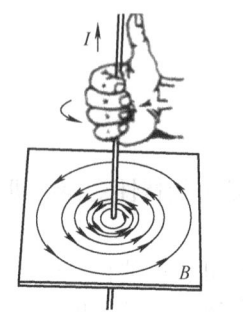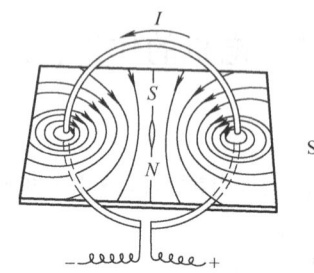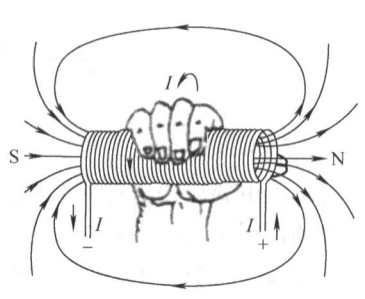

图 0-1 载流长导线、环形导线和螺线管的磁力线

磁力线具有以下特点：
1）磁力线的回转方向和电流方向符合右手螺旋定则。
2）磁场中的磁力线不会相交。磁场中每点的磁感应强度的方向是确定和唯一的。
3）载流导体周围的磁力线是围绕电流的闭合曲线，无起点，无终点。

磁感应强度 B 的大小由磁力线的疏密程度表示。即磁力线不仅能表示磁场的方向，且能描述磁场各处的强度。

二、磁通

磁通指通过某一面积的磁力线数，用 Φ 表示，单位为韦伯（Wb）。磁通是一个标量，如图 0-2 所示。

对于均匀磁场有

$$\Phi = BS\cos\theta \tag{0-1}$$

式中　Φ——磁通；

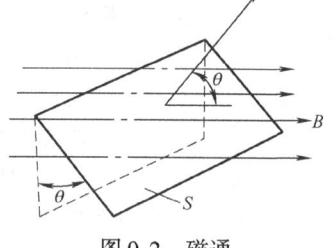

图 0-2 磁通

θ——面积 S 的法线 n 与 B 的夹角。

可见当磁力线与平面正交时，通过平面的磁通最大；当两者平行时，通过平面的磁通最小。

若某一面积 S 上磁通分布均匀，且与该面积相垂直时，有

$$\Phi = BS \tag{0-2}$$

三、磁场强度、磁导率

磁场强度是表征磁场性质的另一基本物理量。用 H 表示，单位为安/米（A/m），是一

个矢量，即
$$B = \mu H \tag{0-3}$$
式中 μ——磁导率，单位为亨/米（H/m）。

磁导率是用来表示物质导磁性能的参数，用 μ 表示。磁导率的数值随介质的性质不同变化范围很大。真空磁导率 $\mu_0 = 4\pi \times 10^{-7}$ H/m。电机中按导磁性能的强弱将使用的材料分为非铁磁材料和铁磁材料。非铁磁材料如空气、铜、铝、绝缘材料等，其磁导率等于真空磁导率 μ_0。铁磁材料如铁、镍、钴及其合金，其磁导率远大于真空磁导率。

以 μ_r 表示铁磁材料的磁导率与真空磁导率的比值，称为相对磁导率，铁磁材料的磁导率为
$$\mu = \mu_r \mu_0 \tag{0-4}$$
铁磁材料的磁导率 μ 不是常数，因此 B 与 H 是非线性关系。

铁磁材料与非铁磁材料的磁导率之比的数量级为 $10^3 \sim 10^5$，即磁力线向各个方向散播，绝大部分磁力线流经铁磁材料，少量磁力线流经非铁磁材料，严格来说不存在磁绝缘的概念。

第三节　常用铁磁材料及其特性

一、铁磁材料的磁化曲线

1. 铁磁材料的磁化

铁磁材料可视为由无数小的磁畴组成，这些磁畴相当于一块块小磁铁。在不受外磁场作用时，磁畴杂乱排列，磁场相互抵消，对外不显示磁性。当受到外磁场作用时，磁畴倾向于沿外磁场方向排列，因此在内部形成一个附加磁场，叠加在外磁场上，使总磁场比同一外磁场作用于非铁磁材料时大得多。铁磁材料的磁导率远大于真空磁导率。这种在外磁场作用下表现出很强磁性的现象，称为铁磁材料的磁化。

2. 磁化曲线

磁化曲线是磁场强度 H 与磁感应强度 B 之间关系的特性曲线。非铁磁材料中 μ 为常数，即 $B = \mu H$，磁感应强度与磁场强度之间为线性关系，磁化曲线为一条直线。铁磁材料中 μ 不是常数，它是铁磁物质最基本的特性，其磁化曲线如图 0-3 所示。

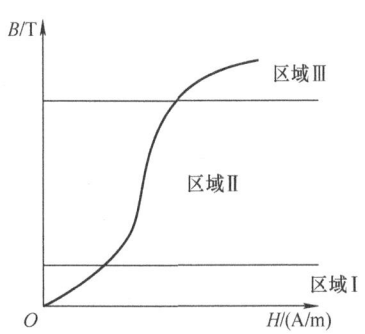

图 0-3　铁磁材料典型的磁化曲线

从图 0-3 可以看出，当外磁场由零逐渐增大时，开始磁感应强度 B 随着磁场强度 H 增加缓慢（区域 I），然后磁感应强度 B 随着 H 的增大而迅速增长（区域 II），随后增长再次放慢，并逐渐趋向饱和（区域 III）。饱和就是当 H 增加到某一值以后，B 的增加明显变慢，即随 H 的增加而 μ 变小的现象。显然，铁磁材料具有在一定磁场范围内 μ 很大且不为常数，H 达到一定值时出现磁饱和的特点。

如果将铁磁材料进行周期性磁化，外磁场增加的上升磁化曲线与相同外磁场减小的下降磁化曲线不会重合的现象，称为磁滞现象，即磁感应强度 B 的变化滞后于磁场强度 H 的变化。如果磁场强度 H 缓慢地循环变化，$B-H$ 曲线便是一封闭曲线，称为磁滞回线。当磁场强度 H 从零增加到最大值 H_m 时，铁磁材料饱和，磁感应强度达到最大值 B_m，之后减小 H，

则 B 不再沿着起始磁化曲线下降，而是沿 $B_\mathrm{m} - B_\mathrm{r}$ 这条曲线下降，当 H 减小到零时，B 不是零，而是 B_r。在去掉外磁场后，铁磁材料内还保留磁感应强度 B_r，此时的磁感应强度称为剩余磁感应强度，简称剩磁。想要使 B_r 为零，必须对材料反向磁化，即加上相应的反向磁场。当反向磁场强度 H 降为 $-H_\mathrm{c}$ 时，磁感应强度 B 降为零。此时对应的磁场强度称为矫顽力。剩磁和矫顽力是铁磁材料的两个重要参数。由于存在磁滞现象，当对称交变的磁场强度在 $+H_\mathrm{m}$ 和 $-H_\mathrm{m}$ 之间变化，对铁磁材料反复磁化时，可得到如图 0-4 所示的 $B-H$ 闭合曲线，称为磁滞回线。当 H 和 B 充分饱和后，磁滞回线不再增大，最大的磁滞回线称为极限磁滞回线。

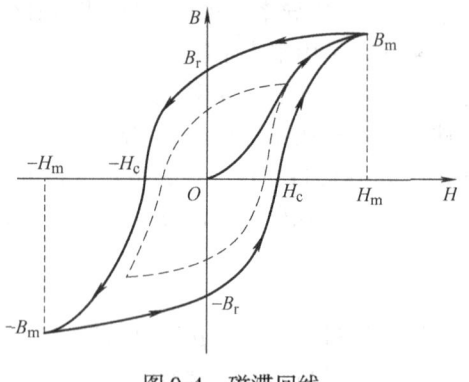

图 0-4 磁滞回线

3. 基本磁化曲线

对同一铁磁材料，选择不同磁场强度 H_m 值的对称交变磁场进行反复磁化，可得到一系列磁滞回线，将各磁滞回线在第一象限的顶点连接起来，得到的曲线称为基本磁化曲线。对相同的铁磁材料，基本磁化曲线是固定的。

二、铁磁材料的分类

根据矫顽力的大小和磁滞回线的形状，铁磁材料分为软磁材料和硬磁材料。

1）软磁材料应用最广，其 H_c 小，磁滞回线较窄，磁导率大，易被磁化，易去磁。电机中应用的铸铁、铸钢、硅钢片等均系软磁材料。

2）硬磁材料的 H_c 大，磁滞回线较宽，磁导率小，不易被磁化，也不易去磁。如铝镍钴合金和稀土合金等。硬磁材料可在电机中用作永久磁铁，在没有励磁绕组产生磁动势时提供一个恒定磁场，因此又称为永磁材料。采用永磁材料产生励磁磁场的电机称为永磁电机。

三、铁磁材料的铁损耗

铁心损耗（简称铁损耗）是铁心磁路中由于磁滞和涡流而引起的功率损耗的总称。铁损耗只存在于交流磁路中，对于直流磁路没有铁损耗。

1. 磁滞损耗

铁磁材料在交变磁场作用下反复被磁化，磁畴间相互不停地摩擦，消耗能量，引起材料发热，这被称为磁滞损耗。

工程上常用 p_h 表示每秒消耗的磁滞损耗能量，经验公式为

$$p_\mathrm{h} = k_\mathrm{h} V f B_\mathrm{m}^n \tag{0-5}$$

式中 p_h ——每秒的磁滞损耗能量；

k_h ——磁滞损耗常数，与材料有关；

B_m ——最大磁感应强度；

V ——铁磁材料的体积；

n ——与材料性质有关，其数值在 1.5~2.0 之间，一般取 2.0。

因硅钢片磁滞回线面积较小，变压器和电机中的铁心常由硅钢片叠成，可以减小磁滞损耗。

2. 涡流损耗

因铁磁材料也是导电体，在交变磁场作用下，变化的磁通在铁心中感应出电动势，引起的在铁心内部环绕磁通呈旋涡状流动的电流称为涡流，涡流在流经路径等效电阻上产生的损耗，称为涡流损耗，其表达式为

$$p_e = k_e V f^2 \tau^2 B_m^2 \tag{0-6}$$

式中　k_e——涡流损耗系数，其大小决定于材料的电阻率；

　　　τ——叠片的厚度。

为了减少铁磁材料的涡流损耗，可以尽量减小硅钢片的厚度。

3. 铁损耗

铁损耗是涡流损耗和磁滞损耗之和，即

$$p_{Fe} = p_h + p_e \tag{0-7}$$

由以上分析可知，铁心中有恒定磁通时并不消耗功率，只有交变磁通才会在铁心中产生铁损耗。

第四节　磁路的基本定律

一、磁路的概念

电机和变压器利用磁场作为介质实现能量转化。它们在多数情况下用电流产生磁场，磁场的分布常用磁力线来描述，磁力线所经路径称为磁路。在一般的工程计算时，常把磁场简化为磁路来处理，其准确度也满足要求，因此应利用具有良好导磁性能的材料，把磁场集中在一定范围内来形成磁路。用来产生磁通的电流称为励磁电流。

二、安培环路定理

安培环路定理（又称全电流定理）即磁场强度 H 沿任一闭合路径的线积分等于该闭合路径的限定面积中流过电流的代数和，可表示为

$$\oint_l H dl = \sum_{k=1}^{n} I_k = NI \tag{0-8}$$

式中　N——闭合路径交链的线圈匝数；

　　　I——线圈中的电流，单位为 A。

当电流的方向与闭合路径的环形方向符合右手螺旋定则时，该电流取正号，反之取负号，如图 0-5 所示。

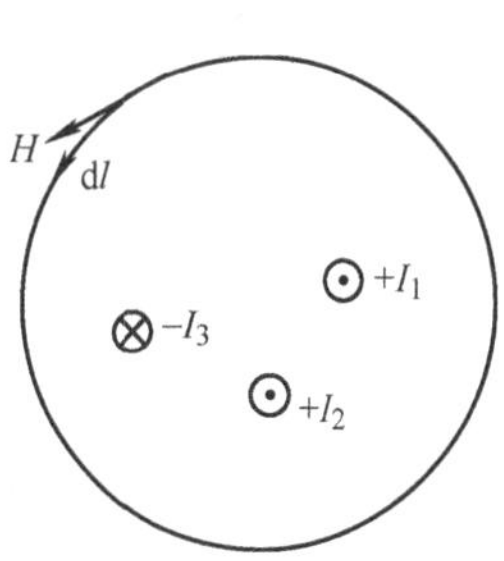

三、磁路的欧姆定律

如图 0-6 所示，材料相同且截面积相等的无分支闭合磁路，应用安培环路定理有

$$\oint_l H dl = Hl = Ni = F \tag{0-9}$$

图 0-5　安培环路定理

又因为 $B = \mu H = \dfrac{\Phi}{A}$，$\dfrac{\Phi l}{\mu A} = Ni$，得到

$$\Phi = \dfrac{Ni}{\dfrac{1}{\mu A}} = \dfrac{F}{R_m} = F\Lambda_m \tag{0-10}$$

式中　　F——作用在铁心磁路上的安匝数，称为磁路的磁动势，它是产生磁路中磁通的根源，单位为 A；

　　　　R_m——磁路的磁阻，$R_m = \dfrac{l}{\mu A}$，单位为 H^{-1}；

　　　　Λ_m——磁路的磁导，即是磁阻的倒数，$\Lambda_m = \dfrac{1}{R_m}$。

式(0-10)表明，磁路中的磁通 Φ 等于作用在该磁路上的磁动势 F 除以磁路的磁阻 R_m（或乘以磁导 Λ_m），与电路中的欧姆定律形式上相似，因此称为磁路的欧姆定律。磁动势 F 与电动势 E 对应，磁通 Φ 与电路中电流对应，磁阻与电路中电阻对应。

四、磁路的基尔霍夫第一定律

磁力线是闭合曲线，对任一封闭面而言，穿入的磁通等于穿出的磁通，这就是磁通连续性原理。对有分支的磁路而言，在磁路中任何一个节点处，磁通的代数和恒等于零，即

$$\sum \Phi = 0 \tag{0-11}$$

对图 0-7 所示的有分支磁路，存在

$$\Phi_1 + \Phi_2 + \Phi_3 = 0$$

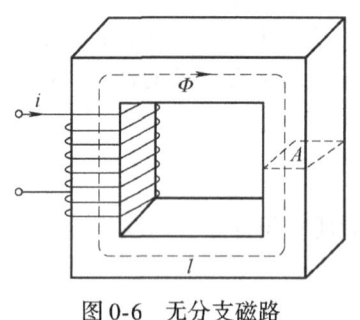

图 0-6　无分支磁路

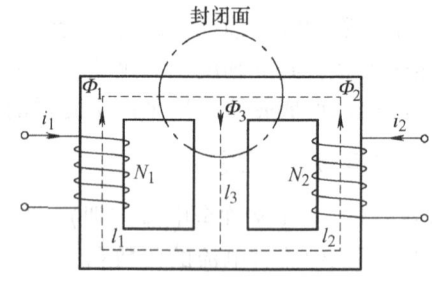

图 0-7　有分支磁路

五、磁路的基尔霍夫第二定律

在磁路计算中，通常将磁路分成若干段，即将材料和截面积均相同且磁通也相等的磁路视为一段。每一段中，各点的磁场强度是相同的。每段磁路上磁场强度 H 与磁路长度 l 的乘积 Hl 称为该段磁路的磁压降，安培环路定理应用到任一闭合回路，有

$$\sum Hl = \sum Ni = \sum F \tag{0-12}$$

式(0-12)表明，沿任一闭合磁路，磁压降（Hl）的代数和等于磁动势的代数和。磁场的方向与回路环行方向一致时，Hl 为正，否则为负；电流方向与回路环行方向符合右手螺旋定则时，Ni 为正，否则为负。磁路的基尔霍夫第二定律实质上是安培环路定理的另一种表达形式。

六、电路与磁路的比较

由以上的分析可知，磁路定律和电路定律有许多相似之处，为更好理解两者的类比关系，电路和磁路对应的物理量见表 0-1。

表 0-1 电路和磁路对应的物理量

电路			磁路		
名称	表示方法或公式	单位	名称	表示方法或公式	单位
电流	i	A	磁通	Φ	Wb
电动势	e	V	磁动势	F	A
电压降	u	V	磁压降	$\Phi R_m = Hl$	A
电阻	$R = \rho \dfrac{l}{A}$	Ω	磁阻	$R_m = \dfrac{l}{\mu A}$	H^{-1}
电导	$G = \dfrac{1}{R}$	S	磁导	$\Lambda_m = \dfrac{1}{R_m}$	H
欧姆定律	$i = \dfrac{u}{R}$		磁路的欧姆定律	$\Phi = \dfrac{F}{R_m} = \Lambda_m F$	
基尔霍夫第一定律	$\sum i = 0$		磁路的基尔霍夫第一定律	$\sum \Phi = 0$	
基尔霍夫第二定律	$\sum e = \sum u$		磁路的基尔霍夫第二定律	$\sum F = \sum Hl = \sum \Phi R_m$	

除上述共通之处，电路与磁路因物理本质不同也存在一定的差异，具体表现为：

1）电路中电阻率在一定温度下为常数，而铁磁材料的磁导率不是常数，它与磁路的饱和程度有关，因此磁阻不是常数，会随磁路饱和程度增加而增大。

2）电路中可以有电动势而无电流，磁路中只要有磁动势，就一定有磁通。磁通不是全部在铁心中通过，除铁心中主磁通外，还有一部分漏磁通在铁心外的非铁磁材料中。

3）电路中有电流，电阻上就有功率损耗，而在磁路中，磁通恒定的直流磁路没有损耗，磁通交变的交流磁路有铁损耗。

七、电感

1. 自感

如图 0-8 所示，电机中的导体都绕成线圈，线圈中流过电流将产生磁场，穿过线圈的磁通形成磁链，用 Ψ 表示。

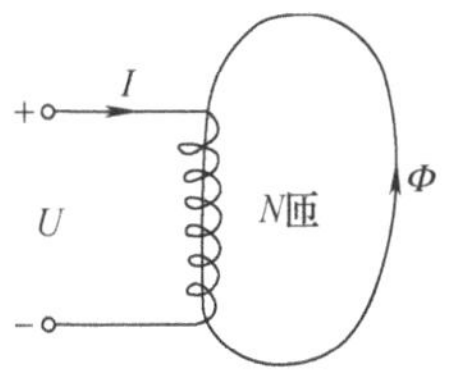

设线圈有 N 匝，通过电流后产生匝链线圈的磁通为 Φ，则磁链为

$$\Psi = N\Phi \tag{0-13}$$

图 0-8 线圈的自感

磁路的磁导率为恒定值时（空心线圈组成的磁路），该磁链与流过线圈的电流成正比，即

$$L = \frac{\Psi}{I} = \frac{N\Phi}{I} = \frac{N\Lambda F}{I} = \frac{N\Lambda IN}{I} = \Lambda N^2 \tag{0-14}$$

式中　N——线圈匝数；

　　　L——比例系数，称为自感系数。

自感系数简称自感，即一个线圈流过单位电流所产生的磁链，它是反映导体电磁特性的参数，单位是亨利（H）。

由式(0-14)可知，自感系数与线圈所加的电流、电压、频率无关。铁磁材料的磁导率远大于空气的磁导率，所以铁心线圈的自感比空心线圈的大很多。同时铁磁材料磁导率不是常数，所以铁心线圈的自感也不是常数，随着磁路饱和程度的增加，磁导率会减小，线圈自感也因此减小。

2. 互感

若两个或两个以上的回路处在同一线性介质中，如图 0-9 所示，则由回路 1 的电流 I_1 所产生而和回路 2 相交链的磁链表示为 Ψ_{21}，该磁链与电流 I_1 的比例系数为

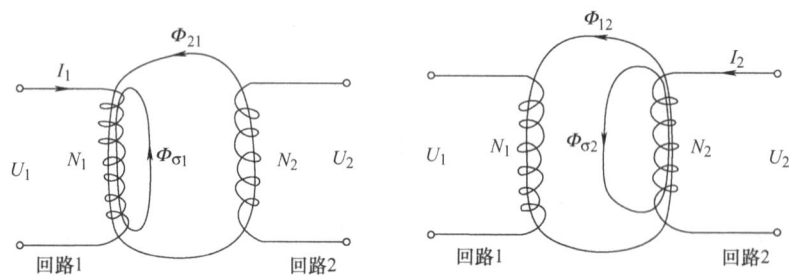

图 0-9　回路间的互感与漏感

$$M_{21} = \frac{\Psi_{21}}{I_1} \qquad (0\text{-}15)$$

式中　M_{21}——回路 1 对回路 2 的互感系数，简称互感。

回路 2 对回路 1 的互感为

$$M_{12} = \frac{\Psi_{12}}{I_2} \qquad (0\text{-}16)$$

M_{21} 的表达式为

$$M_{21} = \frac{\Psi_{21}}{I_1} = \frac{N_2 \Phi_{21}}{I_1} = \frac{N_2 \Lambda_{21} N_1 I_1}{I_1} = \Lambda_{21} N_1 N_2 \qquad (0\text{-}17)$$

同理得到

$$M_{12} = \Lambda_{12} N_1 N_2 \qquad (0\text{-}18)$$

因为有 $\Lambda_{21} = \Lambda_{12}$，所以 $M_{21} = M_{12}$。

可见，互感与两个线圈的匝数乘积成正比，也与磁路的磁导成正比，两个线圈之间的互感是可逆的。

3. 漏感

如图 0-9 所示，I_1 所产生的磁通可看成由两部分组成，一部分为互磁通 Φ_{21}，它既交链 N_1 亦交链 N_2，称为主磁通；另一部分为回路 1 的漏磁通 $\Phi_{\sigma 1}$，它只交链 N_1。与漏磁通相应的电感称为漏感，有

$$L_{\sigma 1} = \frac{\Psi_{\sigma 1}}{I_1} \qquad (0\text{-}19)$$

$$L_{\sigma 2} = \frac{\Psi_{\sigma 2}}{I_2} \qquad (0\text{-}20)$$

4. 电抗

当线圈流过正弦交流电时，线圈电感的作用常用相应的电抗（X_L）来表示，即

$$X_L = \frac{U}{I} = \omega L \tag{0-21}$$

可见，电抗与电感和交变频率成正比。电感与磁场介质的磁导率成正比，磁导率与磁路饱和程度有关，即电抗与磁路的饱和有关，磁路越饱和，磁导率越小，磁阻越大，电抗越小。对非铁磁材料构成的磁路，电抗近似为常数。

第五节　电磁基本定律

一、电磁感应定律

设有一线圈位于磁场中，则该线圈的总磁链为 Ψ，当线圈中的磁链 Ψ 发生变化时，线圈中将有感应电动势产生。感应电动势的数值与线圈所交链的磁链的变化率成正比。

因此，电磁感应定律可表示为

$$e = -\frac{d\Psi}{dt} \tag{0-22}$$

设所有的磁通都交链线圈的全部匝数 N，则式(0-22) 即为

$$e = -N\frac{d\Phi}{dt} \tag{0-23}$$

线圈中磁链的变化，可能有以下两种不同的方式：

1）磁通由交流电流产生，也就是说磁通本身随时间变化，这样产生的电动势为变压器电动势。变压器电动势的方向由楞次定律决定，即感应电动势及其产生的电流总是阻碍线圈磁通的变化。感应电动势的正方向与磁通的正方向符合右手螺旋定则，如图 0-10 所示。

2）磁通不随时间变化，而是由于线圈与磁场间有相对运动，进而引起线圈中磁链的变化，这样产生的电动势为运动电动势或速度电动势。若磁力线、导体和运动方向三者相互垂直，则导体中感应电动势的大小为导体所在处的磁感应强度 B 与导体切割磁力线的有效长度 l 及导体相对磁场运动的线速度 v 三者之积，即

$$e = Blv \tag{0-24}$$

式中　l——导体切割磁力线的有效长度，单位为 m；

　　　B——磁感应强度，单位为 T；

　　　v——导体相对磁场运动的线速度，单位为 m/s。

电动势方向用右手定则判断，如图 0-11 所示。伸开右手掌，大拇指与其他四指成 90°，磁力线垂直穿过掌心，大拇指指向导体运动方向，四指所指即为感应电动势方向。

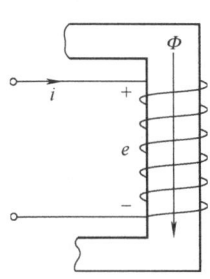

图 0-10　电流、电动势和磁通的正方向

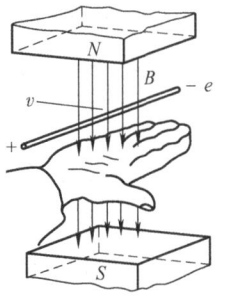

图 0-11　右手定则

二、电磁力定律和电磁转矩

1. 电磁力定律

载流导体在磁场中会受到电磁力作用。其大小在导体与磁力线相垂直时等于导体所在处磁场的磁感应强度 B 与导体切割磁力线的有效长度 l 及导体中的电流 i 三者的乘积。其表达式为

$$F = Bli \tag{0-25}$$

式中　F——电磁力，单位为 N；

　　　　i——导体中电流，单位为 A。

电磁力的方向用左手定则判断，即伸开左手掌，大拇指与其他四指成 90°，磁力线垂直穿过掌心，四指指向电流的方向，大拇指所指为导体所受电磁力方向，如图 0-12 所示。

2. 电磁转矩

电磁转矩 T 为导体上所受电磁力乘以从导体至旋转轴之间的距离，即旋转半径，其表达式为

$$T = Bilr \tag{0-26}$$

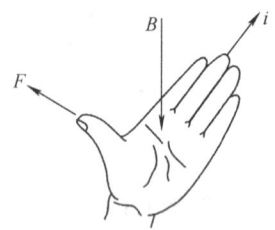

图 0-12　左手定则

式中　r——转子的旋转半径，单位为 m。

电磁转矩是实现电机中机电能量转换的重要物理量。在电动机中，电磁转矩起驱动作用，将电能转换为机械能；在发电机中，电磁转矩起制动作用，原动机驱动转矩克服发电机内部电磁转矩，将机械能转换为电能。

第六节　其他定律

一、电机的可逆原理

对于旋转电机的转子，如果在电机轴上外加机械功率，转子上的导体（即转子绕组）切割磁力线可输出电功率；如果在电机电路中从电源输入电功率，转子上的导体所受的电磁力使电机旋转，输出机械功率，即任何旋转电机既可以作为发电机运行，又可以作为电动机运行，这一性质称为电机的可逆原理。人们已经知道，只要导体切割磁力线，就会在导体中感应电动势；只要是位于磁场中的载流导体，就会受到电磁力作用。不论是发电机还是电动机，感应电动势和电磁力都同时作用于转子上的导体。

当转子上的导体中的感应电动势 e 大于外接电路的端电压 u 时，电流 i 顺电动势 e 的方向流出，电功率便从电机中输出，此时载流导体受电磁力 F 作用，其方向与导体运动方向相反，输入的机械功率转变成电功率，电机作为发电机运行。被克服的电磁力称为电磁阻力。

当外接电路的端电压 u 大于感应电动势 e 时，电流 i 逆电动势 e 的方向流入，电功率向电机中输入，载流导体被 F 驱动旋转，电机作为电动机运行，被克服的电动势 e 称为反电动势。

从原理上看，发电机和电动机不应视为两种截然不同的电机，而只是同一电机的两种不同运行方式。

二、能量守恒定律

电机和变压器在进行机电能量转换或不同形式电能变换的过程中，都遵循能量守恒定律，能量既不能凭空产生，也不会凭空消失，即输入能量等于输出能量加上内部消耗的能量。

电机在运行过程中存在 4 种形式的能量，即电能、机械能、磁场能、热能。根据能量守恒定律，电机运行过程中存在以下平衡关系：输入的机械能（发电机）或电能（电动机）等于磁场能、热能以及输出的电能（发电机）或机械能（电动机）之和。

能量守恒定律用功率平衡方程式可表示为

$$P_1 = P_2 + \sum p \tag{0-27}$$

式中　P_1——输入功率；

　　　P_2——输出功率；

　　　$\sum p$——各种损耗的功率之和。

第七节　电机的制造材料

电机所用材料按功能分一般包括导电、导磁、绝缘和结构材料等 4 种。

(1) 导电材料　导电材料用于电机中的电路和部分磁路系统，为减小内阻造成的损耗，要求材料的电阻率小。铜是最常用的导电材料，电机中的绕组一般都是用铜线绕成的。铝作为导电金属，其重要性仅次于铜，在 20℃ 时，铜和铝的电阻率分别为 $1.72 \times 10^8 \Omega \cdot m$ 和 $2.8 \times 10^8 \Omega \cdot m$，两者的密度分别为 $8900 kg/m^3$、$2700 kg/m^3$，因此在要求质量小，却对损耗要求不高的场合可采用铝导体，铝的熔点低，易浇铸成型，但铝表面易氧化。黄铜、青铜和钢都可以作为集电环的材料。碳也是应用在电机中的一种导电材料。一些电机的电刷就是用碳（石墨）制成的。

(2) 导磁材料　导磁材料用于电机中的磁路系统。要求材料有较高的磁导率和较低的铁损耗系数。钢铁是良好的导磁材料。铸铁因导磁性能较差，应用较少，仅用于截面积较大，形状较复杂的结构部件。各种成分的铸钢导磁性能较好，应用也较广。整块的钢材仅能用于传导不随时间变化的磁通。如果磁通是交变的，为了减少铁心中的涡流损耗，导磁材料应当使用硅钢片。硅钢片的标准厚度有 0.35mm、0.5mm、1mm 等。变压器使用较薄的硅钢片，旋转电机使用较厚的硅钢片。硅钢片与硅钢片之间涂有一层很薄的绝缘漆。

(3) 绝缘材料　绝缘材料用于带电体之间及带电体与铁心间的电气隔离。要求材料的介电强度高且耐热性能好。绝缘材料种类很多，可分为天然和人工的、有机和无机的，还有使用不同绝缘材料的组合。绝缘材料的寿命和它的工作温度有关，过高的工作温度会使其加速老化，还会使其丧失机械强度和绝缘性能。国家标准根据绝缘材料的耐热能力将绝缘材料分为七个等级，见表 0-2。

表 0-2　绝缘材料等级

绝缘级别	Y	A	E	B	F	H	C
极限允许温度/℃	90	105	120	130	155	180	180 以上

Y 级绝缘材料为未用油或漆处理过的纤维材料及其制品，如棉纱、棉布、天然丝、纸及

其他类似的材料。A 级绝缘材料为经过油或树脂处理过的棉纱、棉布、天然丝、纸及其他类似的有机物。普通漆包线的漆膜就属于 A 级绝缘材料。E 级绝缘材料包括由各种有机合成材料制成的绝缘膜，如酚醛树脂、环氧树脂、聚酯薄膜等。B 级绝缘材料包括用无机物如云母、石棉、玻璃丝和有机黏合物，以及以 A 级绝缘材料为衬底的云母纸、石棉板、玻璃漆布等。F 级绝缘材料是用耐热有机漆黏合的无机物，如云母、石棉、玻璃丝等。H 级绝缘材料包括耐热硅有机树脂、硅有机漆，以及以它们作为黏合物的无机绝缘材料，如硅有机云母带等。C 级绝缘材料包括各种无机物质，如云母、瓷、玻璃、石英等，但不用任何有机黏合物。这类绝缘物质的耐热性极高。较多应用于输电线路。

（4）结构材料　结构材料使电机各部分构成整体，并且可以支撑和连接其他机械。结构材料要求材料机械强度好、加工方便、质量小。常用结构材料有铸铁、铸钢、钢板、铝合金及工程塑料。

思 考 题

0-1　铁心中的磁滞损耗和涡流损耗是什么原因引起的？它们的大小和哪些因素有关？

0-2　电机和变压器铁心常采用什么材料制成？这类材料有哪些特点？

0-3　感应电动势 $e = -\dfrac{\mathrm{d}\Psi}{\mathrm{d}t}$ 中的负号表示什么意思？

0-4　变压器电动势和速度电动势有什么异同点？

0-5　试比较磁路和电路的相似点和不同点。

0-6　自感系数和互感系数的大小与哪些因素有关？有两个匝数相等的线圈，一个绕在闭合铁心上，一个绕在木质材料上，哪一个自感系数大？哪一个自感系数是常数？哪一个自感系数不是常数？为什么？

0-7　电抗的物理意义是什么？它的大小和哪些量有关？

第一篇 变压器

变压器利用电磁感应原理，能把一种电压等级的交流电能转换成频率不变的另一种电压等级的交流电能。它是一种静止的电机。

变压器是电力系统中重要的电气设备，也是测量、控制及通信等装置的重要部件，被广泛应用于各个领域，因此变压器种类很多。本篇主要研究一般用途的电力变压器。首先简要介绍变压器的结构和分类，然后重点分析变压器的运行原理与特性、三相变压器的联结组别、变压器的并联运行、不对称运行和瞬变过程，最后对三绕组变压器、自耦变压器和互感器做简单介绍。

第一章 变压器基本工作原理与结构

第一节 变压器的工作原理和分类

一、工作原理

变压器的工作原理如图 1-1 所示。绕组 U 接交流电源，称为一次绕组，绕组 u 接负载，称为二次绕组。当一次绕组接入交流电源时，一次绕组中流过交流电流，并在铁心中产生交变磁通，其频率与电源电压频率相同，铁心中的磁通同时交链一、二次绕组，根据电磁感应定律，一、二次绕组中分别感应相同频率的电动势，二次绕组内感应出的电动势向负载供电，

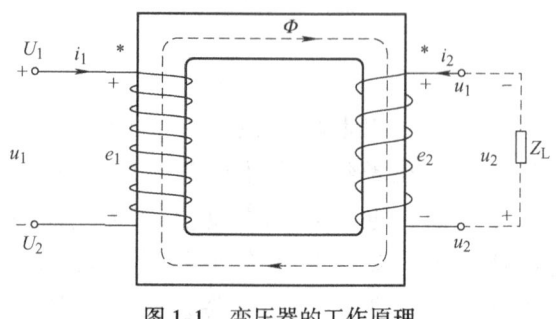

图 1-1　变压器的工作原理

于是实现了电能的传递。由于感应电动势的大小与绕组的匝数比成正比，改变一、二次绕组的匝数就可以改变二次绕组的电压。

二、变压器的分类

一般变压器可按照用途、铁心结构、相数、绕组数目、冷却方式和冷却介质来进行分类。

变压器按用途分，主要有电力变压器（主要用于电力系统输配电过程中，又分为升压变压器、降压变压器、联络变压器、厂用变压器）、仪用互感器（电压互感器、电流互感器）和特种用途变压器（如调压变压器、试验变压器、电炉变压器、整流变压器等）。

变压器按铁心结构分，有心式变压器和壳式变压器。

变压器按相数分，有单相变压器、三相变压器和多相变压器。

变压器按绕组数目分，有双绕组变压器、三绕组变压器、多绕组变压器和自耦变压器。

变压器按冷却方式和冷却介质分，有以油为冷却介质的油浸式变压器（油浸自冷式、油浸风冷式、油浸水冷式、强迫油循环风冷/水冷式）和空气冷却的干式变压器。

第二节　电力变压器的基本结构

常见的电力变压器主要由铁心、绕组、油箱、绝缘套管及其他附件等构成，如图 1-2 所

示，其中铁心和绕组是变压器的主要部件，称为器身；油箱作为变压器的外壳，起冷却、散热和保护作用，变压器油起绝缘介质和冷却的作用；绝缘套管主要起绝缘作用。

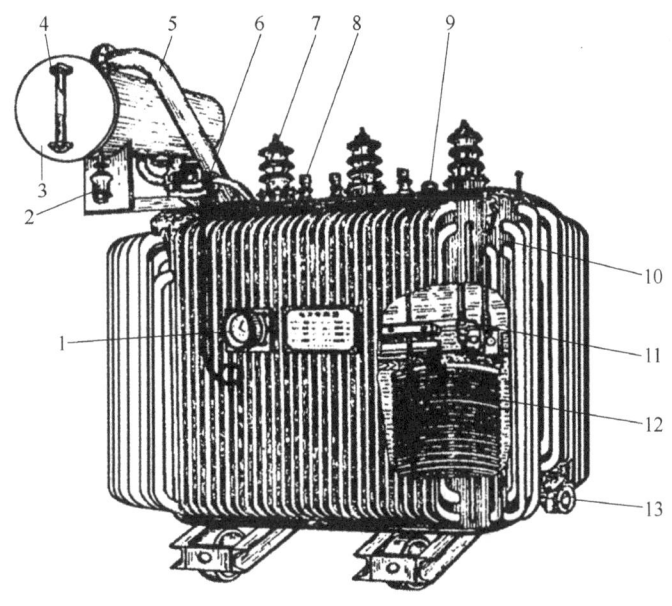

图 1-2　电力变压器
1—信号式温度计　2—吸湿器　3—储油柜　4—油位计　5—安全气道　6—气体继电器
7—高压套管　8—低压套管　9—分接开关　10—油箱　11—铁心　12—绕组　13—放油阀门

一、铁心

铁心构成了变压器的磁路部分，也是套装绕组的机械骨架。铁心由铁心柱和铁轭两部分组成。铁心柱上套有绕组，铁轭将铁心柱连接起来形成闭合磁路。

（1）铁心材料　为提高磁路的导磁性能和减小铁心中磁滞、涡流损耗，铁心常用 0.35mm 或 0.5mm 厚、表面涂有绝缘漆的硅钢片叠成。硅钢片分冷轧和热轧两种。

（2）铁心结构　变压器铁心结构有心式和壳式两种形式。心式变压器的铁心被绕组包围，具有结构简单、绕组的装配和绝缘比较容易的特点，是电力变压器的常用结构，如图 1-3 所示。壳式变压器的铁心包围绕组，铁心成为绕组的外壳，壳式结构的机械强度较好，但制造复杂，铁心材料消耗多，只在特殊变压器（如电炉变压器）中采用，如图 1-4 所示。

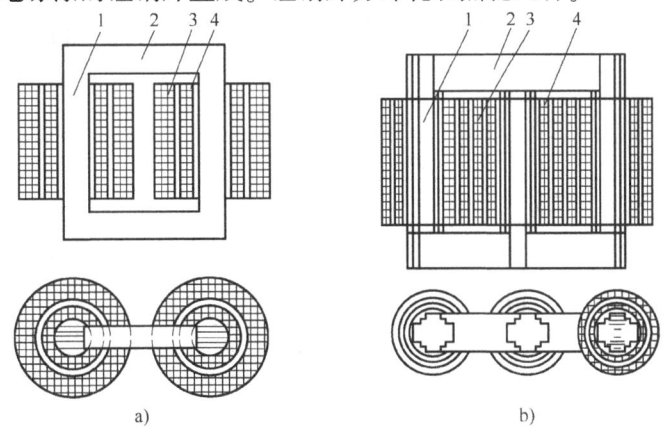

图 1-3　心式变压器
a）单相　b）三相
1—铁心柱　2—铁轭　3—高压绕组　4—低压绕组

(3) 铁心叠装方法　铁心通常是将硅钢片按设计尺寸裁剪成条形，再进行叠装而成的。为减小接缝间隙以减小励磁电流，一般采用交错式叠法，使相邻层的接缝错开。对热轧钢片，叠片次序如图 1-5 所示。对冷轧钢片，由于顺碾压方向的磁导率大，损耗小，因此采用斜角接缝的叠装方法，如图 1-6 所示。

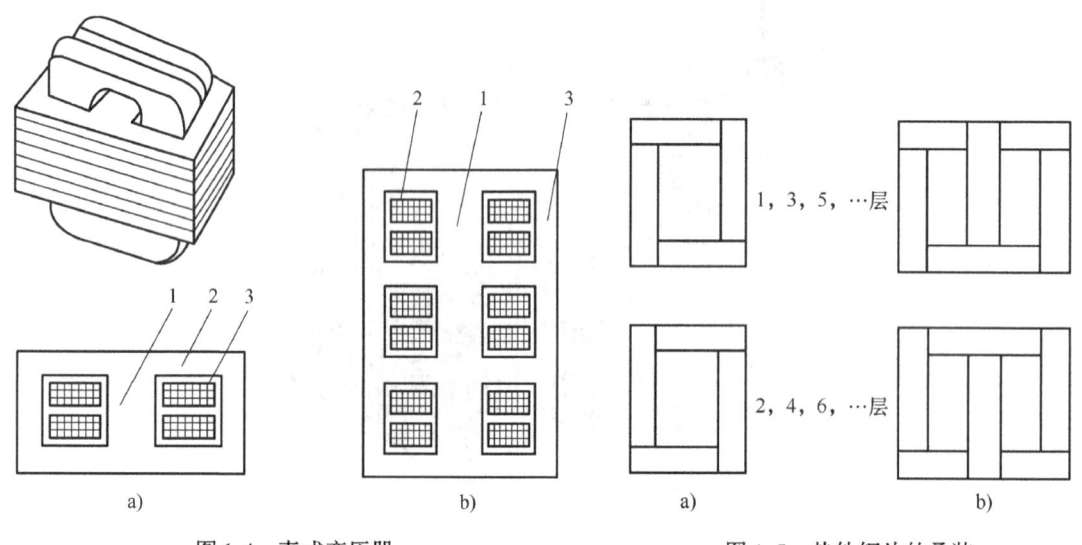

图 1-4　壳式变压器
a) 单相　b) 三相
1—铁心柱　2—铁轭　3—绕组

图 1-5　热轧钢片的叠装
a) 单相　b) 三相

(4) 铁心柱的截面　铁心柱的截面一般做成阶梯形，以充分利用绕组内的圆空间，如图 1-7 所示。

(5) 铁轭的截面　铁轭的截面形状有矩形、阶梯形和 T 形，如图 1-8 所示。

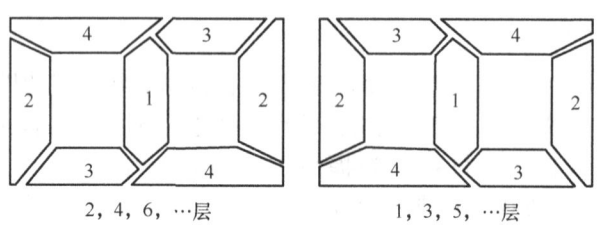

图 1-6　冷轧钢片的叠装

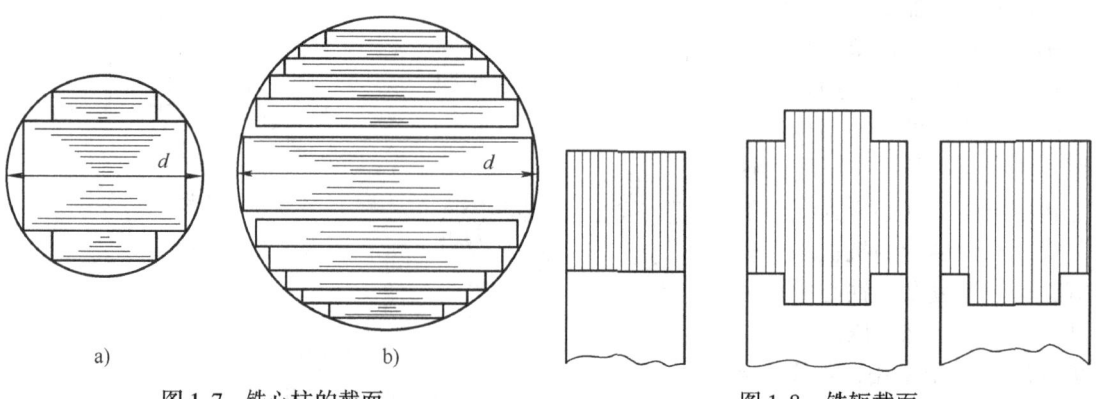

图 1-7　铁心柱的截面

图 1-8　铁轭截面

二、绕组

绕组是变压器的电路部分,由铜或铝绝缘导线绕制而成。高压绕组匝数多、导线细,低压绕组匝数少,导线粗。根据高、低压绕组在铁心柱上排列方式的不同,分为同心式和交叠式两种。同心式的高、低压绕组同心地套在铁心柱上,为便于绝缘,低压绕组靠近铁心柱,高压绕组套在低压绕组外面,两个绕组之间留有油道,如图1-9所示。同心式结构简单,制造方便,电力变压器多采用这种结构。交叠式的高、低压绕组交替套在铁心柱上,如图1-10所示。这种绕组都做成饼状,高、低压绕组之间的间隙较多,绝缘较复杂,机械强度好,引线方便,多用于大电流的电焊、电炉变压器及壳式变压器中。

变压器的铁心和绕组装配起来称为器身,器身浸在充满变压器油的油箱中。变压器油的作用有两个:一是增强绝缘,可以提高绕组的绝缘强度;二是通过油受热后的对流作用,将绕组和铁心中的热量带到油箱壁,再散发到空气中。

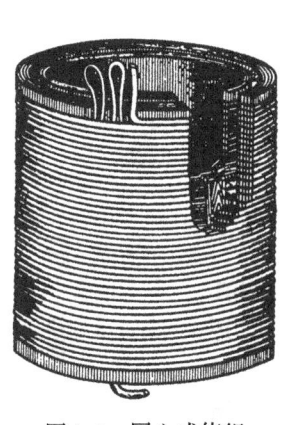

图1-9 同心式绕组

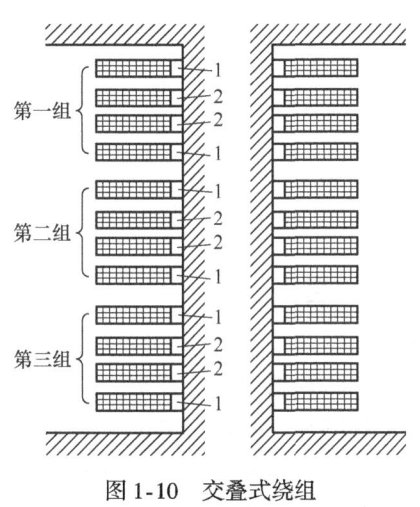

图1-10 交叠式绕组
1—低压绕组 2—高压绕组

三、油箱

为使电力变压器的油箱具有较高的机械强度并减少需油量,6300kV·A及以下容量的变压器用平顶式油箱,8000kV·A及以上容量的变压器用钟罩式油箱。油箱用钢板焊成,小容量变压器采用平板式油箱,中型变压器采用管式油箱,大容量变压器采用散热器式油箱。

变压器油中若混有少量的水分,会使变压器油的绝缘性能大大降低,因此人们希望油箱内部与外界空气隔离。但完全不透气是不可能的,当油受热时体积膨胀,将油箱中的空气排出油箱,当油冷却时体积收缩,可能从箱外吸进潮湿的空气,此现象称为呼吸作用。为减少油与空气的接触面积,降低油的氧化速度,减少混入变压器油的水分,油箱上面会设置储油柜,储油柜通过管道与油箱接通,使油面的升降限制在储油柜中。在储油柜与油箱的连接管道中装设气体继电器,当变压器内部发生故障产生气体,或油箱漏油使油面下降过多时,气体继电器动作,进而发出信号以便运行人员及时处理,若事故严重则自动切断变压器电源。

油箱盖上装有安全气道。变压器内部发生严重故障(如绝缘击穿、匝间短路、铁心事故等)而产生大量气体时,油箱内压力骤增,油流和气体将冲破安全气道上端的防爆膜向外喷出,以免造成油箱爆裂,储油柜和安全气道如图1-11所示。

此外,油箱盖上还装有分接开关。为保证电压波动在一定范围内,应适时对变压器进行调压,这一般通过改变高压绕组匝数来实现,在高压绕组一端引出三个抽头,称为分接头,如图1-12所示,它们接到分接开关上。当分接开关切换到不同的抽头时,变压器便有不同的匝数比,进而调节变压器输出电压的大小。分接开关调压有两种,一种是无励磁调压,即断电调压;另一种是有载调压,即带电调压。

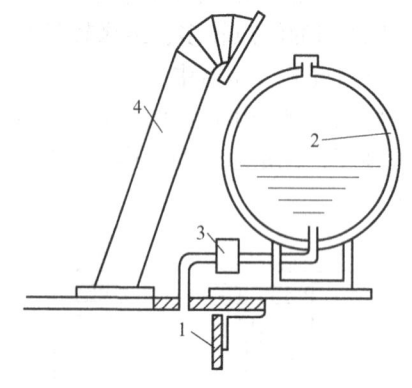
图1-11 储油柜和安全气道
1—油箱 2—储油柜 3—气体继电器 4—安全气道

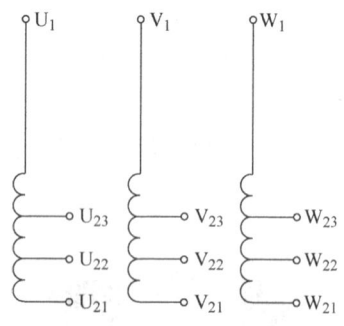
图1-12 分接头

四、绝缘套管

变压器高、低压绕组的出线端要通过绝缘套管从变压器箱体内引出。绝缘套管既起到引线对地(外壳)的绝缘作用,同时还起到固定引线的作用。绝缘套管大多装在油箱盖上,中间穿有导电杆,套管下端伸进油箱与绕组出线端相连,套管上部露出箱外,与外电路相连。绝缘套管一般是瓷质的,1kV以下的变压器采用实心瓷套管,10~35kV的变压器采用空心充气或充油式套管,如图1-13所示。110kV及以上的变压器采用电容式套管。为增大外表面放电距离,套管外形会做成多级伞形裙边的结构,电压越高,级数越多。

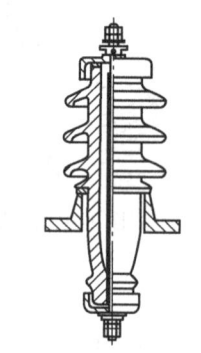
图1-13 充油式套管

第三节 变压器的型号和额定值

一、变压器的型号

通过变压器的型号可以了解变压器的类别、额定容量、电压等级等信息。表示方法如下:

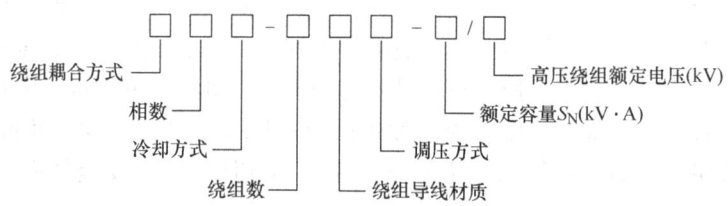

短线前用字母及数字等符号代表变压器的基本信息，具体含义见表1-1。

表1-1 变压器代表符号

代表符号顺序	分类	类别	代表符号
1	绕组耦合方式	自耦	O
2	相数	单相	D
		三相	S
3	冷却方式	油浸自冷	—
		干式空气自冷	G
		干式浇注绝缘	C
		油浸风冷	F
		油浸水冷	S
		强迫油循环风冷	FP
		强迫油循环水冷	SP
4	绕组数	双绕组	—
		三绕组	S
5	绕组导线材质	铜	—
		铝	L
6	调压方式	无励磁调压	—
		有载调压	Z

二、额定值

制造厂根据国家标准和设计、试验数据规定的变压器的正常运行状态，称为额定运行状态。表示额定运行状态下各物理量的数值称为额定值。

1. 额定容量S_N

在额定运行条件下，变压器输出的视在功率即额定容量，其单位有 V·A、kV·A、MV·A 等。通常变压器一、二次侧的额定容量会被设计成相等的。

2. 额定电压U_{1N}、U_{2N}

正常运行时规定加在一次侧的端电压称为变压器一次侧的额定电压U_{1N}。变压器一次侧加额定电压时二次侧的空载电压称为二次侧的额定电压U_{2N}，单位有 V、kV 等。对三相变压器，额定电压指线电压。

3. 额定电流I_{1N}、I_{2N}

根据额定容量和额定电压计算出的线电流称为额定电流，单位有 A、kA 等。

对单相变压器，有

$$I_{1N} = \frac{S_N}{U_{1N}}; \quad I_{2N} = \frac{S_N}{U_{2N}}$$

对三相变压器，有

$$I_{1N} = \frac{S_N}{\sqrt{3}\, U_{1N}}; \quad I_{2N} = \frac{S_N}{\sqrt{3}\, U_{2N}}$$

4. 额定频率

我国规定工业用电频率为50Hz。

此外，额定值还有额定运行时的效率、温升等。

变压器铭牌上还标注有变压器相数、绕组连接方式及联结组别、短路电压、运行方式和冷却方式等。

思 考 题

1-1 变压器是如何改变电压的？频率是否也可以改变？

1-2 变压器有哪些主要部件？各部件有什么作用？

1-3 变压器铁心有什么作用？如何减少铁心中的损耗？

1-4 变压器油的作用是什么？

习 题

1-1 一台单相变压器，$S_N = 500 \text{kV} \cdot \text{A}$，$U_{1N}/U_{2N} = 35\text{kV}/10.5\text{kV}$，求一、二次侧的额定电流。

1-2 一台三相变压器，$S_N = 6300 \text{kV} \cdot \text{A}$，$U_{1N}/U_{2N} = 10\text{kV}/6.3\text{kV}$，一次绕组为星形联结，二次绕组为三角形联结，求一、二次侧的额定电流及相电流。

第二章
变压器的运行原理与特性

本章以单相双绕组变压器为例,分析变压器空载和负载时的电磁过程,导出基本方程式、等效电路和相量图,介绍变压器参数测定方法,分析变压器稳态运行特性。所得结论同样适用于对称运行的三相变压器。

第一节 变压器的空载运行

空载运行指变压器一次绕组接到额定电压、额定频率的电源,二次绕组开路的运行状态。图2-1所示为变压器空载运行示意图。一、二次绕组的各物理量和参数分别用下角标"1""2"标注。

一、空载时的电磁过程

当一次绕组接上电源,绕组中有空载电流i_0流过,该电流产生交变空载磁动势

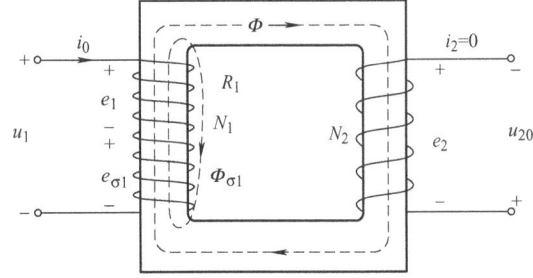

图2-1 变压器空载运行示意图

$F_0 = i_0 N_1$并建立空载磁通。空载磁通分为两部分:一部分沿铁心闭合,同时交链一、二次绕组,称为主磁通Φ;另一部分仅交链一次绕组,经一次绕组附近的空间(空气、油等)闭合,称为一次绕组的漏磁通$\Phi_{\sigma 1}$。根据电磁感应定律,主磁通分别在一、二次绕组内产生感应电动势e_1和e_2;漏磁通在一次绕组中感应电动势$e_{\sigma 1}$。同时,空载电流i_0流过一次绕组,将在一次绕组的内阻R_1上产生电压降$i_0 R_1$。因二次绕组开路,$i_2 = 0$,则$e_2 = -u_{20}$。

主磁通、漏磁通的磁路路径、大小、性质和作用都不同,二者主要的区别见表2-1。

表2-1 主、漏磁通的区别

不同点	主磁通 Φ	漏磁通 $\Phi_{\sigma 1}$
路径不同	通过主磁路铁心闭合,主磁路磁阻不是常数,主磁通与建立它的电流之间是非线性关系	通过非铁磁物质(空气或油等)闭合,漏磁路的磁阻为常数,漏磁通与产生它的电流之间是线性关系
大小不同	占总磁通的绝大部分	占总磁通的一小部分(0.1%~0.2%)
作用不同	通过感应电动势,起传递能量作用	参与电压平衡
性质不同	主磁通是互感磁通,同时交链一、二次绕组	漏磁通是自感磁通,只交链自身绕组

二、正方向的选定

变压器中各电磁量都是随时间变化的物理量，要对变压器进行分析和计算，必须先规定各量的正方向。通常按习惯方式规定正方向，称为惯例，具体原则如下：

1) 电源支路中电流的正方向与电动势正方向一致；负载支路中电流的正方向与电压降的正方向一致。

2) 磁通的正方向与产生它的电流的正方向符合右手螺旋定则。

3) 感应电动势的正方向与产生它的磁通的正方向符合右手螺旋定则。

图 2-1 所示的正方向正是符合以上规定的。需要注意的是电压参考方向为由高电位指向低电位，电动势参考方向为由低电位指向高电位。

三、空载时的电磁关系

1. 磁通与电动势

设主磁通按正弦规律变化，即

$$\Phi = \Phi_m \sin\omega t \tag{2-1}$$

由电磁感应定律，一、二次绕组中感应电动势的瞬时值为

$$e_1 = -N_1 \frac{d\Phi}{dt} = -N_1 \frac{d\Phi_m \sin\omega t}{dt} = -N_1 \omega \Phi_m \cos\omega t = E_{1m}\sin(\omega t - 90°) \tag{2-2}$$

$$e_2 = -N_2 \frac{d\Phi}{dt} = -N_2 \frac{d\Phi_m \sin\omega t}{dt} = -N_2 \omega \Phi_m \cos\omega t = E_{2m}\sin(\omega t - 90°) \tag{2-3}$$

$$\begin{aligned} e_{\sigma 1} &= -N_1 \frac{d\Phi_{\sigma 1}}{dt} = -N_1 \frac{d\Phi_{\sigma 1}\sin\omega t}{dt} \\ &= -N_1 \omega \Phi_{\sigma 1m} \cos\omega t \\ &= E_{\sigma 1m}\sin(\omega t - 90°) \end{aligned} \tag{2-4}$$

式中 Φ_m——主磁通最大值；

ω——磁通变化的角频率，$\omega = 2\pi f$；

E_{1m}——一次绕组电动势最大值；

E_{2m}——二次绕组电动势最大值。

可见，当磁通按正弦规律变化时，它所产生的感应电动势也按正弦规律变化且二者频率相同，感应电动势在时间相位上滞后主磁通 90°。

感应电动势最大值为

$$\begin{cases} E_{1m} = \omega N_1 \Phi_m \\ E_{2m} = \omega N_2 \Phi_m \\ E_{\sigma 1m} = \omega N_1 \Phi_{\sigma 1m} \end{cases} \tag{2-5}$$

则有效值为

$$\begin{cases} E_1 = \dfrac{E_{1m}}{\sqrt{2}} = 4.44 f N_1 \Phi_m \\ E_2 = \dfrac{E_{2m}}{\sqrt{2}} = 4.44 f N_1 \Phi_m \\ E_{\sigma 1} = \dfrac{E_{\sigma 1m}}{\sqrt{2}} = 4.44 f N_1 \Phi_{\sigma 1m} \end{cases} \tag{2-6}$$

E_1、E_2 在时间上滞后于主磁通 Φ 90°，其波形如图 2-2 所示。因此可以写成相量形式，即

$$\begin{cases} \dot{E}_1 = -\text{j}4.44 f N_1 \Phi_\text{m} \\ \dot{E}_2 = -\text{j}4.44 f N_2 \Phi_\text{m} \end{cases} \quad (2\text{-}7)$$

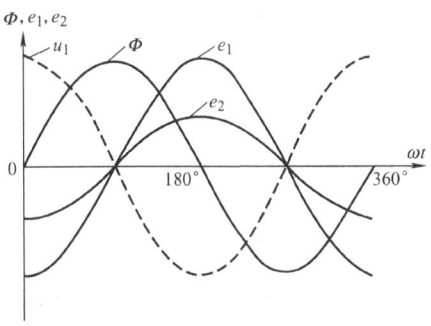

图 2-2 主磁通及感应电动势波形

2. 电动势平衡方程式

按规定的正方向，空载时一次电动势平衡方程式为

$$\dot{U}_1 = -\dot{E}_1 - \dot{E}_{\sigma 1} + \dot{I}_0 R_1 \quad (2\text{-}8)$$

将漏电动势写成压降的形式为

$$\dot{E}_{\sigma 1} = -\text{j}\omega L_{\sigma 1} \dot{I}_0 = -\text{j} X_{\sigma 1} \dot{I}_0 \quad (2\text{-}9)$$

式中　$L_{\sigma 1}$——一次绕组的漏电感，$L_{\sigma 1} = \dfrac{N_1 \Phi_{\sigma 1\text{m}}}{\sqrt{2} I_0}$；

　　　$X_{\sigma 1}$——一次绕组的漏电抗，$X_{\sigma 1} = \omega L_{\sigma 1}$。

可得

$$\dot{U}_1 = -\dot{E}_1 + \dot{I}_0 R_1 + \dot{I}_0 \text{j} X_{\sigma 1} = -\dot{E}_1 + \text{j} \dot{I}_0 Z_1 \quad (2\text{-}10)$$

式中　Z_1——一次绕组的漏阻抗，$Z_1 = R_1 + \text{j} X_{\sigma 1}$。

空载时 $\dot{I}_0$、Z_1 很小，可忽略，则

$$\dot{U}_1 = -\dot{E}_1$$

因此有

$$U_1 \approx E_1 = 4.44 f N_1 \Phi_\text{m} \quad (2\text{-}11)$$

二次侧电动势平衡方程式为

$$\dot{U}_{20} = \dot{E}_{20} \quad (2\text{-}12)$$

3. 变压器的电压比

变压器的电压比指一、二次绕组中感应电动势 E_1 和 E_2 的比值，用 k 表示，即

$$k = \frac{E_1}{E_2} = \frac{4.44 f N_1 \Phi_\text{m}}{4.44 f N_2 \Phi_\text{m}} \frac{N_1}{N_2} \quad (2\text{-}13)$$

变压器空载运行时，$U_1 \approx E_1$，$U_{20} = E_2$，近似用空载时一、二次电压的电压比作为变压器的电压比，即

$$k \approx \frac{U_1}{U_{20}} = \frac{U_{1\text{N}}}{U_{2\text{N}}} \quad (2\text{-}14)$$

对于三相变压器，电压比是指一、二次相电压之比。一、二次线电压之比用 k_u 表示。一、二次绕组连接方式不同则电压比不同，有

$$\begin{cases} \text{Yd}: k_\text{u} = \dfrac{U_1}{U_2} = \dfrac{\sqrt{3} U_{\phi 1}}{U_{\phi 2}} = \sqrt{3} k \\ \text{Dd}: k_\text{u} = \dfrac{U_1}{U_2} = \dfrac{U_{\phi 1}}{U_{\phi 2}} = k \end{cases} \quad (2\text{-}15)$$

注：Y 表示星形联结，D 表示三角形联结。

四、空载电流

空载运行时，变压器一次绕组中的电流 i_0 主要用来产生磁场，称为励磁电流。励磁电流的大小和波形受磁路饱和、磁滞及涡流的影响。

1. 磁路饱和的影响

由于铁磁材料具有饱和现象，其饱和程度决定于铁心磁感应强度 B_m。

1）若 $B_m < 0.8T$，通常磁路处于未饱和状态，磁化曲线 $\Phi = f(i_0)$ 呈线性关系，磁导率为常数。当磁通 Φ 按正弦波变化，i_0 也按正弦波变化，相应波形可用作图法求出，如图 2-3 所示。因未考虑铁心损耗，励磁电流为磁化电流分量。

2）若 $B_m > 0.8T$，磁路开始饱和。磁化曲线 $\Phi = f(i_0)$ 呈非线性关系，用作图法求得励磁电流为尖顶波，如图 2-4 所示。尖顶波的大小取决于磁路饱和程度，磁路越饱和，尖顶的幅度越大。同样因未考虑铁心损耗，励磁电流为磁化电流分量 i_μ。根据谐波分析方法，可将尖顶波分解为基波和 3，5，7，…次谐波。

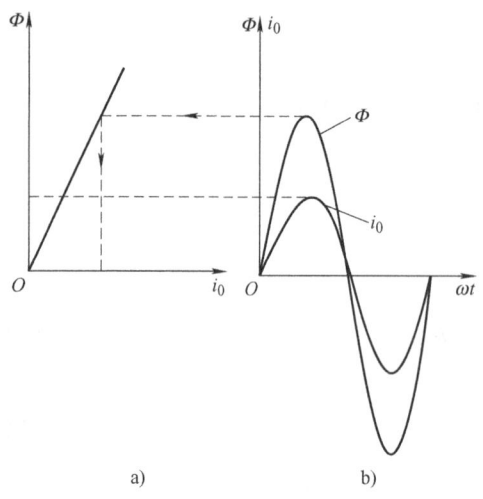
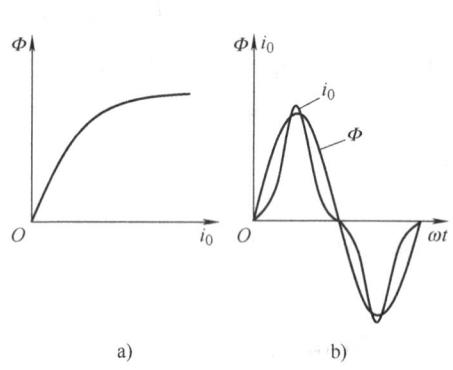

图 2-3 作图法求励磁电流（磁路不饱和，未考虑铁心损耗）

图 2-4 作图法求励磁电流（磁路饱和，未考虑铁心损耗）
a）磁化曲线 b）磁通波和励磁电流波

为了在相量图中表示励磁电流的磁化分量 i_μ，可以用等效正弦波电流来代替非正弦波励磁电流磁化分量。则磁化电流可以用相量 $\dot{I}_\mu$ 表示，$\dot{I}_\mu$ 与 $\dot{\Phi}$ 同相位，因 $\dot{E}_1$ 滞后于 $\dot{\Phi}$ 90°，故 $\dot{I}_\mu$ 滞后于 $-\dot{E}_1$ 90°，具有无功电流性质，是励磁电流的主要成分。

2. 磁滞现象对励磁电流的影响

实际上，在交变磁场作用下，磁化曲线存在磁滞现象。

用作图法求出励磁电流为不对称尖顶波，如图 2-5 所示。将励磁电流分解为两个

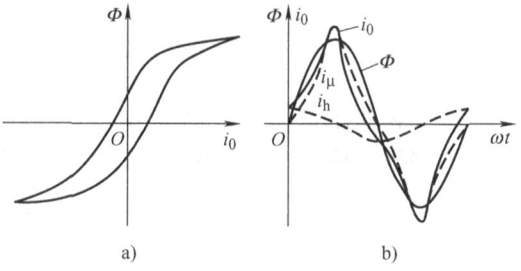

图 2-5 有磁滞作用时的励磁电流
a）磁滞回线 b）磁通波和励磁电流波

分量：一是对称的尖顶波，它是磁路饱和引起的，即磁化电流分量 $\dot{I}_\mu$；二是磁滞电流分量 $\dot{I}_h$，其波形近似正弦波，量值很小，$\dot{I}_h$ 与 $-\dot{E}_1$ 同相位，具有有功电流性质。

3. 涡流对励磁电流的影响

交变磁通也将在铁心中感应电动势，在铁心中产生涡流及涡流损耗。涡流电流分量 $\dot{I}_e$ 与 $-\dot{E}_1$ 同相位，是有功电流分量。

由于磁路饱和、磁滞和涡流同时存在，励磁电流包含 $\dot{I}_\mu$、$\dot{I}_h$、$\dot{I}_e$ 三个分量，其中 $\dot{I}_h$ 和 $\dot{I}_e$ 同相位，合并为铁损耗电流分量 $\dot{I}_{Fe}$，有

$$\dot{I}_0 = \dot{I}_\mu + \dot{I}_h + \dot{I}_e = \dot{I}_\mu + \dot{I}_{Fe} \tag{2-16}$$

由以上的分析可知，单相变压器空载运行时，由外部施加的电压为正弦电压，则主磁通、感应电动势波形为正弦波，由于铁心线圈的非线性，使 i_0 为尖顶波。$\dot{I}_0$ 包括两个分量，一个是无功分量 $\dot{I}_\mu$，它用于励磁，与 $\dot{\Phi}_m$ 同相；另一个是有功分量 $\dot{I}_{Fe}$，它用于铁损耗，与 $-\dot{E}_1$ 同相。$\dot{I}_0$ 超前磁通一个铁损耗角 α。

五、等效电路和相量图

根据式(2-10)，可以画出变压器空载运行时的相量图，如图 2-6 所示。

作图步骤为：①以主磁通 $\dot{\Phi}_m$ 为参考相量，做出 $\dot{E}_1$、$\dot{E}_2$，二者滞后主磁通 $\dot{\Phi}_m$ 90°；② $\dot{I}_0$ 超前主磁通 $\dot{\Phi}_m$ 一个铁损耗角 α；③ $-\dot{E}_1$ 加上与 $\dot{I}_0$ 平行的 $\dot{I}_0 R_1$ 及与 $\dot{I}_0$ 垂直的 $j\dot{I}_0 X_{\sigma 1}$，得到 $\dot{U}_1$。φ_0 是空载时的功率因数角，由于 $\varphi_0 \approx 90°$，$\cos\varphi_0$ 一般在 0.1 ~ 0.2 之间。

变压器空载时，从一次侧看进去的等效阻抗 Z_0 为

$$Z_0 = \frac{\dot{U}_1}{\dot{I}_0} = \frac{-\dot{E}_1}{\dot{I}_0} + Z_1 = Z_m + Z_1 \tag{2-17}$$

式中 $Z_m = \dfrac{-\dot{E}_1}{\dot{I}_0} = R_m + jX_m$，称为变压器励磁阻抗。

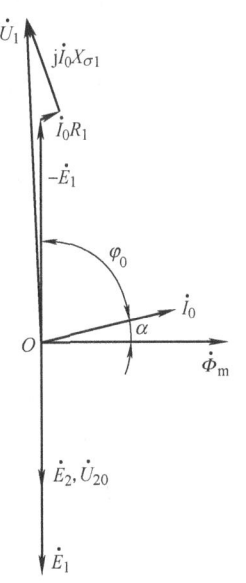

图 2-6 变压器空载时相量图

则变压器一次侧电动势方程为

$$\dot{U}_1 = -\dot{E}_1 + \dot{I}_0 Z_1 = \dot{I}_0(Z_m + Z_1) \tag{2-18}$$

式(2-18) 表明，$-\dot{E}_1$ 可视为空载电流 $\dot{I}_0$ 在励磁阻抗 Z_m 上的电压降。参数 R_m 称为励磁电阻，是反映铁损耗的等效电阻，$p_{Fe} = I_0^2 R_m$，X_m 称为励磁电抗，是反映主磁通大小的电抗。变压器空载等效电路如图 2-7 所示。

图 2-7 中，R_1 是一次绕组的电阻，$X_{\sigma 1}$ 是对应一次绕组漏磁通的电抗，它们数值很小，

且为常数。R_m 和 X_m 不是常数,受磁路饱和的影响。当外加电压的频率一定时,有 $U_1 \approx E_1 = 4.44fN_1\Phi_m$,若外加电压增大,主磁通增大,铁心饱和程度增加,$\Lambda_m$ 下降,$X_m \approx \omega L_m = \omega N_1^2 \Lambda_m$ 减小。同时铁损耗 p_{Fe} 增大,但在 $p_{Fe} = I_0^2 R_m$ 中,铁损耗增大的程度小于 I_0^2 增大的程度,因此实际上 R_m 在减小。反之,若外加电压降低,R_m 和 X_m 增大。由于通常外加的电压是一定的,在从空载到满载的正常运行范围内,主磁通基本不变,磁路饱和程度基本不变,因此 R_m 和 X_m 可近似看作常数。

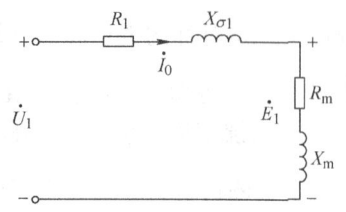

图 2-7 变压器空载等效电路

需要注意的是,变压器应避免空载运行。空载时变压器从电网吸收的有功功率为 $P = \sqrt{3}UI_0\cos\varphi = I_0^2 R_m + I_0^2 R_1 \approx p_{Fe}$,而空载时 $\varphi \approx 90°$。励磁无功功率为 $Q = \sqrt{3}UI_0\sin\varphi = I_0^2 X_m + I_0^2 X_{\sigma1} \approx I_0^2 X_m$,所以变压器空载运行时仅吸收少量有功功率,而主要从电网吸收无功功率,这增加了电网的无功负载。

第二节 变压器的负载运行

变压器的负载运行指一个绕组接到电源,另一绕组接负载时的运行方式。示意图如图 2-8 所示。

一、负载运行时的电磁物理现象

空载时,空载电流产生励磁磁动势,由此产生的主磁通交链一、二次绕组,感应电动势 $\dot{E}_1$ 和 $\dot{E}_2$,有 $\dot{U}_1 = -\dot{E}_1 + \dot{I}_0 Z_1$,维持空载电流在一次绕组中流过,变压器中的电磁关系处于平衡状态。

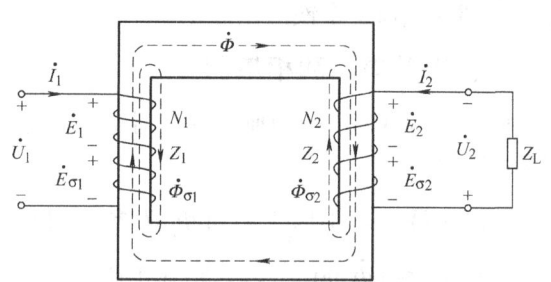

图 2-8 变压器负载运行示意图

负载时,二次绕组中有电流 $\dot{I}_2$ 流通,产生磁动势 $\dot{F}_2 = \dot{I}_2 N_2$,该磁动势也作用在变压器主磁路上,并且会打破原有的磁动势平衡,使主磁通和一、二次绕组中的感应电动势 $\dot{E}_1$ 和 $\dot{E}_2$ 改变,原有的电动势平衡关系也因此改变,一次电流随之发生变化,从空载电流 $\dot{I}_0$ 变为负载电流 $\dot{I}_1$。一次绕组的磁动势从 $\dot{F}_0$ 变成 $\dot{F}_1 = \dot{I}_1 N_1$,负载时的主磁通则是由一、二次绕组的合成磁动势产生的,即 $\dot{F}_1 + \dot{F}_2 = \dot{F}_m$,主磁通在一、二次绕组中除感应出 $\dot{E}_1$ 和 $\dot{E}_2$ 外,$\dot{F}_1$ 和 $\dot{F}_2$ 还分别产生只交链自身绕组的漏磁通 $\dot{\Phi}_{\sigma1}$ 和 $\dot{\Phi}_{\sigma2}$,它们在一、二次绕组中感应出漏磁电动势 $\dot{E}_{\sigma1}$ 和 $\dot{E}_{\sigma2}$。一、二次绕组电流 $\dot{I}_1$ 和 $\dot{I}_2$ 分别在各自绕组的内阻上产生电阻压降 $\dot{I}_1 R_1$ 和 $\dot{I}_2 R_2$。此时变压器的电磁关系达到新的平衡,进入负载运行状态。

二、负载时的基本方程式

1. 电动势平衡方程式

根据图 2-8 列出变压器一、二次绕组电动势平衡方程式为

第二章 变压器的运行原理与特性

$$\dot{U}_1 = -\dot{E}_1 + \dot{I}_1 R_1 + j\dot{I}_1 X_{\sigma 1} = -\dot{E}_1 + \dot{I}_1 Z_1 \tag{2-19}$$

$$\dot{U}_2 = \dot{E}_2 - \dot{I}_2 R_2 + j\dot{I}_2 X_{\sigma 2} = \dot{E}_2 - \dot{I}_2 Z_2 \tag{2-20}$$

式中 Z_2——二次绕组漏阻抗，$Z_2 = R_2 + jX_{\sigma 2}$；

R_2、$X_{\sigma 2}$——二次绕组电阻、漏电抗。

2. 磁动势平衡方程式

负载时，由于变压器主磁通基本是由外加电压 $\dot{U}_1$ 决定的，当 $\dot{U}_1$ 不变时，主磁通也基本不变。空载时，主磁通 $\dot{\Phi}_m$ 由 $\dot{F}_0 = \dot{I}_0 N_1$ 产生；负载时主磁通由 $\dot{F}_1$ 和 $\dot{F}_2$ 共同产生，因此得到磁动势平衡方程式为

$$\dot{F}_1 + \dot{F}_2 = \dot{F}_0$$

$$\dot{F}_1 = \dot{F}_0 + (-\dot{F}_2) = \dot{F}_0 + \dot{F}_{1L} \tag{2-21}$$

式(2-21)表明，变压器负载运行时，一次侧磁动势由两个分量组成：一是用来产生主磁通 $\dot{\Phi}_m$ 的励磁分量；二是用来抵消二次侧磁动势对主磁通影响的负载分量 $\dot{F}_{1L} = -\dot{F}_2$。

磁动势平衡方程式也可以用电流表达，即

$$\dot{I}_1 N_1 + \dot{I}_2 N_2 = \dot{I}_0 N_1$$

$$\dot{I}_1 = \dot{I}_0 + \left(-\frac{N_2}{N_1}\dot{I}_2\right) = \dot{I}_0 + \left(-\frac{1}{k}\dot{I}_2\right) = \dot{I}_0 + \dot{I}_{1L} \tag{2-22}$$

由式(2-22)可见变压器通过磁动势平衡，将一、二次电流联系起来，实现电能从一次侧向二次侧的传递。变压器负载运行时的基本方程式为

$$\begin{cases} \dot{U}_1 = -\dot{E}_1 + \dot{I}_1 R_1 + j\dot{I}_1 X_{\sigma 1} = -\dot{E}_1 + \dot{I}_1 Z_1 \\ \dot{U}_2 = \dot{E}_2 - \dot{I}_2 R_2 + j\dot{I}_2 X_{\sigma 2} = \dot{E}_2 - \dot{I}_2 Z_2 \\ \dot{I}_1 = \dot{I}_0 + \left(-\frac{\dot{I}_2}{k}\right) \\ -\dot{E}_1 = \dot{I}_0 Z_m \\ \dot{U}_2 = \dot{I}_2 Z_L \end{cases} \tag{2-23}$$

三、变压器参数的折算

由于变压器一、二次绕组的匝数 $N_1 \neq N_2$，使得一、二次绕组感应电动势不相等，不能将一次绕组和二次绕组两个分离的电路画在一起，增加了分析的难度。因此用一个假想的绕组来代替其中一个绕组，成为 $k=1$ 的变压器，就可以把一、二次绕组转化成一个等效电路，简化变压器的分析计算，这种方法称为绕组折算。折算后的量的符号以在原来的符号右上角上加撇（′）表示。

需要注意的是，折算只是一种研究方法，不会改变变压器内部的电磁关系。在进行折算时，可以把二次绕组折算到一次绕组，也可以把一次绕组折算到二次绕组。下面以二次绕组折算到一次绕组的方式说明各物理量的折算关系。

（1）二次电流的折算　二次电流的折算条件是折算前后二次侧磁动势保持不变。设折算后二次绕组的匝数为 $N_2' = N_1$，流过的电流为 $\dot{I}_2'$，则

$$\dot{I}_2' N_1 = \dot{I}_2 N_2$$

$$\dot{I}_2' = \frac{N_2}{N_1} \dot{I}_2 = \frac{\dot{I}_2}{k} \tag{2-24}$$

（2）二次电动势的折算　二次电动势的折算条件是折算前后主磁通不变。得到

$$\frac{E_2'}{E_2} = \frac{4.44 f N_2' \Phi_m}{4.44 f N_2 \Phi_m} = \frac{N_2'}{N_2} = \frac{N_1}{N_2} = k$$

则

$$E_2' = k E_2 \tag{2-25}$$

（3）二次电阻的折算　二次电阻的折算条件是折算前后二次绕组铜损耗保持不变，可得

$$I_2'^2 R_2' = I_2^2 R_2$$

则

$$R_2' = \left(\frac{I_2}{I_2'}\right)^2 R_2 = k^2 R_2 \tag{2-26}$$

（4）二次侧漏抗的折算　根据折算前后二次侧无功损耗保持不变，得

$$I_2'^2 X_{\sigma 2}' = I_2^2 X_{\sigma 2}$$

则

$$X_{\sigma 2}' = \left(\frac{I_2}{I_2'}\right)^2 X_{\sigma 2} = k^2 X_{\sigma 2} \tag{2-27}$$

漏抗的折算值为

$$Z_2' = R_2' + j X_{\sigma 2}' = k^2 (R_2 + j X_{\sigma 2}) = k^2 Z_2 \tag{2-28}$$

同样负载阻抗的折算值为

$$Z_L' = k^2 Z_L \tag{2-29}$$

则

$$U_2' = I_2' Z_2' = \frac{I_2}{k} k^2 Z_L = k I_2 Z_L = k U_2 \tag{2-30}$$

二次绕组向一次绕组的折算有如下结论：①以伏特为单位的量，其折算值等于实际值乘以 k；②以安培为单位的量，其折算值等于实际值除以 k；③以欧姆为单位的量，其折算值等于实际值乘以 k^2。

四、折算后的基本方程式、等效电路和相量图

折算后的基本方程式为

$$\begin{cases} \dot{I}_1 = \dot{I}_0 + (-\dot{I}_2') \\ -\dot{E}_1 = \dot{I}_0 Z_m \\ \dot{U}_1 = -\dot{E}_1 + \dot{I}_1 Z_1 \\ \dot{U}_2' = \dot{E}_2' - \dot{I}_2' Z_2' \\ \dot{U}_2' = \dot{I}_2' Z_L' \\ \dot{E}_1 = \dot{E}_2' \end{cases} \tag{2-31}$$

根据折算后的基本方程式可画出如图 2-9 所示的变压器 T 形等效电路。该电路综合反映了变压器的基本方程式，表达了变压器内部的电磁关系。

相量图直观反映了变压器中各物理量的大小和相位关系，图 2-10 所示为变压器带感性负载时的相量图。相量图包括三部分：二次电压相量图、电流相量图或磁动势平衡相量图、一次电压相量图。

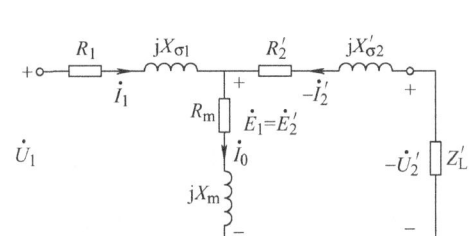

图 2-9 变压器 T 形等效电路

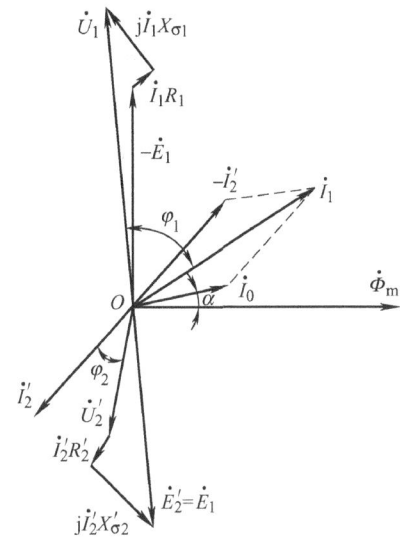

图 2-10 变压器带感性负载相量图

作图步骤如下（假定电路参数已知，负载亦给定）：

1) 以 $\dot{U}'_2$ 为参考相量，根据给定的负载角 φ_2，做出 $\dot{I}'_2$。

2) 根据 $\dot{E}'_2 = \dot{U}'_2 + \dot{I}'_2 R'_2 + \mathrm{j}\dot{I}'_2 X'_{\sigma 2}$ 做出 $\dot{E}'_2$，得到 $\dot{E}_1$（相应地也就知道了 $-\dot{E}_1$）。

3) 做出 $\dot{\Phi}_m$，它超前 $\dot{E}_1$ 90°，$\dot{I}_0$ 又超前 $\dot{\Phi}_m$ 一个角度，即铁损耗角 $\alpha = \arctan\dfrac{R_m}{X_m}$。

4) 由 $\dot{I}_1 = \dot{I}_0 + (-\dot{I}'_2)$ 做出 $\dot{I}_1$。

5) 由 $\dot{U}_1 = -\dot{E}_1 + \dot{I}_1 R_1 + \mathrm{j}\dot{I}_1 X_{\sigma 1}$ 做出 $\dot{U}_1$。

五、近似等效电路和简化等效电路

变压器 T 形等效电路是复阻抗的串、并联电路，计算复杂。考虑到 Z_m 远大于 Z_1，I_0 远小于一次侧额定电流 I_{1N}，负载变化时，外加电压不变，$\dot{E}_1$ 变化很小，可认为 $\dot{I}_0$ 不变。因此若把 T 形等效电路中的励磁支路移到电源端，可得到近似等效电路，如图 2-11 所示。称为 Γ 形等效电路。

由于电力变压器空载电流很小，仅为额定电流的 2%～10%，在变压器的某些计算中，可将空载电流忽略，即去掉等效电路中的励磁支路，得到更进一步的简化等效电路，如图 2-12 所示。但这种电路因为有较大误差，一般用于定性分析。图 2-12 中有

$$\begin{cases} R_k = R_1 + R_2' \\ X_k = X_{\sigma 1} + X_{\sigma 2}' \\ Z_k = R_k + jX_k \end{cases} \tag{2-32}$$

式中 R_k——变压器短路电阻；

X_k——变压器短路电抗；

Z_k——变压器短路阻抗。

短路阻抗 Z_k 是变压器的重要参数之一。从限制稳态短路电流的角度来看，由 $I_k = \dfrac{U_1}{Z_k}$ 可知，短路阻抗越大，短路电流越小，即 Z_k 越大越好。另一方面，变压器作为电源对负载供电时，希望短路阻抗越小越好，因为短路阻抗压降 $I_2' Z_k$ 越小，输出端电压越稳定。

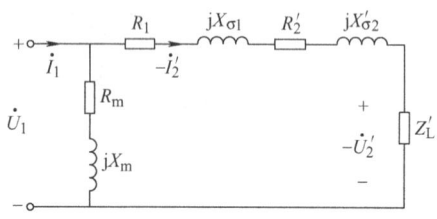

图 2-11 变压器 Γ 形等效电路

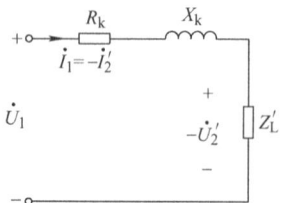

图 2-12 变压器简化等效电路

例 2-1 有一台变压器，$U_{1N}=220\mathrm{V}$，空载测得二次电压 $U_{20}=367\mathrm{V}$，$R_1=15\Omega$，$R_2=50\Omega$，$X_m=1500\Omega$。求二次侧接 1450Ω 电阻负载时的一、二次电流并计算负载时 U_2 的变化率。

解：利用近似等效电路计算出

$$k = \frac{U_{1N}}{U_{2N}} = \frac{220}{367} = 0.6$$

参数折算后有

$$Z_2' = k^2 Z_2 = 0.6^2 \times 50\Omega = 18\Omega$$
$$Z_L' = k^2 Z_L = 0.6^2 \times 1450\Omega = 522\Omega$$
$$Z_m = jX_m = j1500\Omega$$

设以 U_1 为参考相量，列出方程

$$-\dot{I}_2' = \frac{220\angle 0°}{R_1 + R_2' + Z_L'} = 0.396\angle 0° \text{ A}$$

$$\dot{I}_m = \frac{220\angle 0°}{j1500}\text{A} = 0.147\angle -90° \text{ A}$$

$$\dot{I}_1 = \dot{I}_m + (-\dot{I}_2') = 0.415\angle -20.4° \text{ A}$$

$$-\dot{U}_2' = -\dot{I}_2' Z_L' = 207\angle 0° \text{ V}$$

$$\dot{I}_2 = k\dot{I}_2' = 0.238\angle 180° \text{ A} = -0.238\angle 0° \text{ A}$$

$$\dot{U}_2 = \frac{\dot{U}_2'}{k} = 345\angle 180° \text{ V}$$

$$\Delta U_2 = (367-345)\text{V} = 22\text{V}$$

$$\Delta U_2\% = \frac{22}{367} \times 100\% = 6\%$$

第三节 变压器的参数测定

变压器等效电路中,各种阻抗的值称为变压器的参数。使用等效电路计算变压器的运行性能时,需要知道这些参数。变压器的参数可以通过空载试验和短路试验来测定。

一、空载试验

根据变压器的空载试验可测定空载电流I_0、电压比k、励磁电阻R_m、励磁电抗X_m和空载损耗p_0。空载试验接线图如图2-13所示。为便于测量和安全,通常在低压侧加电压,高压侧开路。由于空载时功率因数很低,为减小测量误差,应选用低功率因数功率表测量空载损耗。

通过试验可以得到空载特性曲线$I_0 = f(U_1)$和$p_0 = f(U_1)$,如图2-14所示。变压器空载时的总阻抗$Z_0 = Z_1 + Z_m = (R_1 + jX_{\sigma 1}) + (R_m + jX_m)$。因为$R_m \gg R_1$,$X_m \gg X_{\sigma 1}$,可近似认为$Z_0 \approx Z_m = R_m + jX_m$,有

$$\begin{cases} Z_m = \dfrac{U_0}{I_0} \\ R_m = \dfrac{p_0}{I_0^2} \\ X_m = \sqrt{Z_m^2 - R_m^2} \\ p_0 = I_0^2 R_m \approx p_{Fe} \\ k = \dfrac{U_U}{U_u} \end{cases} \quad (2\text{-}33)$$

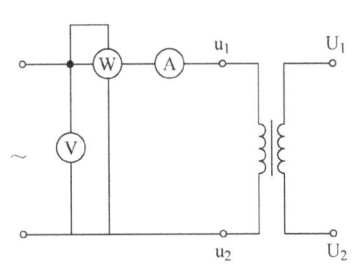

图2-13 空载试验接线图

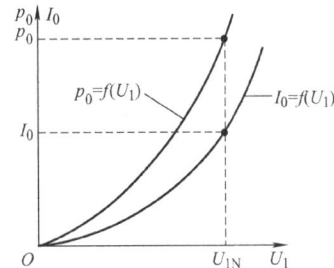

图2-14 变压器空载特性曲线

需要注意的是,空载试验在低压侧进行,测得的参数是低压侧的数值。如需要折算到高压侧,需将低压侧的参数乘以k^2。

对于三相变压器,试验测得为三相功率、线电压、线电流,按式(2-33)计算时,需求出每相值后再计算。

二、短路试验

由短路试验可求取变压器的负载损耗p_k和漏阻抗或短路阻抗Z_k。短路试验接线图如图2-15所示。

从便于仪表选择考虑,通常在高压侧加电压,低压侧短路。由于变压器的短路阻抗很小,为避免过大的短路电流,短路试验应在$(4\% \sim 10\%)U_{1N}$的低电压下进行,使短路电流

$I_k < 1.2 I_{1N}$。施加不同的电压测出短路特性曲线如图 2-16 所示。由于试验中施加的电压很低，铁心中主磁通很小，忽略励磁电流和铁损耗，试验测得的负载损耗 p_k 等于一、二次绕组电阻上的铜损耗。额定电流时测取的参数计算变压器的短路参数。有

$$\begin{cases} Z_k = \dfrac{U_k}{I_k} = \dfrac{U_k}{I_{1N}} \\ R_k = \dfrac{p_k}{I_k^2} = \dfrac{p_k}{I_{1N}^2} \\ X_k = \sqrt{Z_k^2 - R_k^2} \end{cases} \tag{2-34}$$

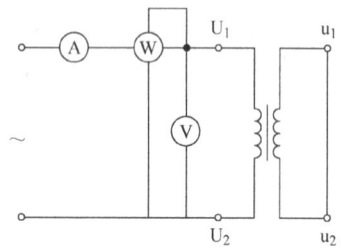
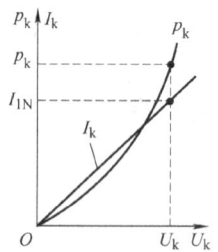

图 2-15　短路试验接线图　　　　图 2-16　变压器的短路特性曲线

因为电阻值会随温度变化，因此电力变压器的标准规定，应将室温下测得的短路电阻换算到标准工作温度（75℃）时的值，漏电抗与温度无关，则有

$$\begin{cases} R_{k75} = R_k \dfrac{234.5 + 75}{234.5 + \theta} & （铜线） \\ R_{k75} = R_k \dfrac{228 + 75}{228 + \theta} & （铝线） \\ Z_{k75} = \sqrt{R_{k75} + X_k^2} \end{cases} \tag{2-35}$$

式中　θ——试验时室温，单位为℃。

式(2-35) 中，常数 234.5 对应铜线绕组，常数 228 对应铝线绕组。

负载损耗和短路电压也应换算到 75℃ 时的值，即

$$\begin{cases} p_{kN} = I_{1N}^2 R_{k75} \\ U_{kN} = I_{1N} Z_{k75} \end{cases} \tag{2-36}$$

短路试验中，调整外加电压使短路电流恰为额定电流，一次绕组所加的电压称为短路电压，不过在使用时一般取用的是它与额定电压之比的百分数，即

$$u_k = \dfrac{U_{kN}}{U_{1N}} \times 100\% = \dfrac{Z_{k75} I_{1N}}{U_{1N}} \times 100\% \tag{2-37}$$

短路电压有功分量为

$$u_{kR} = \dfrac{I_{1N} R_{k75}}{U_{1N}} \times 100\% \tag{2-38}$$

短路电压无功分量为

$$u_{kX} = \dfrac{I_{1N} X_k}{U_{1N}} \times 100\% \tag{2-39}$$

则

$$u_k = \sqrt{u_{kR}^2 + u_{kX}^2} \tag{2-40}$$

第二章 变压器的运行原理与特性

短路电压的大小反映了变压器额定运行时其内部阻抗压降的大小,从正常运行上看,希望u_k越小越好,这样变压器输出电压随负载变化波动会小些。从限制短路电流上看,u_k则越大越好,这样短路电流会小些。一般中、小型电力变压器$u_k = 4\% \sim 10\%$,大型电力变压器$u_k = 12.5\% \sim 17.5\%$。

例2-2 一台三相电力变压器,Yyn联结。$S_N = 100 \text{kV} \cdot \text{A}$,$U_{1N}/U_{2N} = 6\text{kV}/0.4\text{kV}$,$I_{1N}/I_{2N} = 9.63\text{A}/144\text{A}$。室温23℃时空载和短路试验结果见表2-1。

表2-1 室温23℃时空载和短路试验

试验类型	电流/A	电压/V	三相功率/W	备注
空载试验	9.37	400	630	在低压侧测量
短路试验	9.4	315	1923	在高压侧测量

试求折算到高压侧的励磁参数、短路参数和短路电压百分值。

解:三相变压器为Yyn联结,每相值为

$$U_{1N\varphi} = \frac{U_{1N}}{\sqrt{3}} = \frac{6000}{\sqrt{3}}\text{V} = 3464\text{V}$$

$$U_{2N\varphi} = \frac{U_{2N}}{\sqrt{3}} = \frac{400}{\sqrt{3}}\text{V} = 231\text{V}$$

$$k = \frac{U_{1N\varphi}}{U_{2N\varphi}} = \frac{3464}{231} = 15$$

$$p_{0\varphi} = \frac{1}{3}p_0 = \frac{1}{3} \times 630\text{W} = 210\text{W}$$

$$Z'_m \approx Z'_0 = \frac{U_{2N\varphi}}{I_0} = \frac{231}{9.37}\Omega = 24.7\Omega$$

$$R'_m \approx \frac{p_{0\varphi}}{I_0^2} = \frac{210}{9.37^2}\Omega = 2.39\Omega$$

$$X'_m = \sqrt{Z'^2_m - R'^2_m} = \sqrt{24.7^2 - 2.39^2}\Omega = 24.59\Omega$$

折算到高压侧的励磁参数为

$$Z_m = k^2 Z'_m = 15^2 \times 24.7\Omega = 5557.5\Omega$$
$$R_m = k^2 R'_m = 15^2 \times 2.31\Omega = 519.75\Omega$$
$$X_m = k^2 X'_m = 15^2 \times 24.59\Omega = 5532.75\Omega$$

短路参数为

$$U_{k\varphi} = \frac{U_k}{\sqrt{3}} = \frac{315}{\sqrt{3}}\text{V} = 181.87\text{V}$$

$$p_{k\varphi} = \frac{1}{3}p_k = \frac{1}{3} \times 1923\text{W} = 641\text{W}$$

$$Z_k = \frac{U_{k\varphi}}{I_k} = \frac{181.87}{9.4}\Omega = 19.35\Omega$$

$$R_k = \frac{p_{k\varphi}}{I_k^2} = \frac{641}{9.4^2}\Omega = 7.25\Omega$$

$$X_k = \sqrt{Z_k^2 - R_k^2} = \sqrt{19.35^2 - 7.25^2}\,\Omega = 15.76\,\Omega$$

折算到75℃时的短路参数为

$$R_{k75} = R_k \frac{234.5 + 75}{234.5 + 23} = 8.71\,\Omega$$

$$Z_{k75} = \sqrt{R_{k75}^2 + X_k^2} = \sqrt{8.71^2 + 15.76^2}\,\Omega = 18\,\Omega$$

$$p_{kN} = 3I_{1N}^2 R_{k75} = 3 \times 9.63^2 \times 8.71\,\text{W} = 2423.21\,\text{W}$$

$$U_{kN} = \sqrt{3}\,I_{1N} Z_{k75} = \sqrt{3} \times 9.63 \times 18\,\text{V} = 300\,\text{V}$$

短路电压及其有功、无功分量为

$$u_k = \frac{U_{kN}}{U_{1N}} \times 100\% = \frac{300}{6000} \times 100\% = 5\%$$

$$u_{kR} = \frac{I_{1N} R_{k75}}{U_{1N\varphi}} \times 100\% = \frac{9.63 \times 8.71}{3464} \times 100\% = 2.42\%$$

$$u_{kX} = \frac{I_{1N} X_k}{U_{1N\varphi}} \times 100\% = \frac{9.63 \times 15.76}{3464} \times 100\% = 4.38\%$$

第四节 标幺值

工程计算中，除可以采用各物理量的实际值表示和计算外，也可以采用标幺值。标幺值是某一物理量的实际值与该物理量的基值之比，即

标幺值 = 实际值/基值

标幺值没有单位。变压器和电机中，一般取某物理量的额定值为基值，在物理量符号上加"＊"表示标幺值。取一、二次额定电压为基准值，则电压的标幺值为 $U_1^* = U_1/U_{1N}$，$U_2^* = U_2/U_{2N}$。类似的，可取一、二次额定电流作为一、二次电流的基准值，取一、二次侧阻抗基准值为 $Z_{1N} = U_{1N}/I_{1N}$、$Z_{2N} = U_{2N}/I_{2N}$，而视在功率、有功功率和无功功率的基值则为 S_N。

采用标幺值的优缺点如下：

1）采用标幺值可以简化各量的数值，并能直观地看出变压器和电机的运行情况。如 $I_1^* = 1.2$ 时，表示变压器已过载20%。

2）采用标幺值计算时，一、二次侧各量无须折算，例如

$$U_2'^* = \frac{U_2'}{U_{1N}} = \frac{kU_2}{kU_{2N}} = \frac{U_2}{U_{2N}} = U_2^*$$

3）采用标幺值表示时，变压器的各个参数及重要性能数据总在一定的范围之内，便于分析比较，如变压器的短路阻抗标幺值 Z_k^* 为 0.04～0.175。

4）采用标幺值时，某些不同的物理量会具有相同的数值。例如短路电阻的标幺值等于负载损耗的标幺值、短路阻抗的标幺值等于短路电压的标幺值等，即

$$\begin{cases} Z_k^* = \dfrac{Z_k}{Z_{1N}} = \dfrac{Z_k I_{1N}}{U_{1N}} = \dfrac{U_{kN}}{U_{1N}} = U_{kN}^* \\[2mm] R_k^* = \dfrac{R_k}{Z_{1N}} = \dfrac{R_k I_{1N}}{U_{1N}} = U_{kR}^* = \dfrac{I_{1N}^2 R_k}{U_{1N} I_{1N}} = \dfrac{p_{kN}}{S_N} = p_{kN}^* \\[2mm] X_k^* = \dfrac{X_k}{Z_{1N}} = \dfrac{X_k I_{1N}}{U_{1N}} = U_{kX}^* \end{cases} \quad (2\text{-}41)$$

5) 线电压和线电流的标幺值与相电压和相电流的标幺值相等；单相功率的标幺值与三相功率的标幺值相等。

6) 采用标幺值的缺点是由于无单位，物理概念不够清晰，无法用量纲来检查计算结果正确与否。

第五节　变压器的运行特性

变压器的运行主要指稳态运行。变压器负载运行时的主要特性有两个，一是外特性，反映变压器供电电压的稳定性，其性能指标是额定电压变化率；二是效率特性，反映了变压器运行的经济性，其性能指标是额定效率。

一、电压变化率和外特性

1. 电压变化率

变压器内部存在的电阻和漏电抗，以及负载电流产生的漏阻抗压降可使二次电压发生变化。电压变化的程度用电压变化率来表示，其定义为：变压器一次侧加额定电压，负载功率因数一定时，从空载到负载时二次电压变化的百分值，即

$$\Delta U\% = \frac{U_{20} - U_2}{U_{2N}} \times 100\%$$
$$= \frac{U_{2N} - U_2}{U_{2N}} \times 100\% \quad (2\text{-}42)$$
$$= \frac{U_{1N} - U_2'}{U_{1N}} \times 100\%$$

式(2-42)即为电压变化率的定义表达式，可以用变压器的简化相量图求 $\Delta U\%$ 的参数表达式，如图2-17所示，图中 $U_{1N}^* = 1$，β 称为负载系数，不计励磁电流时，$\beta = I_1^* = I_2^*$，则电阻压降 $I_1^* R_k^* = \beta R_k^*$，电抗压降 $I_1^* X_k^* = \beta X_k^*$。

具体来说，即有

$$\dot{U}_{1N}^* - \dot{U}_2^* \approx \overline{CD} + \overline{DE}$$
$$= \overline{BC}\cos\varphi_2 + \overline{AB}\sin\varphi_2$$
$$= \beta(R_k^*\cos\varphi_2 + X_k^*\sin\varphi_2)$$

$$\Delta U\% = \frac{U_{1N}^* - U_2^*}{U_{1N}^*} \times 100\%$$
$$= \beta(R_k^*\cos\varphi_2 + X_k^*\sin\varphi_2) \times 100\%$$
$$(2\text{-}43)$$

式(2-43)表明，电压变化率的大小与变压器的短路阻抗 R_k^*、X_k^* 有关，与负载系数 β 有关，与负载性质 φ_2 有关。①电阻性负载时，$\varphi_2 = 0°$，$\cos\varphi_2 = 1$，$\sin\varphi_2 = 0$，$\Delta U\%$ 为 1%~2%。说明电阻性负载时，电压降不大。②电感性负载时，φ_2 取正值。③电容性负载，φ_2 取负值。

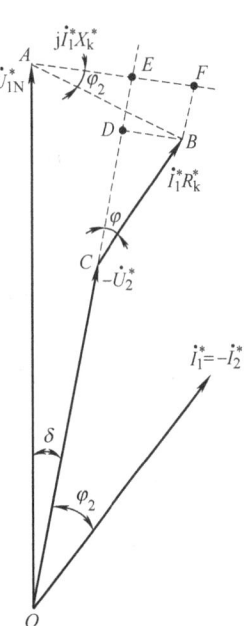

图2-17　用简化相量图求电压变化率

当负载为额定负载,功率因数为定值时,变压器的电压变化率称为额定电压变化率,它的大小反映了变压器供电电压的稳定性。

2. 外特性

当 $U_1 = U_{1N}$,$\cos \varphi_2$ 为常数时,二次侧端电压 U_2 随 I_2 变化的规律称为变压器的外特性,如图 2-18 所示。

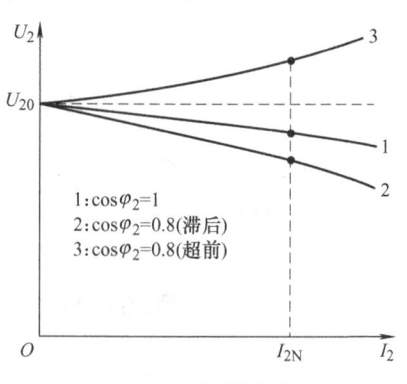

图 2-18 变压器外特性

可见:①电阻性负载时,$\varphi_2 = 0$,$\sin \varphi_2 = 0$,$\Delta U\% = \beta R_k^* \times 100\% > 0$,$U_2 < U_{2N}$,这表示端电压随负载增加而减小,如图 2-18 中曲线 1 所示。②电感性负载时,$\varphi_2 > 0$,$\sin \varphi_2 > 0$,$\Delta U\% = \beta (R_k^* \cos \varphi_2 + X_k^* \sin \varphi_2) \times 100\% > 0$,$U_2 < U_{2N}$,这表示端电压随负载增加的下降的程度比电阻性负载要大,如图 2-18 中曲线 2 所示。③电容性负载时,$\varphi_2 < 0$,$\sin \varphi_2 < 0$,$\Delta U\%$ 可能为正,也可能为负。若 $|X_k^* \sin \varphi_2| < R_k^* \cos \varphi_2$,$\Delta U\%$ 为正值,$U_2 < U_{2N}$,端电压随负载增加而下降;若 $|X_k^* \sin \varphi_2| > R_k^* \cos \varphi_2$,$\Delta U\%$ 为负值,$U_2 > U_{2N}$,表明端电压随负载增加而上升,如图 2-18 中曲线 3 所示。

二、变压器的损耗和效率

变压器在能量传递过程中将产生损耗,包括铁心的铁损耗和绕组的铜损耗。变压器从电网吸收的有功功率 P_1 扣除铁损耗 p_{Fe} 和一次绕组上的铜损耗 p_{Cu1} 后,其余部分通过电磁感应传递给二次绕组,称为电磁功率 P_{em}。电磁功率再扣除消耗在二次绕组电阻上的铜损耗 p_{Cu2},即是传递给负载的输出功率 P_2,即

$$\begin{cases} p_{Cu1} = I_1^2 R_1, p_{Cu2} = I_2^2 R_2, p_{Fe} = I_m^2 R_m \\ \sum p = p_{Cu1} + p_{Cu2} + p_{Fe} \\ P_1 = P_2 + \sum p \\ P_2 = m U_2 I_2 \cos \varphi_2 \end{cases} \quad (2\text{-}44)$$

式(2-44)中,m 为相数,三相取 3,一相取 1,则变压器效率为

$$\eta = \frac{P_2}{P_1} \times 100\% = \frac{P_1 - \sum p}{P_1} \times 100\% = \left(1 - \frac{p_{Fe} + p_{Cu1} + p_{Cu2}}{P_2 + p_{Fe} + p_{Cu1} + p_{Cu2}}\right) \times 100\% \quad (2\text{-}45)$$

变压器效率可以用直接负载法测定,即按给定负载条件直接给变压器加负载,测出输出和输入的有功功率 P_2 和 P_1,再算出效率。但由于一般电力变压器效率很高,很难得到准确结果,而且大容量变压器很难找到相应的大容量负载。因此,工程上常采用间接法计算效率,通过空载和短路试验测出铁损耗和铜损耗,再计算出效率。

利用间接法求效率时需要做如下假定:

1)空载时一次侧铜损耗很小,可忽略,用额定电压下空载损耗代替铁损耗,即 $p_{Fe} = p_0$,称为不变损耗。

2)忽略短路试验的铁损耗,用额定电流时的负载损耗代替额定电流时的铜损耗,不同负载时的铜损耗与负载系数的二次方成正比,即 $p_{Cu} = \beta^2 p_{kN}$,称为可变损耗。

3)由于变压器的电压变化率很小,可认为 $U_2 = U_{2N}$,有

第二章 变压器的运行原理与特性

$$P_2 = m U_2 I_2 \cos\varphi_2 = m \frac{U_{2N}I_{2N}}{I_{2N}} I_2 \cos\varphi_2 = \beta S_N \cos\varphi_2 \tag{2-46}$$

则效率公式可写成

$$\eta = \frac{\beta S_N \cos\varphi_2}{\beta S_N \cos\varphi_2 + p_0 + \beta^2 p_{kN}} \times 100\% \tag{2-47}$$

变压器二次侧加额定负载，负载功率因数保持不变，效率随负载电流而变化的关系，即 $\eta = f(\beta)$ 称为效率曲线，如图 2-19 所示。

变压器在空载时输出功率为零，即 $\eta = 0$，负载较小时，损耗相对较大，效率较低，负载增加，效率 η 也随之增加。但随着负载增加，与 β^2 成正比的铜损耗会增加，效率上升逐渐减慢。当负载超过某一值时，铜损耗增加得更快，使效率随负载增加反而下降。取 $\dfrac{\mathrm{d}\eta}{\mathrm{d}\beta}=0$，可求出变压器达到最高效率的条件为

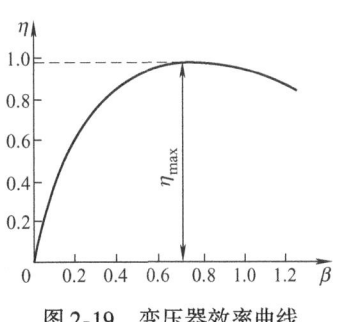

图 2-19 变压器效率曲线

$$\beta_m^2 p_{kN} = p_0 \quad \text{或} \beta_m = \sqrt{\frac{p_0}{p_{kN}}} \tag{2-48}$$

式中 β_m——最高效率时的负载系数。

由式(2-48)可知当不变损耗等于可变损耗时，变压器效率最高。变压器最高效率为

$$\eta = \frac{\beta_m S_N \cos\varphi_2}{\beta_m S_N \cos\varphi_2 + 2 p_0} \times 100\% \tag{2-49}$$

由于电力变压器长期接在电网上运行，存在不变的铁损耗和随负载变化的铜损耗，因此不可能总是满载运行。为提高运行的经济性，设计变压器时应使铁损耗小于额定铜损耗，一般 $\beta_m = 0.5 \sim 0.6$，即 $\dfrac{p_0}{p_{kN}} = \dfrac{1}{4} \sim \dfrac{1}{3}$。说明变压器运行在额定负载的 50%～60% 时效率最高。

例 2-3 一台三相变压器，$S_N = 100 \mathrm{kV \cdot A}$，$U_{1N}/U_{2N} = 6300\mathrm{V}/400\mathrm{V}$，$p_0 = 0.52\mathrm{kW}$，$p_{kN} = 2.05\mathrm{kW}$，$R_k^* = 0.023$，$X_k^* = 0.034$，带额定负载运行时，$\cos\varphi_2 = 0.8$（滞后）。求：(1) 额定电压变化率；(2) 效率；(3) 最大效率。

解：(1) 额定电压变化率为

$$\begin{aligned}\Delta U\% &= \beta(R_k^* \cos\varphi_2 + X_k^* \sin\varphi_2) \times 100\% \\ &= 1 \times (0.023 \times 0.8 + 0.034 \times 0.6) \times 100\% \\ &= 3.88\%\end{aligned}$$

(2) 效率为

$$\begin{aligned}\eta &= \frac{\beta S_N \cos\varphi_2}{\beta S_N \cos\varphi_2 + p_0 + \beta^2 p_{kN}} \times 100\% \\ &= \frac{1 \times 100 \times 0.8}{1 \times 100 \times 0.8 + 0.52 + 1^2 \times 2.05} \times 100\% \\ &= 96.89\%\end{aligned}$$

（3）最大效率为

$$\beta_m = \sqrt{\frac{p_0}{p_{kN}}} = \sqrt{\frac{0.52}{2.05}} = 0.503$$

$$\eta = \frac{\beta_m S_N \cos\varphi_2}{\beta_m S_N \cos\varphi_2 + 2p_0} \times 100\%$$
$$= \frac{0.503 \times 100 \times 0.8}{0.503 \times 100 \times 0.8 + 2 \times 0.52} \times 100\%$$
$$= 97.5\%$$

思 考 题

2-1 试述变压器空载和负载运行时的电磁过程。

2-2 变压器中主磁通和漏磁通的作用有什么不同？它们各自是由什么磁动势产生的？在等效电路中如何反映它们的作用？

2-3 为了在变压器一次侧和二次侧获得正弦波感应电动势，铁心不饱和时励磁电流是什么波形？铁心饱和时又是什么波形？

2-4 变压器外加电压不变，只改变下列条件之一时，变压器铁心饱和程度、空载电流、铁损耗和一、二次电动势有什么变化？（1）减少一次绕组匝数；（2）降低电源频率。

2-5 在变压器的等效电路中，励磁回路中的 R_m 代表什么电阻？这一电阻是否能用直流电表来测量？

2-6 变压器中的励磁电抗 X_m 的物理意义是什么？在变压器中是希望 X_m 大还是小？增加一次绕组的匝数，X_m 是增加还是减小？如一、二次绕组的匝数同时按比例地增加，X_m 如何变化？增加铁心的截面积，X_m 如何变化？

2-7 分析变压器时，为什么要进行折算？折算的原则是什么？如何将二次侧的各量折算到一次侧？

2-8 说明变压器等效电路中各参数的物理意义，这些参数是否为常数？

2-9 变压器参数测定的方法有哪些？分别能测定哪些参数？

2-10 为什么可以把变压器的空载损耗视为铁损耗？为什么可以把变压器的负载损耗视为额定负载时的铜损耗？

2-11 变压器的电压变化率是如何定义的？它的大小与哪些因素有关？

2-12 变压器取得最大效率的条件是什么？通常情况下，负载系数的取值范围在多少时，变压器的运行效率较高？

习 题

2-1 一台额定容量为 $S_N = 10\text{kV}\cdot\text{A}$ 的单相变压器，$U_{1N}/U_{2N} = 380\text{V}/220\text{V}$。在低压侧加额定电压做空载试验，测得 $I_0 = 1.3\text{A}$，$p_0 = 500\text{W}$；在高压侧加电压做短路试验，测得 $U_k = 20\text{V}$，$I_k = 6.8\text{A}$，$p_k = 1250\text{W}$。求：（1）折算到高压侧的励磁参数实际值及标幺值；（2）折算到高压侧的短路参数实际值及标幺值。

2-2　设有一台 125000kV·A，50Hz，110kV/11kV，YNd 联结三相变压器。空载电流 $I_0 = 0.02 I_N$，空载损耗 $p_0 = 133$kW，短路电压 $u_k^* = 0.105$，负载损耗 $p_{kN} = 600$kW。求：（1）励磁阻抗和短路阻抗。画出近似等效电路，标明各阻抗的数值；（2）设该变压器的二次电压保持额定，且供给功率因数为 0.8（滞后）的额定负载电流，求一次电压及一次电流。

2-3　一台单相变压器，$S_N = 1000$kV·A，$U_{1N}/U_{2N} = 10$kV/400V，$f = 50$Hz，空载试验在低压侧进行，额定电压时的空载电流 $I_0 = 19.1$A，$p_0 = 6000$W；短路试验在高压侧进行，额定电流时的短路电压 $U_k = 3200$V，$p_k = 12000$W（不考虑温度变化的影响）。求：（1）折算到高压侧的参数；（2）绘出 T 形等效电路；（3）额定负载下，功率因数为 $\cos\varphi_2 = 1$、$\cos\varphi_2 = 0.8$（滞后）、$\cos\varphi_2 = 0.8$（超前）三种情况下的电压变化率；（4）计算满载及 $\cos\varphi_2 = 0.8$（滞后）时变压器的效率；（5）计算变压器的最大效率。

第三章
三相变压器及运行

电力系统大多采用三相制,因此三相变压器使用最为广泛。从运行原理来看,三相变压器在对称负载运行时,各相电压、电流大小相等,相位互差120°,因此单相变压器的基本理论完全适用于三相变压器中的任一相。但三相变压器的磁路系统、三相变压器绕组的连接方法和联结组别、三相变压器空载电动势的波形、三相变压器的不对称运行等有其特殊性。

第一节 三相变压器的磁路系统

三相变压器的磁路系统可分为磁路独立和各相磁路相关两大类。根据磁路结构的不同,三相变压器可分为组式变压器和心式变压器两类。

一、组式变压器的磁路特点

组式变压器(三相变压器组)是把三个完全相同的单相变压器的绕组按一定方式三相连接构成,如图3-1所示。

对组式变压器来说:①三相磁路互不相关,即各相主磁通都有独立的磁路;②各相磁路几何尺寸完全相同,即各相磁路的磁阻相等;③一次侧加三相对称电压时,各相主磁通和励磁电流对称。

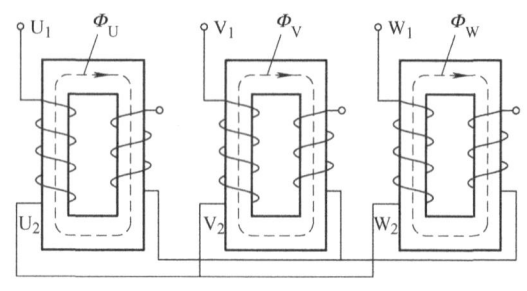

图3-1 组式变压器的磁路结构

二、心式变压器的磁路特点

将图3-1所示的3个单相铁心合并成图3-2a所示的结构即成心式变压器,有 $\dot{\Phi}_U + \dot{\Phi}_V + \dot{\Phi}_W = 0$,此时通过中间铁心柱的磁通等于零,因此可以将中间的铁心柱取消,如图3-2b所示,为了制造方便,通常人们会把三个铁心柱做成同一个平面,如图3-2c所示。

对心式变压器来说:①各相磁路相互关联,即每相磁通要借助其他两相的磁路闭合;②中间铁心柱的一相磁路较短,即中间相的磁阻略小于其他两相的磁阻;③三相磁路的磁阻不相等,中间相的励磁电流略小于其他两相。与负载电流相比,励磁电流很小,不对称的励磁电流对变压器负载运行的影响极小,可看作三相对称系统。

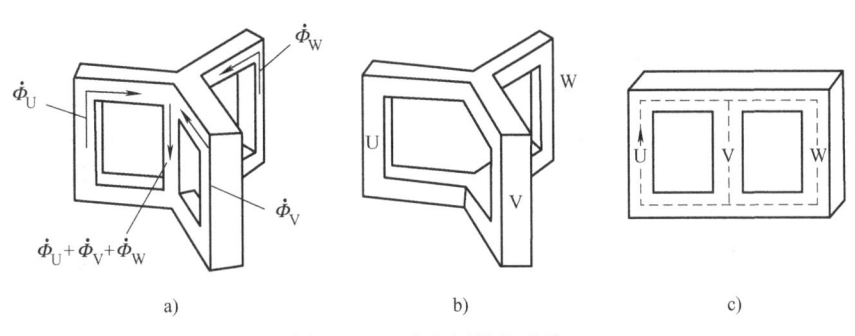

图 3-2 心式变压器的磁路

第二节 三相变压器的联结组别

一、绕组的端点标记与极性

三相变压器的绕组通常有两种连接方式：三角形联结（D 联结）和星形联结（Y 联结）。为正确连接三相绕组，需对变压器每相绕组的两个出线端进行标记，电力变压器绕组首、末端标记见表 3-1。

表 3-1 电力变压器的出线标记

绕组名	单相变压器		三相变压器		
	首端	末端	首端	末端	中性点
高压绕组	U_1	U_2	U_1、V_1、W_1	U_2、V_2、W_2	N
低压绕组	u_1	u_2	u_1、v_1、w_1	u_2、v_2、w_2	n

由于变压器高、低压绕组交链同一个主磁通，某一瞬间高压绕组的某一端为正电位时，在低压绕组上也必有一个端点的电位为正，这两个对应的端点称为同极性端，又称同名端，用符号"·"表示。

绕组的极性由绕组的绕向决定，与绕组首末端的标记无关。人们规定绕组感应电动势的正方向为从首端指向末端。当同一铁心柱上高、低压绕组首端的极性相同时，其电动势同相，如图 3-3a、d 所示。当首端极性不同时，高低压绕组电动势反相，如图 3-3b、c 所示。即同名端同标记，一、二次电动势同相；同名端异标记，一、二次电动势反相。

二、三相绕组的连接方式

以高压绕组为例，把三相绕组的 3 个末端 U_2、V_2、W_2 连在一起构成中性点，把三个首端引出，就是星形联结，如图 3-4a 所示。用字母 Y（或 y）表示。将中性点引出用 YN（或 yn）表示。把一相绕组的末端和另一相绕组的首端连接，顺序构成一个闭合电路，称为三角形联结，用 D（d）表示。其中按 $U_1U_2 - W_1W_2 - V_1V_2$ 顺序连接的称为顺序三角形联结，如图 3-4b 所示；按 $U_1U_2 - V_1V_2 - W_1W_2$ 顺序连接的称为逆序三角形联结，如图 3-4c 所示。

三、变压器联结组别及标准联结组

三相变压器联结组别指一、二次绕组对应的线电动势之间的相位关系，通常用时钟表示法表示。

时钟表示法：把高压侧某一线电动势相量看作时钟的长针，并固定在 12 点（0 点）位置，低压侧对应线电动势相量看作时钟的短针，它所指向的时钟数字就是联结组标号。

对单相变压器，高低压绕组电动势相位相同时，联结组别为 Ii0，如图 3-3a、d 所示。高、低压绕组电动势相位相反时，联结组标号为 Ii6，如图 3-3b、c 所示。国家规定，Ii0 作为单相变压器标准联结组。

三相变压器的联结组别与绕组的极性、首末端的标记和绕组的连接方式有关。下面介绍几种常用三相变压器联结组别。

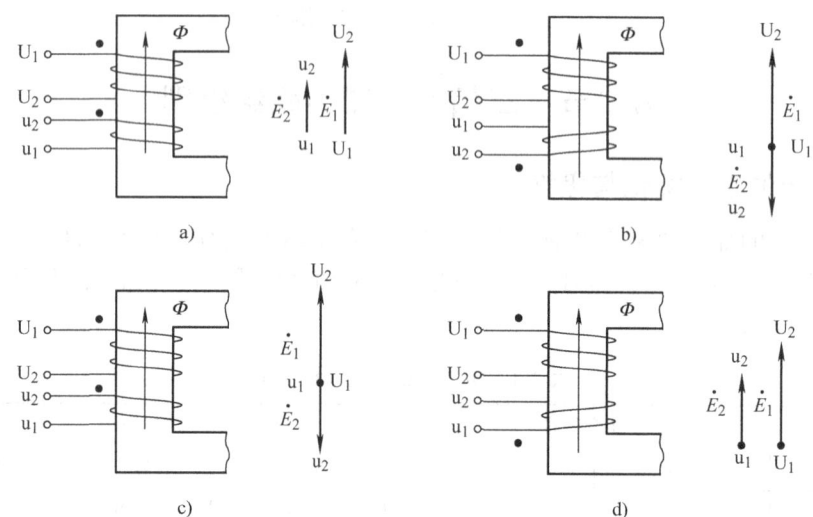

图 3-3 绕组的标记、极性和电动势相量图

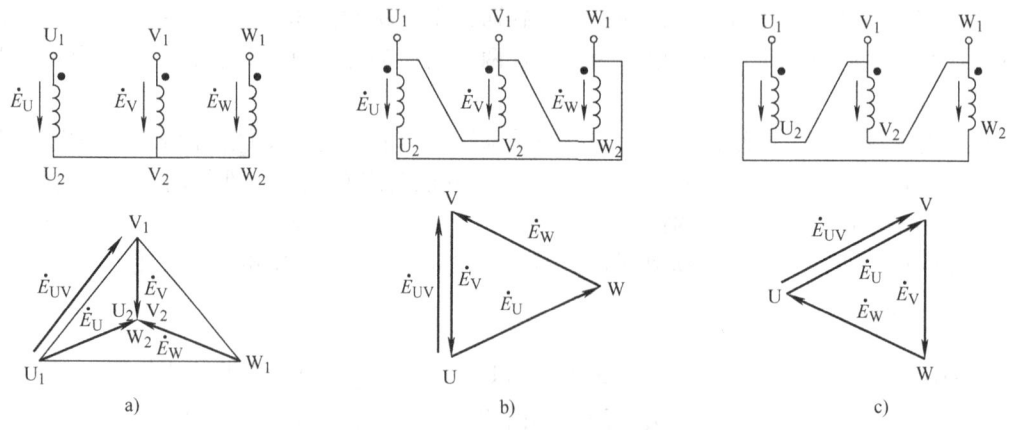

图 3-4 三相绕组的连接方式及相量图

1. Yy 联结

各相绕组同铁心柱时，Yy 联结有两种情况，一是高、低压绕组同极性端有相同的标记，则高、低压绕组的相电动势相位相同，如图 3-5a 所示；二是高、低压绕组首端为异名端，则高、低压绕组的相电动势反相，如图 3-5b 所示。

(1) Yy0 联结　这种联结组别画相量图的步骤为：①根据高压侧三相绕组位 Y 联结及 $\dot{E}_\text{U}$、$\dot{E}_\text{V}$、$\dot{E}_\text{W}$ 大小相等，相位互差120°，按正相序画出高压侧三相对称相电动势相量图；②将低压绕组相电动势相量图中的 u 和高压绕组相电动势相量图的 U 重合，根据 $\dot{E}_\text{U}$ 和 $\dot{E}_\text{u}$、$\dot{E}_\text{V}$ 和 $\dot{E}_\text{v}$、$\dot{E}_\text{W}$ 和 $\dot{E}_\text{w}$ 相位相同，画出低压侧电动势相量图；③画出 $\dot{E}_\text{UV}$ 和 $\dot{E}_\text{uv}$，判断联结组别为 Yy0。

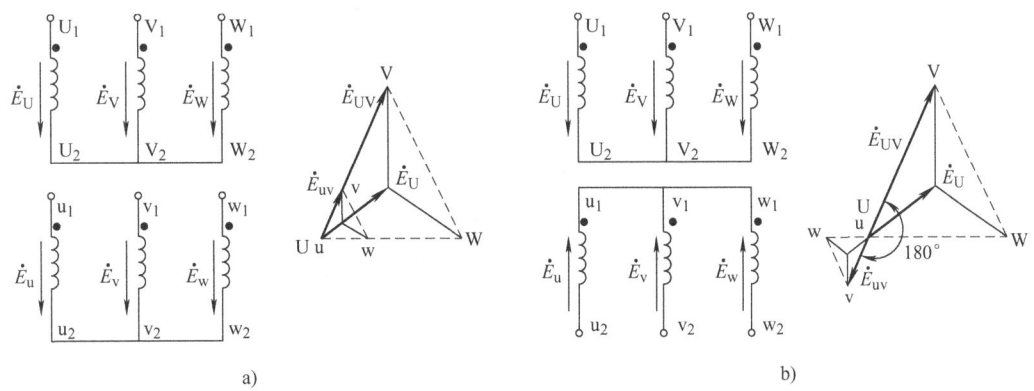

图 3-5　Yy 联结
a) Yy0　b) Yy6

(2) Yy6 联结　图 3-5b 中，高压绕组的电动势相量图不变，依然将低压绕组电动势相量图的 u 和高压绕组相电动势相量图的 U 重合，根据 $\dot{E}_\text{U}$ 和 $\dot{E}_\text{u}$、$\dot{E}_\text{V}$ 和 $\dot{E}_\text{v}$、$\dot{E}_\text{W}$ 和 $\dot{E}_\text{w}$ 相位反相，画出低压侧电动势相量图，$\dot{E}_\text{UV}$ 和 $\dot{E}_\text{uv}$ 相位相反，判断联结组别为 Yy6。

在 Yy0 联结中，保持高压绕组标记不变，改变低压绕组的标记为 w、u、v 或 v、w、u，相当于把低压侧电动势相量图顺时针旋转120°或240°，可以得到 Yy4 联结和 Yy8 联结。在 Yy6 联结基础上，按正相序依次改变低压绕组的标记，可以得到 Yy10 联结和 Yy2 联结。所以 Yy（Dd）联结有 2、4、6、8、10、0 共六个偶数联结组别。

2. Yd 联结

此种联结组别表示高压绕组为 Y 联结，低压绕组为 d 联结。依然按照前面画相量图的方法画出高、低压侧相电动势相量图，注意在画低压侧相量图时绕组的连接顺序。根据 $\dot{E}_\text{UV}$ 和 $\dot{E}_\text{uv}$ 的相位关系判断联结组别。如图 3-6a 所示，$\dot{E}_\text{UV}$ 超前 $\dot{E}_\text{uv}$ 30°，故联结组别为 Yd11。

在 Yd11 联结中，保持高压绕组标记不变，低压绕组标记改变为 w、u、v 或 v、w、u，得到 Yd3 联结或 Yd7 联结；在 Yd1 联结中，按正相序依次改变低压绕组的标记，得到 Yd5 联结和 Yd9 联结。故 Yd 联结有 1、3、5、7、9、11 共六种联结组别。

所以，Yd（Dy）联结有 1、3、5、7、9、11 共六个奇数组别。

通过以上分析可见，三相变压器共有 12 个不同联结组别，为了使用和制造上的方便，我国国家标准规定只生产下列 5 种标准联结组别的电力变压器，即 Yyn0、Yd11、YNd11、YNy0、Yy0。一般它们的使用范围为：

1) Yyn0：用于容量不大的三相配电变压器，构成三相四线制供电。

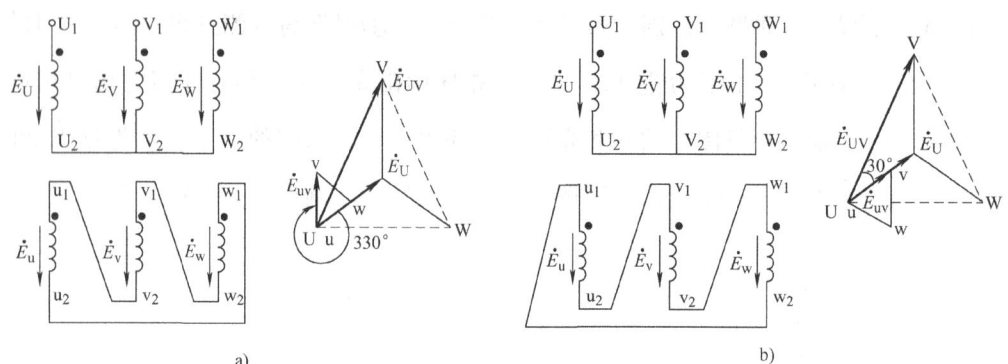

图 3-6 Yd 联结
a) Yd11 b) Yd1

2) Yd11：用于二次电压超过 400V，一次电压在 35kV 以下的变压器中。

3) YNd11：用于需要将高压侧中性点接地的变压器中，高压侧电压一般在 30~110kV 及以上。

4) YNy0：用于高压侧的中性点需接地场合。

5) Yy0：一般用于动力负载。

第三节　三相变压器绕组连接方法及其磁路系统对电动势波形的影响

已知变压器主磁路呈非线性，主磁通为正弦波时，励磁电流为尖顶波，可分解为基波和三次谐波，在三相变压器中，三次谐波电流时间上相位相同，即

$$\begin{cases} i_{u3U} = I_{u3m}\sin3\omega t \\ i_{u3V} = I_{u3m}\sin3(\omega t - 120°) = I_{u3m}\sin\omega t \\ i_{u3W} = I_{u3m}\sin3(\omega t - 240°) = I_{u3m}\sin3\omega t \end{cases} \quad (3-1)$$

而三次谐波电流能否流通与三相绕组的连接方式有关。

若三相变压器一次侧为 YN 或 D 联结时，三次谐波电流可流通，各相励磁电流为尖顶波，铁心中的主磁通为正弦波，则相电动势为正弦波。若一次侧为 Y 联结时，三次谐波电流不能流通，相电动势不一定是正弦波。

一、三相变压器 Yy 联结

一次侧为 Y 联结，三次谐波电流不能流通，故空载电流中没有三次谐波电流，空载电流近似为正弦波，如图3-7所示。由于铁心的饱和现象，磁通近似为平顶波，主磁通主要包含基波 Φ_1 和三次谐波 Φ_3，三次谐波能否在主磁路中流通与磁路结构有关。

（1）组式变压器　组式变压器各相磁路独立，各相三次谐波磁通与主磁通一样在主磁路中流通，因磁阻小，三次谐波磁通较大。同

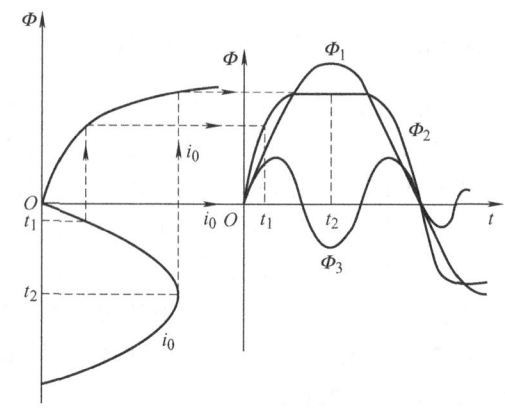

图 3-7 励磁电流为正弦波时主磁通波形

时 $f_3 = 3f_1$，感应的三次谐波电动势 e_3 相当大，其幅值可达基波电动势幅值的 45%～60%，它与基波磁感应的基波电动势 e_1 相加合成的相电动势为尖顶波，使相电动势严重畸变，如图 3-8 所示。可能危及绕组绝缘的安全，因此组式变压器不能采用 Yy 联结。但由于各相 e_3 大小相等、相位相同，在线电动势中三次谐波电动势相互抵消，线电动势波形是正弦波。

（2）心式变压器　在心式变压器中，三相主磁通大小相等、相位互差 120°，每相磁通通过另外两相磁路形成闭合通路。三次谐波磁通 Φ_3 只能以铁心周围的油、油箱壁和部分铁轭形成回路，该回路磁阻大，使 Φ_3 很小，三次谐波电动势也很小，主磁通和相电动势接近正弦波。所以心式变压器可用 Yy 联结。但三次谐波流过油箱壁及其他铁件时会在其中感应涡流，引起局部发热，增加损耗，如图 3-9 所示，因此这种联结的三相心式变压器 $S_N <$ 1800kV·A。

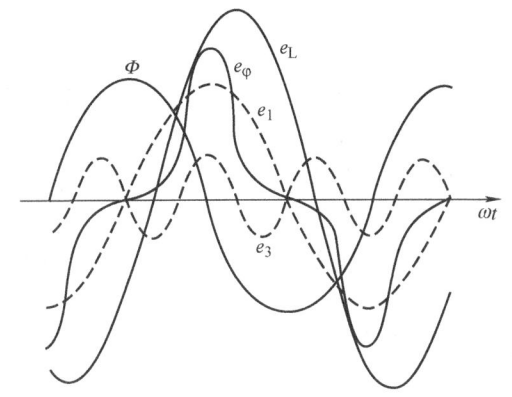

图 3-8　组式变压器的电动势波形

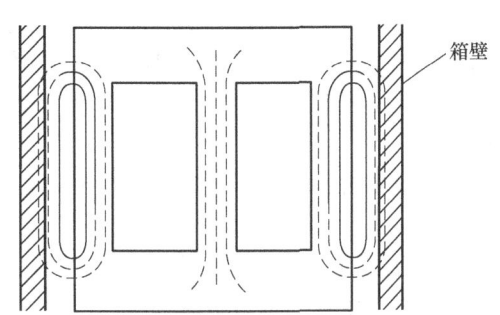

图 3-9　心式变压器中三次谐波磁通路径

二、三相变压器 Yd 联结

变压器一次侧为 Y 联结，三次谐波电流不能流通，则空载电流为正弦波，主磁通为平顶波。三次谐波磁通 Φ_3 在二次侧产生，即三相大小相等、相位相同的三次谐波电动势，该电动势在 d 联结的三相绕组内形成环流。该环流产生的磁通对原有的三次谐波磁通有强烈的去磁作用，使磁路中实际由三次谐波磁通产生的三次谐波电动势很小，相电动势接近正弦波。从磁动势平衡关系来看，作用在主磁路的磁动势为一、二次侧磁动势之和，Yd 联结中，一次侧提供励磁电流的基波分量，二次侧提供励磁电流的三次谐波分量，其作用是与一次侧单独提供尖顶波励磁电流时等效的。略有不同的是，为维持三次谐波电流，仍需要三次谐波电动势，但其值很小，对变压器运行影响不大。从以上分析可见，只要变压器某一侧接成三角形联结，就能使主磁通和相电动势波形接近正弦波，此结论对组式、心式变压器都适用。

在超高压、大容量的电力变压器中，有时需要接成 Yy 联结，以便于一、二次侧中性点接地，但会在铁心柱上加装一套接成三角形联结的附加绕组，它不带负载，只用于提供三次谐波电流的通路，使相电动势波形接近正弦波。

第四节　变压器的并联运行

变压器的并联运行是将两台或多台变压器的一次侧和二次侧分别接在公共母线上，同时向负载供电的运行方式，如图 3-10 所示。

变压器并联运行的优点主要有：①可根据负载的大小变化，调整投入的变压器台数，提高效率；②从变电站建设和发展角度，可随用电负载的发展，增加变压器的台数，以减少变压器的闲置容量和初期投资；③可提高供电的可靠性，并联运行时，若某台变压器检修或故障时，其余变压器仍可继续工作。

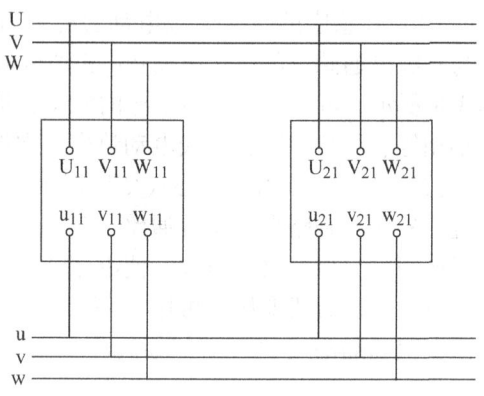

图 3-10　变压器的并联运行

一、并联运行的理想条件

不同容量和结构形式的变压器并联运行时，它们的一次侧并联到共同的电压 $\dot{U}_1$，二次侧并联到共同的电压 $\dot{U}_2$。变压器并联运行的理想情况是：

1）空载时，各变压器的相应二次电压须相等且同相位，使各变压器二次绕组之间不会产生环流。环流会引起附加损耗增加、温度升高和效率降低，占用设备容量。

2）各变压器所带负载大小与额定容量成比例分配，使各变压器容量均能被充分利用。

3）负载时各变压器对应相的电流同相位，使总的负载电流等于各变压器负载电流的算术和。

为达到以上理想条件，并联运行的变压器须满足以下条件：

1）各变压器的额定电压相等，即电压比相等。

2）各变压器联结组别相同。

3）各变压器短路阻抗标幺值相等，且短路电抗与短路电阻之比相等。

上述 3 个条件全部满足即为并联运行的理想情况，且其中的条件 2）必须满足。

二、不满足并联条件时的运行分析

以两台变压器并联运行为例，分析不满足条件的不良后果。假定某一条件不满足，其他条件满足。

1）电压比不等：设两台变压器 A、B 的电压比分别为 k_A、k_B，一次侧接入同一电源，电压比不等，二次侧的空载电压 $\dot{U}_{20A} \neq \dot{U}_{20B}$。设 $k_A < k_B$，有 $\dot{U}_{20A} < \dot{U}_{20B}$，电压差 $\Delta \dot{U}_{20} = \dot{U}_{20A} - \dot{U}_{20B} \neq 0$，两台变压器并联后，在电压差 $\Delta \dot{U}_{20}$ 的作用下，两台变压器二次绕组之间将产生环流 $\dot{I}_c$，如图 3-11 所示。

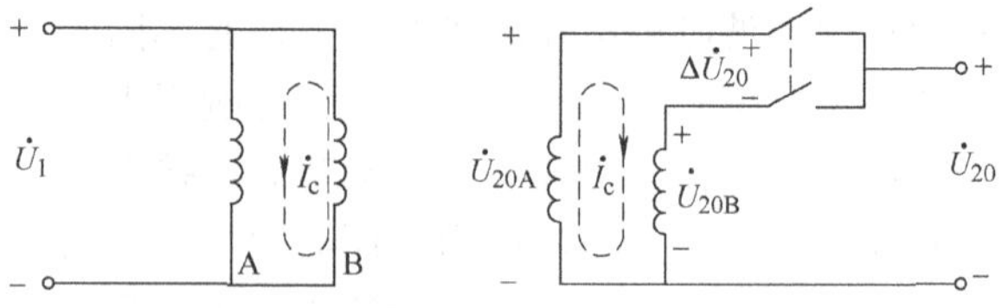

图 3-11　电压比不等时并联运行引起的环流

环流的大小为

$$\dot{I}_c = \frac{\Delta \dot{U}_{20}}{Z_{kA} + Z_{kB}} = \frac{\dot{U}_1}{Z_{kA} + Z_{kB}} \left(\frac{1}{k_A} - \frac{1}{k_B} \right) \tag{3-2}$$

由于短路阻抗很小，即使电压差不大，也会产生较大的环流，一般要求空载环流不超过额定电流的 10%，即电压比偏差不大于 1%。

第三章 三相变压器及运行

2）联结组别不同：联结组别不同的变压器并联运行时，变压器的二次线电动势之间至少有 30°的相位差，这会形成较大的电压差，作用在变压器二次绕组所构成的回路上会产生很大的环流，甚至烧毁变压器绕组。例如，联结组别为 Yy0 与 Yd11 的两台变压器 A、B 并联，如图 3-12 所示，二次线电压差为

$$\Delta U = 2U_{2N}\sin 15° = 0.518U_{2N}$$

3）短路阻抗标幺值不等：设两台并联运行的变压器 A、B 的联结组别相同、电压比相等，但短路阻抗标幺值不等，其简化等效电路如图 3-13 所示，由图可得

$$\begin{cases} -\dot{I}_2 = \dot{I}_A + \dot{I}_B \\ \dot{I}_A Z_{kA} = \dot{I}_B Z_{kB} \end{cases} \tag{3-3}$$

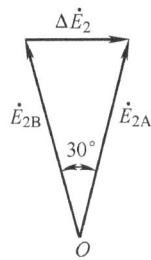

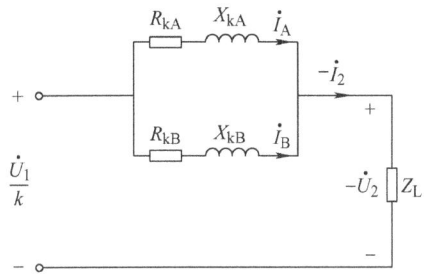

图 3-12 Yy0 与 Yd11 并联时的相位差　　图 3-13 并联运行时的简化等效电路

将式(3-3) 中的第二式改写成

$$\frac{\dot{I}_A}{\dot{I}_{NA}} \frac{\dot{I}_{NA} Z_{kA}}{\dot{U}_N} = \frac{\dot{I}_B}{\dot{I}_{NB}} \frac{\dot{I}_{NB} Z_{kB}}{\dot{U}_N}$$

则

$$\beta_A Z^*_{kA} = \beta_B Z^*_{kB} \tag{3-4}$$

可改写成

$$\frac{\beta_A}{\beta_B} = \frac{Z^*_{kB}}{Z^*_{kA}}$$

式中　β_A、β_B——两台变压器的负载系数。

式(3-4) 表明，每台变压器分担的负载（电流）大小与其短路阻抗标幺值成反比。若 $Z^*_{kA} = Z^*_{kB}$，则 $\beta_A = \beta_B$，说明两台变压器按各自容量成比例地分担负载，两者可同时满载运行或以同样的程度欠载运行，负载分配是合理的，变压器容量得到了充分利用。若 $Z^*_{kA} \neq Z^*_{kB}$，则 Z^*_k 小的变压器的 β 大，Z^*_k 大的变压器的 β 小，说明负载分配不合理，变压器容量未能得到充分利用。

三、并联运行时的负载分配

假设有 n 台联结组别和电压比均相等的变压器并联运行，各台变压器短路阻抗标幺值不等，推导各台变压器分担负载大小的计算公式。

设 $\beta_1 Z^*_{k1} = \beta_2 Z^*_{k2} = \cdots = \beta_n Z^*_{kn} = C$，则

$$\begin{cases} \beta_1 = \dfrac{C}{Z_{k1}^*} = \dfrac{S_1}{S_{N1}} \\ \beta_2 = \dfrac{C}{Z_{k2}^*} = \dfrac{S_2}{S_{N2}} \\ \vdots \\ \beta_n = \dfrac{C}{Z_{kn}^*} = \dfrac{S_n}{S_{Nn}} \end{cases} \quad (3\text{-}5)$$

式中 S_1，S_2，$\cdots$，S_n——各台变压器的实际容量；

S_{N1}，S_{N2}，$\cdots$，S_{Nn}——各台变压器的额定容量。

由式(3-5)求得每台变压器分担的实际负载为

$$\begin{cases} S_1 = \dfrac{S_{N1}}{Z_{k1}^*} C \\ S_2 = \dfrac{S_{N2}}{Z_{k2}^*} C \\ \vdots \\ S_n = \dfrac{S_{Nn}}{Z_{kn}^*} C \end{cases} \quad (3\text{-}6)$$

设并联运行的变压器承担的总负载为 $\sum S$，且有

$$\sum S = S_1 + S_2 + \cdots + S_n = \left(\dfrac{S_{N1}}{Z_{k1}^*} + \dfrac{S_{N2}}{Z_{k2}^*} + \cdots + \dfrac{S_{Nn}}{Z_{kn}^*} \right) C = \sum \dfrac{S_N}{Z_k^*} C$$

则

$$C = \dfrac{\sum S}{\sum \dfrac{S_N}{Z_k^*}} \quad (3\text{-}7)$$

将式(3-7)代入式(3-6)，则每台变压器所分担的实际负载计算式为

$$\begin{cases} S_1 = \dfrac{S_{N1}}{Z_{k1}^*} \dfrac{\sum S}{\sum \dfrac{S_N}{Z_k^*}} \\ S_2 = \dfrac{S_{N2}}{Z_{k2}^*} \dfrac{\sum S}{\sum \dfrac{S_N}{Z_k^*}} \\ \vdots \\ S_n = \dfrac{S_{Nn}}{Z_{kn}^*} \dfrac{\sum S}{\sum \dfrac{S_N}{Z_k^*}} \end{cases} \quad (3\text{-}8)$$

如果要求并联运行的每一台变压器均不过载，令短路阻抗标幺值最小的变压器负载系数 $\beta = 1$，利用式(3-8)可求出并联运行的变压器输出的最大负载为

$$\sum S_{\max} = Z_{k\min}^* \sum \dfrac{S_N}{Z_k^*} \quad (3\text{-}9)$$

式中 Z_{kmin}^*——n 台并联运行变压器中最小的短路阻抗标幺值。

将各台变压器实际负载之和与各台变压器额定容量之比称为变压器的设备利用率。

例 2-4 某变电站有 2 台变压器并联运行，$S_{N1} = 1250 \text{kV} \cdot \text{A}$，$U_{1N}/U_{2N} = 35 \text{kV}/10 \text{kV}$，$Z_{k1}^* = 6.5\%$，Yd11 联结；$S_{N2} = 2000 \text{kV} \cdot \text{A}$，$U_{1N}/U_{2N} = 35 \text{kV}/10 \text{kV}$，$Z_{k2}^* = 6\%$，Yd11 联结。试求：(1) 负载总容量为 $3250 \text{kV} \cdot \text{A}$ 时，每台变压器的输出容量和负载系数各为多少？(2) 在两台变压器均不过载的前提下，能够输出的最大容量为多少？变压器的设备利用率为多少？

解：(1) 由

$$\begin{cases} \dfrac{\beta_1}{\beta_2} = \dfrac{Z_{k1}^*}{Z_{k2}^*} = \dfrac{0.06}{0.065} \\ 1250 \beta_1 + 2000 \beta_2 = 3250 \end{cases}$$

求解方程式得到

$$\beta_1 = 0.9512, \quad \beta_2 = 1.0305$$

则

$$S_1 = S_{N1}\beta_1 = 1250 \times 0.9512 \text{kV} \cdot \text{A} = 1189 \text{kV} \cdot \text{A}$$

$$S_2 = S_{N2}\beta_2 = 2000 \times 1.0305 \text{kV} \cdot \text{A} = 2061 \text{kV} \cdot \text{A}$$

(2) 此时 $\beta_2 = 1$，$S_2 = S_{N2} = 2000 \text{kV} \cdot \text{A}$

$$\beta_1 = \frac{\beta_2 Z_{k2}^*}{Z_{k1}^*} = \frac{0.06 \times 1}{0.065} = 0.923077$$

$$S_1 = \beta_1 S_{N1} = 0.923077 \times 1250 \text{kV} \cdot \text{A} = 1153.85 \text{kV} \cdot \text{A}$$

$$\sum S_{max} = S_1 + S_2 = (1153.85 + 2000) \text{kV} \cdot \text{A} = 3153.85 \text{kV} \cdot \text{A}$$

则设备利用率为

$$\frac{\sum S_{max}}{\sum S_N} = \frac{3153.85}{1250 + 2000} \times 100\% = 97.04\%$$

思 考 题

3-1 组式变压器和心式变压器在磁路结构上各有什么特点？

3-2 为什么组式变压器不能采用 Yy 联结，但心式变压器可以采用？

3-3 为什么大容量变压器常接成 Yd 联结，不接成 Yy 联结？

3-4 在 Yd 联结的三相变压器中，三次谐波电动势在 d 联结中会形成环流，基波电动势是否也会在 d 联结的绕组中形成环流？为什么？

3-5 Yy 联结的组式变压器，相电动势中存在三次谐波电动势，线电动势中有无三次谐波电动势？为什么？

3-6 变压器并联运行的理想条件有哪些？当并联的理想条件不满足时，将会产生哪些不良后果？

3-7 两台并联运行的变压器，容量不同、短路阻抗标幺值不同，希望容量大的变压器短路阻抗大一些还是小一些？为什么？

习 题

3-1 根据给定的变压器联结组别,画出其接线图:(1) Yd7;(2) Yy4;(3) Dy11。

3-2 画出图3-14所示的各种连接方法的相量图,并判断联结组别。

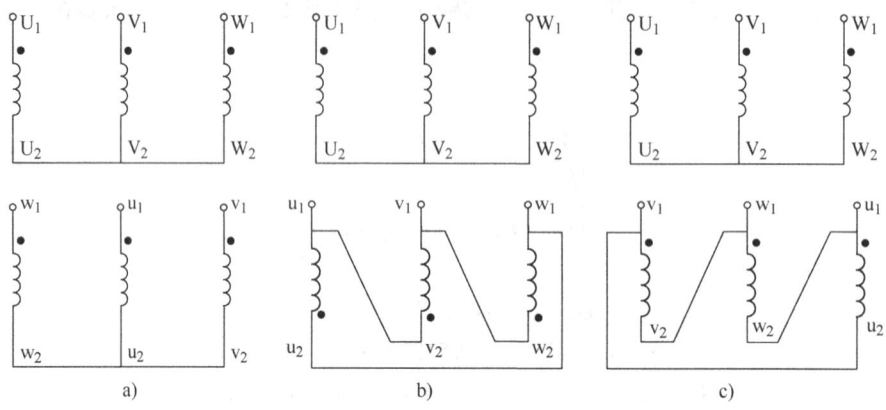

图3-14 题3-2图

3-3 两台并联运行的变压器参数如下:$S_{N1} = 3150\text{kV} \cdot \text{A}$,$Z_{k1}^* = 7.3\%$,$S_{N2} = 4000\text{kV} \cdot \text{A}$,$Z_{k2}^* = 7.5\%$,均为Yd11联结,额定电压均为35kV/10.5kV。试计算:(1) 两台变压器并联运行,总负载为6950kV·A时,每台变压器承担的负载是多少?(2) 不允许任何一台变压器过载的条件下,输出的最大负载是多少?此时变压器的设备利用率是多少?

第四章 三相变压器不对称运行及瞬态过程

三相变压器运行中，可能会出现不对称运行的情况，这主要是由三相负载不对称引起的，如变压器带有较大的单相负载、照明负载三相分布不平衡、发生单相短路故障等。当三相负载电流不对称时，变压器内部阻抗压降不对称，使二次侧三相电压不对称，给用电设备带来许多不利影响。

分析不对称运行采用对称分量法。

第一节 对称分量法

对称分量法是一种线性变换方法，把一组不对称三相系统，分解成三组对称的正序系统、负序系统和零序系统。正序系统的三个相量大小相等、相位彼此相差120°，相序为UVW；负序系统三个相量大小相等、相位彼此相差120°，相序为UWV；零序系统的三个相量大小相等、相位相同。

例如，三相不对称电压 $\dot{U}_U$、$\dot{U}_V$、$\dot{U}_W$ 分解为

$$\begin{cases} \dot{U}_U = \dot{U}_{U+} + \dot{U}_{U-} + \dot{U}_{U0} \\ \dot{U}_V = \dot{U}_{V+} + \dot{U}_{V-} + \dot{U}_{V0} \\ \dot{U}_W = \dot{U}_{W+} + \dot{U}_{W-} + \dot{U}_{W0} \end{cases} \tag{4-1}$$

式中 $\dot{U}_{U+}$、$\dot{U}_{V+}$、$\dot{U}_{W+}$——三相正序分量。

三相正序分量满足

$$\dot{U}_{V+} = a^2 \dot{U}_{U+} \qquad \dot{U}_{W+} = a^2 \dot{U}_{U+} \tag{4-2}$$

$\dot{U}_{U-}$、$\dot{U}_{V-}$、$\dot{U}_{W-}$ 为三相负序分量，满足

$$\dot{U}_{V-} = a \dot{U}_{U-} \qquad \dot{U}_{W-} = a^2 \dot{U}_{U-} \tag{4-3}$$

$\dot{U}_{U0}$、$\dot{U}_{V0}$、$\dot{U}_{W0}$ 为三相零序分量，满足

$$\dot{U}_{U0} = \dot{U}_{V0} = \dot{U}_{W0} \tag{4-4}$$

a 称为复数算子，其值为

$$a = e^{j120°} = -\frac{1}{2} + j\frac{\sqrt{3}}{2}; a^2 = e^{j240°} = -\frac{1}{2} - j\frac{\sqrt{3}}{2}$$

电机学

$$a^3 = 1 \; ; a^2 + a + 1 = 0$$

任何相量乘以 a 表示该相量逆时针旋转 $120°$，乘以 a^2 表示顺时针旋转 $120°$。将式(4-2)~式(4-4)代入式(4-1)，可得对称分量

$$\begin{cases} \dot{U}_{U+} = \dfrac{1}{3}(\dot{U}_U + a\dot{U}_V + a^2\dot{U}_W) \\ \dot{U}_{U-} = \dfrac{1}{3}(\dot{U}_U + a^2\dot{U}_V + a\dot{U}_W) \\ \dot{U}_{U0} = \dfrac{1}{3}(\dot{U}_U + \dot{U}_V + \dot{U}_W) \end{cases} \quad (4\text{-}5)$$

可见，如果已知三相电压不对称，由式(4-5)可求得其对称分量；反之，如果已知各对称分量，由式(4-5)可求出三相不对称电压。总之，一组不对称三相系统，可以分解为正序、负序、零序三个对称系统；反之正序、负序、零序三个对称系统可以合成一组不对称系统。图 4-1 所示为这种变换。需要注意的是，对称分量法仅适用于线性系统。

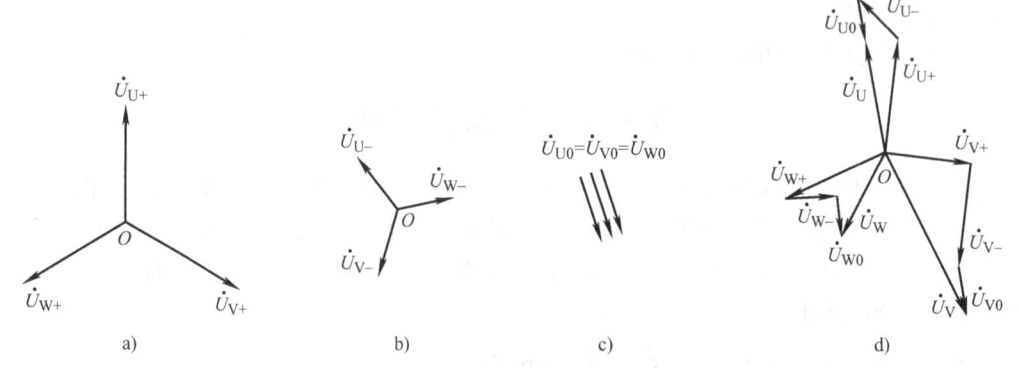

图 4-1 对称分量法

a) 正序分量　b) 负序分量　c) 零序分量　d) 对称分量的合成

第二节　三相变压器的各序阻抗及等效电路

正序电流所遇到的阻抗即为正序阻抗。正序电流大小相等、相位彼此相差 $120°$，是三相对称系统，从一相来看，与单相变压器的情况一样，其等效电路就是简化等效电路，如图 4-2 所示。

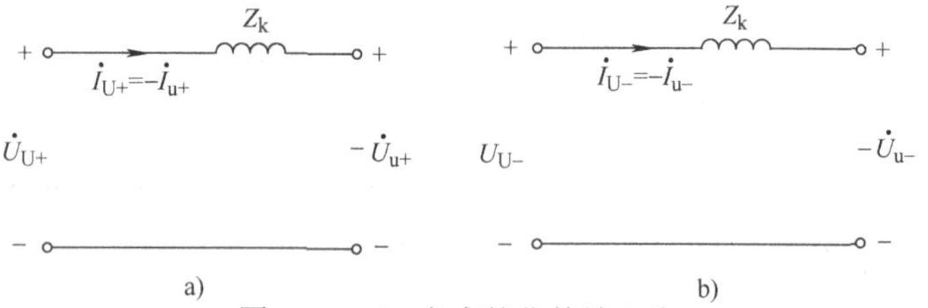

图 4-2 正、负序简化等效电路

a) 正序电路　b) 负序电路

根据正序等效电路有

$$\begin{cases} \dot{I}_{U+} = -\dot{I}_{u+} \\ -\dot{U}_{u+} = \dot{U}_{U+} - \dot{I}_U Z_+ = \dot{U}_{U+} - \dot{I}_{U+} Z_k \\ Z_+ = Z_k = R_k + jX_k \end{cases} \quad (4\text{-}6)$$

第四章 三相变压器不对称运行及瞬态过程

负序阻抗指负序电流所遇到的阻抗。正序和负序的区别仅在相序不同，从电磁本质上并没有不同，因此负序系统的等效电路和负序阻抗与正序系统相同。有

$$\begin{cases} \dot{I}_{U-} = -\dot{I}_{u-} \\ -\dot{U}_{u-} = \dot{U}_{U-} - \dot{I}_{U-}Z_{-} = \dot{U}_{U-} - \dot{I}_{U-}Z_k \\ Z_{-} = Z_k = R_k + jX_k \end{cases} \quad (4-7)$$

零序电流所遇到的阻抗即为零序阻抗。其大小与三相变压器绕组的连接方式和磁路的结构有关。

(1) 绕组连接方式对零序阻抗的影响　零序电流在变压器绕组中能否流通与绕组连接方式有关。

Y 联结中，三相大小相同、相位相同的零序电流不能流通，在零序等效电路中，Y 联结的一侧相当于开路，从该侧看进去的零序阻抗 $Z_0 = \infty$。

YN 联结中，三相零序电流可沿中性线流通，零序等效电路中 YN 联结一侧为通路。

D 联结中，D 联结的绕组可为零序电流提供通路。若一方有零序电流，通过感应会在 D 联结绕组中产生零序电流。但从外电路看，零序电流不能流进也不能流出，在零序等效电路中，D 联结一侧相当于变压器内部短接，从外部看进去应是开路。

图 4-3 所示为 Yyn 联结时的零序等效电路，图 4-4 所示为 YNd 联结时的零序等效电路。图 4-3a 和图 4-4a 是零序电流的流通情况，图 4-3b 和图 4-4b 是零序等效电路，Z_0 表示从该侧看进去的零序阻抗。Yyn 联结中零序电流由二次侧中性线电流引起，一次侧仅感应零序电动势，而无零序电流。YNd 联结时，零序电流由电源中的零序电压引起，一、二次侧均能流通零序电流，但不能流向负载电路，从外电路看，零序电流既不能流出也不能流进，表现在零序等效电路中就是从外部看进去时电路是开路的，D 联结一侧相当于变压器内部短接。

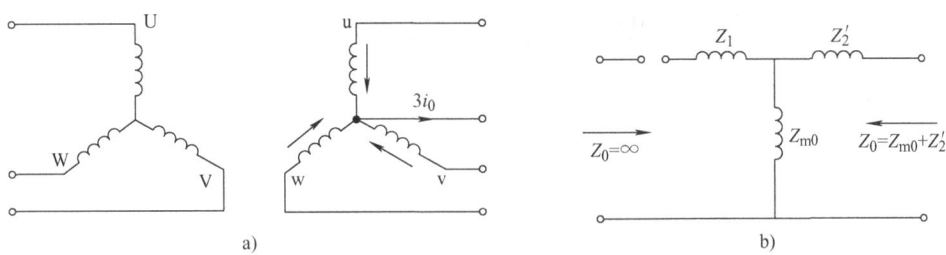

图 4-3　Yyn 联结时的零序等效电路

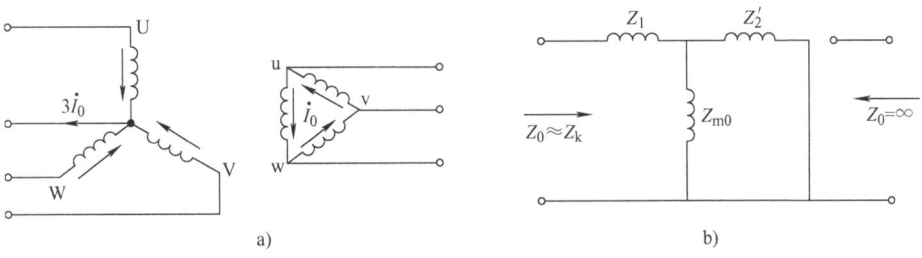

图 4-4　YNd 联结时的零序等效电路

(2) 磁路结构的影响　零序励磁阻抗 Z_{m0} 与磁路的结构有关系。三相磁路独立、彼此无

关的组式变压器中，零序磁通路径沿各相铁心闭合，其磁路为主磁路，与正序励磁阻抗相同，即

$$Z_{m0} = Z_m = R_m + jX_m \tag{4-8}$$

三相磁路彼此相关的心式变压器中，三相零序磁通不能沿铁心闭合，而是以油箱壁形成回路，磁阻大，零序励磁阻抗Z_{m0}小。一般电力变压器$Z_{m0}^* = 0.3 \sim 1.0$，平均值为 0.6；Z_m^* 为 20 以上，$Z_k^* = 0.05 \sim 0.10$，Z_m 远大于 Z_{m0}。

(3) 零序励磁阻抗的测量 YNd 联结及 Dyn 联结的三相变压器中，$Z_0 = Z_k$，不必专门测量。Yyn 联结的三相变压器中，测量零序阻抗如图 4-5 所示。

测量方法为：将一次侧开路，二次侧三相绕组首尾串联接到单相电源上，用该电源模拟零序电流和零序磁通的流通情况，测量电压 U、电流 I 和功率 P，从二次侧看的零序阻抗为

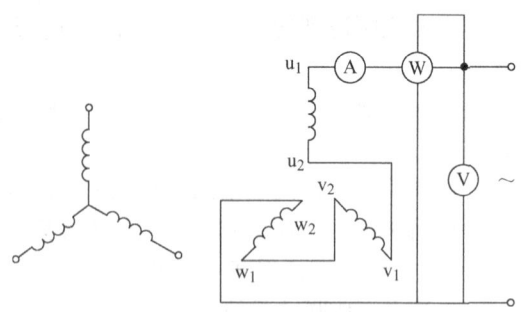

图 4-5 零序阻抗的测量

$$Z_0 = \frac{U}{3I}$$

$$R_0 = \frac{P}{3I^2}$$

$$X_0 = \sqrt{Z_0^2 - R_0^2}$$

对于 YNy 联结的三相变压器，将一次绕组串联，二次绕组开路，可测出从一次侧看进去的零序阻抗。

第三节 三相变压器 Yyn 联结时的单相运行

本节应用对称分量法分析外加对称三相电压时，三相变压器视为 Yyn 联结且处于单相运行状态。

一、一、二次侧各相电流及对称分量

变压器 Yyn 联结带单相负载时的接线图如图 4-6 所示。单相负载 Z_L 接在 u 相，为分析简单方便，将一次侧各量折算到二次侧，省略折算符号"'"。

1. 二次侧相电流及对称分量

按端点条件列出方程，即

$$\begin{cases} \dot{I}_u = \dot{I} \\ \dot{I}_v = \dot{I}_w = 0 \\ \dot{U}_u = \dot{I} Z_L \end{cases} \tag{4-9}$$

将二次电流分解成对称分量，有

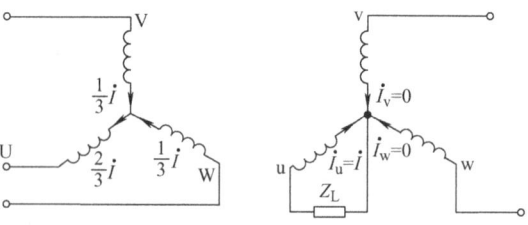

图 4-6 变压器 Yyn 联结带单相负载时的接线图

$$\begin{cases} \dot{I}_{u+} = \frac{1}{3}(\dot{I}_u + a\dot{I}_v + a^2\dot{I}_w) = \frac{1}{3}\dot{I}_u = \frac{1}{3}\dot{I} \\ \dot{I}_{u-} = \frac{1}{3}(\dot{I}_u + a^2\dot{I}_v + a\dot{I}_w) = \frac{1}{3}\dot{I} \\ \dot{I}_{u0} = \frac{1}{3}(\dot{I}_u + \dot{I}_v + \dot{I}_w) = \frac{1}{3}\dot{I} \end{cases} \tag{4-10}$$

$$\begin{cases} \dot{I}_{v+} = a^2\dot{I}_{u+} = \frac{1}{3}a^2\dot{I} \\ \dot{I}_{v-} = a\dot{I}_{u-} = \frac{1}{3}a\dot{I} \\ \dot{I}_{v0} = \dot{I}_{u0} = \frac{1}{3}\dot{I} \end{cases} \tag{4-11}$$

$$\begin{cases} \dot{I}_{w+} = a\dot{I}_{u+} = \frac{1}{3}a\dot{I} \\ \dot{I}_{w-} = a^2\dot{I}_{u-} = \frac{1}{3}a^2\dot{I} \\ \dot{I}_{w0} = \dot{I}_{u0} = \frac{1}{3}\dot{I} \end{cases} \tag{4-12}$$

2. 一次电流及对称分量

忽略励磁电流，由于一次侧为 Y 联结，无零序电流通路，只有正序、负序分量，所以一次侧各相电流对称分量为

$$\begin{cases} \dot{I}_{U+} = -\dot{I}_{u+} = -\frac{1}{3}\dot{I} \\ \dot{I}_{U-} = -\dot{I}_{u-} = -\frac{1}{3}\dot{I} \end{cases} ; \begin{cases} \dot{I}_{V+} = -\frac{1}{3}a^2\dot{I} \\ \dot{I}_{V-} = -\frac{1}{3}a\dot{I} \end{cases} ; \begin{cases} \dot{I}_{W+} = -\frac{1}{3}a\dot{I} \\ \dot{I}_{W-} = -\frac{1}{3}a^2\dot{I} \end{cases} \tag{4-13}$$

得到一次侧各相电流为

$$\begin{cases} \dot{I}_U = \dot{I}_{U+} + \dot{I}_{U-} = -\frac{1}{3}\dot{I} - \frac{1}{3}\dot{I} = -\frac{2}{3}\dot{I} \\ \dot{I}_V = \dot{I}_{V+} + \dot{I}_{V-} = -\frac{1}{3}a^2\dot{I} - \frac{1}{3}a\dot{I} = \frac{1}{3}\dot{I} \\ \dot{I}_W = \dot{I}_{W+} + \dot{I}_{W-} = -\frac{1}{3}a\dot{I} - \frac{1}{3}a^2\dot{I} = \frac{1}{3}\dot{I} \end{cases} \tag{4-14}$$

二、一、二次侧相电压及单相负载电流的计算

外加电压为对称系统，只有三相正序电压，没有负序和零序分量，但由于负载电流不对称，二次侧有负序及零序电流和相应的磁通，它们在一、二次侧产生负序电压和零序电压。

由于一、二次侧负序电流产生的磁动势平衡，负序压降仅为数值较小的负序漏阻抗压降。

零序电压分量则不同，由于零序电流只在二次侧流通，一次侧电路中虽有零序电动势，却没有零序电流，因此二次侧的零序电流全部为励磁电流，一次侧的零序电压即为零序电动势。

变压器为 Yyn 联结时各相序等效电路如图 4-7 所示。

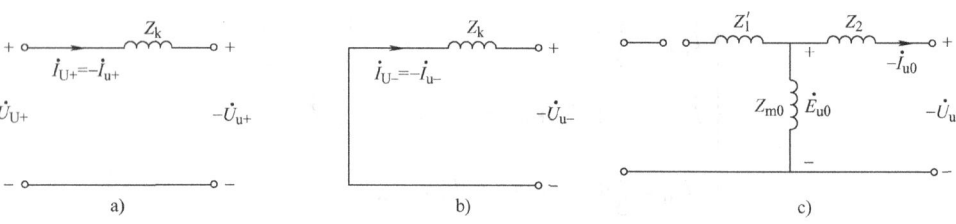

图 4-7 Yyn 联结时各相序等效电路

由等效电路得到各相序电压平衡方程式为

$$\begin{cases} -\dot{U}_{u+} = \dot{U}_{U+} + \dot{I}_{u+} Z_k \\ -\dot{U}_{u-} = \dot{I}_{u-} Z_k \\ -\dot{U}_{u0} = \dot{I}_{u0} Z_2 - \dot{E}_0 \\ \dot{U}_{U0} = -\dot{E}_0 \end{cases} \quad (4\text{-}15)$$

则电压表达式为

$$\begin{cases} -\dot{U}_u = -(\dot{U}_{u+} + \dot{U}_{u-} + \dot{U}_{u0}) = \dot{U}_{U+} + \dot{I}_{u+} Z_k + \dot{I}_{u-} Z_k + \dot{I}_{u0} Z_2 - \dot{E}_{u0} \\ -\dot{U}_v = -(\dot{U}_{v+} + \dot{U}_{v-} + \dot{U}_{v0}) = \dot{U}_{V+} + \dot{I}_{v+} Z_k + \dot{I}_{v-} Z_k + \dot{I}_{v0} Z_2 - \dot{E}_{u0} \\ -\dot{U}_w = -(\dot{U}_{w+} + \dot{U}_{w-} + \dot{U}_{w0}) = \dot{U}_{W+} + \dot{I}_{w+} Z_k + \dot{I}_{w-} Z_k + \dot{I}_{w0} Z_2 - \dot{E}_{u0} \end{cases} \quad (4\text{-}16)$$

已知 $\dot{U}_u = \dot{I}_u Z_L$ 或 $\dot{U}_{u+} + \dot{U}_{u-} + \dot{U}_{u0} = (\dot{I}_{u+} + \dot{I}_{u-} + \dot{I}_{u0}) Z_L$，代入式(4-16)，考虑到 $\dot{I}_{u+} = \dot{I}_{u-} = \dot{I}_{u0} = \frac{1}{3} \dot{I}$，可得

$$-\dot{I}_{u+} = -\dot{I}_{u-} = -\dot{I}_{u0} = \frac{\dot{U}_{U+}}{2Z_k + Z_2 + Z_{m0} + 3Z_L} \quad (4\text{-}17)$$

带单相负载时等效电路如图 4-8 所示。求出单相负载电流为

$$-\dot{I} = -(\dot{I}_{u+} + \dot{I}_{u-} + \dot{I}_{u0}) = \frac{3\dot{U}_{U+}}{2Z_k + Z_2 + Z_{m0} + 3Z_L} \quad (4\text{-}18)$$

由于 $Z_k \ll Z_{m0}$，$Z_2 \ll Z_{m0}$，则有

$$-\dot{I} = \frac{3\dot{U}_{U+}}{Z_{m0} + 3Z_L} \quad (4\text{-}19)$$

忽略 Z_k 和 Z_2 后，一、二次电压相等，即

$$\begin{cases} -\dot{U}_u = \dot{U}_{U+} - \dot{E}_{u0} = \dot{U}_U \\ -\dot{U}_v = \dot{U}_{V+} - \dot{E}_{u0} = \dot{U}_V \\ -\dot{U}_w = \dot{U}_{W+} - \dot{E}_{u0} = \dot{U}_W \end{cases} \quad (4\text{-}20)$$

三、Yyn 联结单相负载中性点浮动现象

从前面的分析可知，Yyn 联结的变压器带单相负载时，二次侧的正序、负序电流在一次

第四章 三相变压器不对称运行及瞬态过程

侧也有相应的电流来取得磁动势平衡。所以除产生了一些漏阻抗压降外，不影响主磁通，但零序电流在一次侧不能流通，所以二次侧的零序电流实际全是励磁电流，它将产生零序磁通，该零序磁通重叠在正序的主磁通上，它将在一、二次侧感应的零序电动势叠加在各相端电压上，因此造成一、二次侧相电压不对称。在相量图中表现为相电压中性点偏离了线电压三角形的几何中心，如图4-9所示这种现象称为中性点浮动。中性点浮动造成带负载相的端电压降低，其他两相端电压升高，其决定于$\dot{E}_{u0}$的大小，而$\dot{E}_{u0}$的大小取决于零序电流的大小和磁路结构。对于心式变压器，零序磁通遇到的磁阻大，即Z_{m0}较小，适当限制中性线电流，则$\dot{E}_{u0}$不会太大，中性点浮动不严重，即一、二次侧相电压不对称程度较轻。负载电流的大小主要取决于负载阻抗，可以带一相到中性点的负载。对组式变压器，零序磁通遇到的磁阻很小，$Z_{m0} = Z_m$很大，即使很小的零序电流也可以感应出很大的$\dot{E}_{u0}$，中性点浮动较大，使一、二次侧相电压严重不对称。若一相发生短路，即$Z_L = 0$，$-\dot{I} = \dfrac{3\dot{U}_{U+}}{Z_m} = 3\dot{I}_0$，短路电流为正常励磁电流的3倍。此时$\dot{U}_u = 0$，$\dot{E}_{u0} = \dot{U}_{U+}$，这么大的零序电动势会使其他两相相电压升高为原来的$\sqrt{3}$倍，十分危险。所以组式变压器不能接成Yyn联结运行。

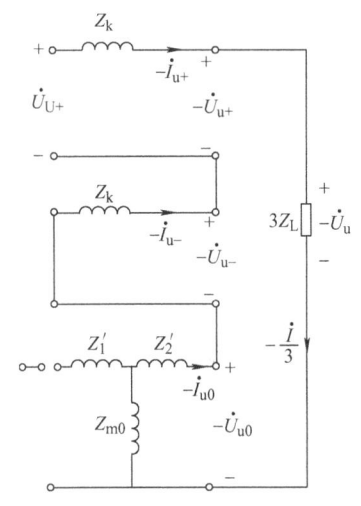

图4-8 Yyn联结带单相负载时等效电路

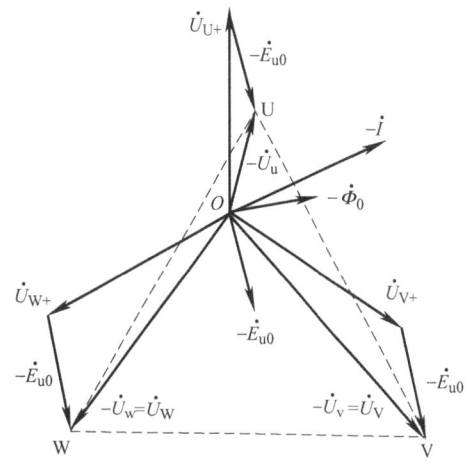

图4-9 Yyn联结带单相负载时的相量图

第四节 变压器的瞬变过程

变压器的对称运行和不对称运行都属于稳态运行。稳态运行过程中，外加电压或负载电流均不会发生急剧变化，使得变压器绕组上的电压、电流、铁心中的磁通等有恒定的幅值。在变压器的实际运行中，有时外界因素如负载突然变化、空载合闸、二次侧突然短路、过电压冲击等，使变压器原来的稳定运行状态被破坏，各电磁量需经历一个短暂的过渡过程才能达到新的稳定运行状态。这种从一种稳定运行状态过渡到另一种稳定运行状态的过程，称为瞬变过程。瞬变过程时间很短，但有时会产生严重过电流或过电压，可能损坏变压器。本节主要讨论空载合闸和二次侧短路时的过电流现象。

一、空载合闸时的瞬变过程

变压器二次侧开路，将一次侧接入电源的过程称为空载合闸。稳态时，变压器的空载电流很小，为额定电流的2%～10%，但空载合闸时可能出现很大的冲击电流，其值可达稳态空载电流的几十至上百倍，达到额定电流的几倍。空载合闸时出现的过电流称为空载合闸电流，或称为励磁涌流。

设外加电压按正弦规律变化，合闸时一次电压方程为

$$u_1 = \sqrt{2}U_1\sin(\omega t + \alpha) = N_1\frac{\mathrm{d}\Phi_1}{\mathrm{d}t} + R_1 i_0 \tag{4-21}$$

由于电阻压降 $R_1 i_0$ 很小，在分析瞬变过程的初始阶段忽略不计，即

$$N_1\frac{\mathrm{d}\Phi_1}{\mathrm{d}t} = \sqrt{2}U_1\sin(\omega t + \alpha) \tag{4-22}$$

其解为

$$\Phi_1 = -\frac{\sqrt{2}U_1}{N_1\omega}\cos(\omega t + \alpha) + C \tag{4-23}$$

忽略铁心的剩磁，即 $t=0$ 时，$\Phi_1=0$，代入得

$$C = \frac{\sqrt{2}U_1}{N_1\omega}\cos\alpha \tag{4-24}$$

其中

$$\frac{\sqrt{2}U_1}{N_1\omega} \approx \frac{\sqrt{2}E_1}{N_1\omega} = \frac{E_1}{4.44f N_1} = \Phi_\mathrm{m} \tag{4-25}$$

则

$$\Phi_1 = -\Phi_\mathrm{m}\cos(\omega t + \alpha) + \Phi_\mathrm{m}\cos\alpha = \Phi_1' + \Phi_1'' \tag{4-26}$$

式中 Φ_1'——磁通的稳态分量，$\Phi_1' = -\Phi_\mathrm{m}\cos(\omega t + \alpha)$；

Φ_1''——磁通的暂（瞬）态分量，$\Phi_1'' = \Phi_\mathrm{m}\cos\alpha$。

可见，磁通的大小与合闸瞬间电压的初相位 α 有关。分析两种极端情况：

1) $\alpha = 90°$ 时，即当电压瞬时值为最大时合闸，有

$$\Phi_1 = -\Phi_\mathrm{m}\cos\left(\omega t + \frac{\pi}{2}\right) = \Phi_\mathrm{m}\sin\omega t \tag{4-27}$$

此时磁通的瞬态分量等于零，说明合闸后磁通立即进入稳态，建立该磁通的合闸电流也立即达到稳态空载电流，不会出现空载合闸电流。

2) $\alpha = 0°$ 时，即电压瞬时值等于零时合闸，有

$$\Phi_1 = \Phi_\mathrm{m} - \Phi_\mathrm{m}\cos\omega t = \Phi_1'' + \Phi_1' \tag{4-28}$$

此时磁通的暂态分量达到最大值，磁通变化如图 4-10 所示。由图可见，由于忽略了电阻 R_1，暂态分量不衰减，在合闸后的半个周期 $\left(t = \dfrac{\pi}{\omega}\right)$，磁通达到最大值 $\Phi_\mathrm{max} = 2\Phi_\mathrm{m}$。此时变压器铁心深度饱和，空载合闸电流急剧增加到稳态值的几十甚至上百倍，如图 4-11 所示。

实际上，由于电阻 R_1 的存在，空载合闸电流是衰减的，衰减的快慢取决于一次绕组的时间常数 $\tau_1 = L_1/R_1$。一般小型变压器衰减较快，几个周期（零点几秒）后可达稳定状态，而大型变压器衰减过程可达20s左右。

第四章 三相变压器不对称运行及瞬态过程

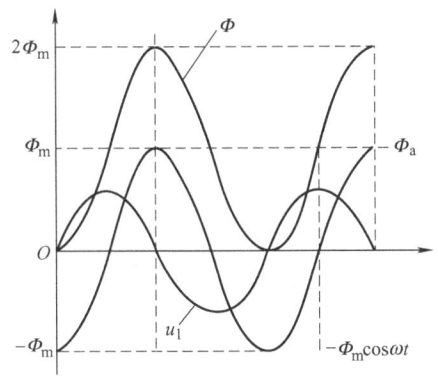

图 4-10 α=0°合闸时磁通的变化

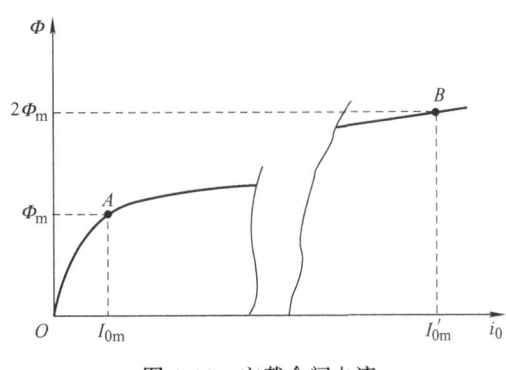

图 4-11 空载合闸电流

在三相变压器中，三相电压彼此相差 120°，合闸时总有一相电压的初相位接近于零，即总有一相的空载合闸电流较大。

空载合闸电流虽较大，但持续时间较短，对变压器不会造成直接危害，不过在最初几个周期内，空载合闸电流还是可能使过电流保护装置误动作。为防止这种情况，可在变压器一次侧串联一个附加电阻，以加速电流的衰减，合闸后再将该电阻切除。

二、变压器二次侧突然短路时的瞬态过程

变压器的一次侧接入额定电压，二次侧不经任何阻抗突然短接的情况称为变压器的突然短路。此时短路电流将经历一个短暂的瞬态过程，最后进入稳态短路。突然短路电流峰值可达额定电流的 20～30 倍，可能对变压器造成破坏。

1. 突然短路电流

变压器突然短路时，短路电流很大，此时认为一次电压恒定，忽略励磁电流 I_0，利用简化等效电路进行分析，如图 4-12 所示。

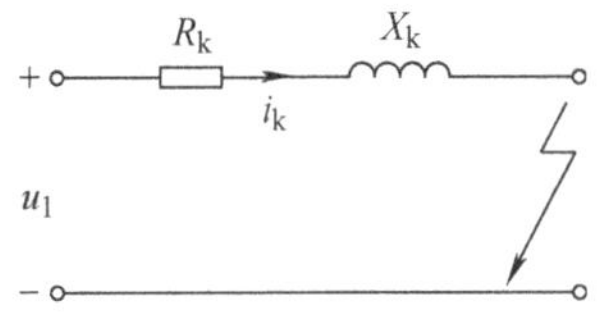

列出突然短路时一次电压方程式

$$u_1 = \sqrt{2}\,U_1 \sin(\omega t + \alpha) = L_k \frac{di_k}{dt} + R_k i_k \qquad (4-29)$$

图 4-12 突然短路时的等效电路

式中 α——短路开始时外加电压初相位。

求解得

$$i_k = \frac{\sqrt{2}\,U_1}{\sqrt{R_k^2 + X_k^2}} \sin(\omega t + \alpha - \varphi_k) + C\,e^{-\frac{t}{\tau_k}} \qquad (4-30)$$

式中 $\dfrac{\sqrt{2}\,U_1}{\sqrt{R_k^2 + X_k^2}} = \sqrt{2}\,I_k$——突然短路电流稳态分量幅值；

φ_k——短路阻抗角，$\varphi_k = \arctan\dfrac{\omega L_k}{R_k}$；

C——积分常数；

τ_k——时间常数，$\tau_k = \dfrac{L_k}{R_k}$。

一般变压器中，因 $\omega L_k \gg R_k$，故 $\varphi_k \approx 90°$，式(4-30)可改写成

$$i_k = \sqrt{2} I_k \sin(\omega t + \alpha - 90°) + Ce^{-\frac{t}{\tau_k}} \quad (4\text{-}31)$$
$$= -\sqrt{2} I_k \cos(\omega t + \alpha) + Ce^{-\frac{t}{\tau_k}}$$

认为 $t = 0$ 时，$i_k = 0$，代入式(4-31)求解得

$$C = \sqrt{2} I_k \cos\alpha \quad (4\text{-}32)$$

得到短路电流的通解为

$$i_k = -\sqrt{2} I_k \cos(\omega t + \alpha) + \sqrt{2} I_k \cos\alpha \, e^{-\frac{t}{\tau_k}} \quad (4\text{-}33)$$
$$= i'_k + i''_k$$

式中 $i'_k = -\sqrt{2} I_k \cos(\omega t + \alpha)$ ——突然短路电流稳态分量；

$i''_k = \sqrt{2} I_k \cos\alpha \, e^{-\frac{t}{\tau_k}}$ ——突然短路电流暂态分量。

可见，突然短路电流的大小与发生短路瞬间电压的初相位 α 有关，分两种特殊情况讨论。

1) $\alpha = 90°$ 时，即当电压瞬时值为最大时发生突然短路，短路电流为

$$i_k = \sqrt{2} I_k \sin\omega t \quad (4\text{-}34)$$

此时，瞬态分量 $i''_k = 0$，表示突然短路一发生就进入稳态，短路电流数值最小，即为稳态短路电流。

2) $\alpha = 0°$ 时，即当电压瞬时值过零时发生突然短路，短路电流为

$$i_k = \sqrt{2} I_k (e^{-\frac{t}{\tau_k}} - \cos\omega t) \quad (4\text{-}35)$$

突然短路电流变化趋势如图4-13所示。可见，短路以后半个周期瞬间 $\left(t = \dfrac{\pi}{\omega} \right)$，突然短路电流达到最大值，即

$$i_{k\max} = \sqrt{2} I_k (e^{-\frac{\pi}{\omega\tau_k}} + 1) = k_y \sqrt{2} I_k \quad (4\text{-}36)$$

式中的 $k_y = (e^{-\frac{\pi}{\omega\tau_k}} + 1)$ 称为冲击系数，是突然短路电流最大值与稳态短路电流最大值的比值。该系数的大小与时间常数 τ_k 有关，中小容量变压器的 $k_y = 1.2 \sim 1.4$；大容量变压器的 $k_y = 1.5 \sim 1.8$。

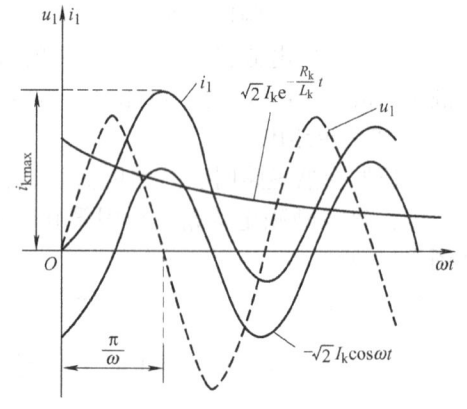

图4-13 $\alpha = 0°$时的突然短路电流

式(4-36)可用标幺值表示为

$$i^*_{k\max} = \frac{i_{k\max}}{\sqrt{2} I_N} = k_y \frac{I_k}{I_N} = k_y \frac{U_N}{I_N Z_k} = k_y \frac{1}{Z^*_k} \quad (4\text{-}37)$$

由式(4-37)可见，突然短路电流的标幺值与短路阻抗标幺值成反比。从限制短路电流的角度考虑，短路阻抗标幺值不宜过小，而从减小变压器电压变化率考虑，短路阻抗标幺值不宜过大。

对于三相变压器，由于各相彼此相差120°，发生三相短路时总有一相处于短路电流最大或接近最大的情况。

2. 突然短路电流的影响

突然短路电流对变压器的影响主要有使绕组过热和使绕组受到强大电磁力作用两个方面。

变压器发生突然短路时，短路电流可达额定电流的 20~30 倍，将导致绕组铜损耗激增，绕组温度急剧上升，但由于变压器的过电流保护装置是可以在绕组温度上升到危险温度前将变压器切除的，变压器一般不会烧毁，绕组过热不是主要问题。

变压器绕组处在漏磁场中，绕组中的电流与漏磁场相互作用，在绕组的各导线中产生与漏磁场的磁感应强度和电流乘积成正比的电磁力，漏磁场的磁感应强度与电流成正比，即电磁力与电流的二次方成正比。突然短路电流的最大幅值可达额定电流幅值的 20~30 倍，则突然短路时绕组受到的最大电磁力可达额定运行时的 400~900 倍，巨大的电磁力可能导致绕组变形和绝缘损坏。

定性分析绕组的受力情况，如图 4-14 所示。图 4-14a 表示圆筒绕组漏磁场的分布情况，沿绕组轴线方向中间部分的漏磁通磁力线与轴线平行，仅有轴向磁感应强度 B_d；绕组的两端磁力线弯曲，除轴向磁感应强度 B_d，还有径向磁感应强度 B_q。图 4-14b 表示圆筒绕组的受力情况。B_d 和电流产生的电磁力为径向力 F_q，可见，两个绕组受到的径向力方向相反，外层绕组受张力，内层绕组受压力。与矩形绕组相比，圆筒绕组机械强度好，因此变压器绕组做成圆筒形。B_q 和电流产生的电磁力为轴向力 F_d，其作用方向为从绕组两端挤压绕组，因此靠近铁心部分的绕组最容易损坏，需在结构上加强机械支撑。

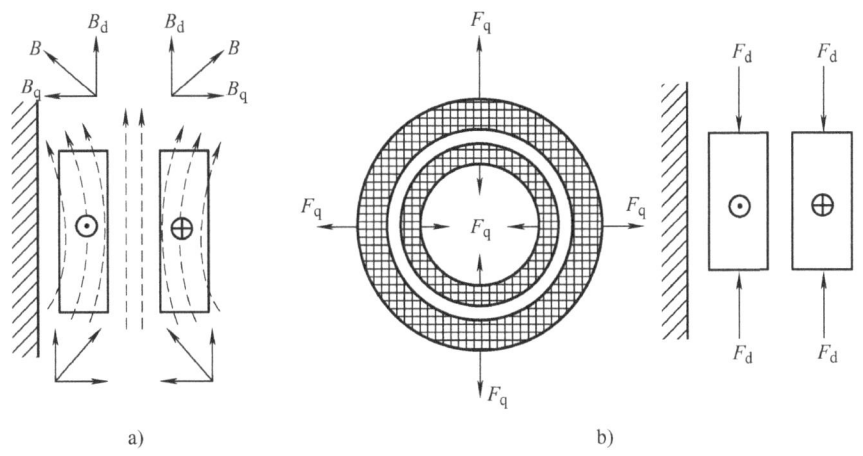

图 4-14 圆筒绕组的受力情况

思 考 题

4-1 什么是对称分量法？应用的条件是什么？

4-2 为什么变压器的正序、负序阻抗相同？零序阻抗的大小与哪些因素有关？

4-3 什么是变压器的中性点浮动现象？产生的原因是什么？

4-4 三相绕组连接方式对零序阻抗有什么影响？三相磁路结构对零序励磁阻抗有什么影响？

4-5 变压器空载电流很小、空载合闸电流可能很大的原因是什么？

4-6 变压器突然短路电流在什么情况下最大？可能达到额定电流的多少倍？对变压器的危害是什么？

4-7 突然短路电流和短路阻抗标幺值有什么关系？大容量变压器的短路阻抗应设计得大一些好还是小一些好？

习 题

4-1 一台三相变压器，Yd11 联结，$S_N = 60000 \text{kV} \cdot \text{A}$，$U_{1N}/U_{2N} = 220\text{kV}/11\text{kV}$，$R_k^* = 0.008$，$X_k^* = 0.072$，试求：(1) 高压侧稳态短路电流值及标幺值；(2) 最不利情况下发生突然短路，短路电流的最大值和标幺值。

第五章
电力系统中的特种变压器

本章简要介绍在电力系统中常用的三绕组变压器的基本结构、基本方程式和等效电路等，以及自耦变压器。此外，本章还介绍了互感器的分类和使用注意事项。

*第一节　三绕组变压器

在电力系统中，有时需要把一处的电能同时供给两个需要不同电压的用户，或者将三个不同等级的电网连在一起，这种情况下，从经济角度考虑可不用两台双绕组变压器，而是采用一台三绕组变压器来实现。三绕组变压器每一相都有三个绕组，分别为高压绕组、中压绕组和低压绕组。三绕组变压器的工作原理与双绕组变压器基本相同，但在结构和工作方式上有它自己的特点。

一、结构特点和额定容量

三绕组变压器的铁心一般为心式结构，每个铁心柱上套装高压绕组 1、中压绕组 2 和低压绕组 3，其中一个为一次绕组，另两个为二次绕组。为绝缘方便，高压绕组不宜靠近铁心，总是放在最外层。为使漏磁场分布均匀，使变压器具有良好的运行性能，对于升压变压器，低压绕组放在中间，中压绕组放在内层。对于降压变压器，低压绕组放在内层，如图 5-1 所示。

国家标准规定，三相三绕组变压器的标准联结组别为 YNyn0d11 和 YNyn0y0 两种。

双绕组变压器中，一、二次绕组的容量是相等的。三绕组变压器中，三个绕组的容量可以设计成不相等的，其额定容量指三个绕组中容量最大的一个绕组的容量。国家标准规定，三个绕组之间的容量配合有三种情况，见表 5-1。表

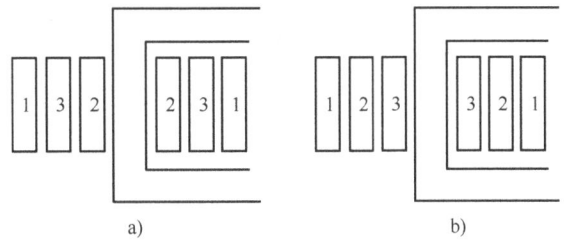

图 5-1　三绕组变压器绕组布置示意图
a) 升压变压器　b) 降压变压器

中 100 表示变压器额定容量（100%），50 表示额定容量的 50%。第一种配合表示三个绕组的容量均为额定容量，主要用于升压变压器；而第二种配合表示中压绕组容量为额定容量的 50%。需要注意这三种配合指三个绕组额定容量之间的关系，并不代表实际运行时三个绕组按此比例传递功率。

表 5-1　三绕组变压器的容量配合

类别	高压绕组	中压绕组	低压绕组
第一种	100	100	100
第二种	100	50	100
第三种	100	100	50

二、基本方程式和等效电路

1. 磁场分布

三绕组变压器的磁通也分为主磁通和漏磁通。主磁通由三个绕组的磁动势共同建立，同时与三个绕组相交链，通过铁心磁路闭合，相应的励磁阻抗随铁心饱和程度而变化。漏磁通分为自漏磁通和互漏磁通。自漏磁通由每个绕组本身的磁动势产生，仅与自身交链。互漏磁通仅与两个绕组相交链，且由交链的两个绕组的合成磁动势产生。漏磁通主要通过空气或变压器油闭合，相应的漏抗为常数。

2. 电压方程式

设 L_1、L_2、L_3 为各绕组自感，$M_{12}=M_{21}$ 为绕组 1、2 之间的互感，$M_{13}=M_{31}$ 为绕组 1、3 之间的互感，$M_{23}=M_{32}$ 为绕组 2、3 之间的互感。根据图 5-2 列出电压方程式为

$$\begin{cases} \dot{U}_1 = R_1 \dot{I}_1 + j\omega L_1 \dot{I}_1 + j\omega M_{12} \dot{I}_2 + j\omega M_{13} \dot{I}_3 \\ -\dot{U}_2 = R_2 \dot{I}_2 + j\omega L_2 \dot{I}_2 + j\omega M_{21} \dot{I}_1 + j\omega M_{23} \dot{I}_3 \\ -\dot{U}_3 = R_3 \dot{I}_3 + j\omega L_3 \dot{I}_3 + j\omega M_{31} \dot{I}_1 + j\omega M_{32} \dot{I}_2 \end{cases} \tag{5-1}$$

设三个绕组的匝数分别为 N_1、N_2、N_3 则各绕组之间的电压比为

$$\begin{cases} k_{12} = \dfrac{N_1}{N_2} = \dfrac{U_1}{U_{20}} \\ k_{13} = \dfrac{N_1}{N_3} = \dfrac{U_1}{U_{30}} \\ k_{23} = \dfrac{N_2}{N_3} = \dfrac{U_{20}}{U_{30}} \end{cases} \tag{5-2}$$

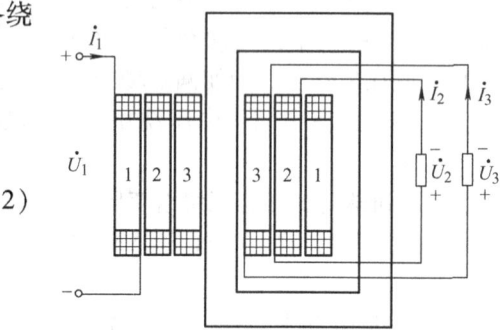

图 5-2　三绕组变压器示意图

将各绕组归算到绕组 1，有

$$\begin{cases} U'_2 = k_{12} U_2, \ U'_3 = k_{13} U_3 \\ I'_2 = \dfrac{I_2}{k_{12}}, \ I'_3 = \dfrac{I_2}{k_{13}} \\ R'_2 = k_{12}^2 R_2, \ R'_3 = k_{13}^2 R_3 \\ L'_2 = k_{12}^2 L_2, \ L'_3 = k_{13}^2 L_3 \\ M'_{12} = k_{12} M_{12}, \ M'_{13} = k_{13} M_{13} \\ M'_{23} = k_{12} k_{13} M_{23} \end{cases} \tag{5-3}$$

归算后的方程式为

$$\begin{cases} \dot{U}_1 = R_1 \dot{I}_1 + j\omega L_1 \dot{I}_1 + j\omega M'_{12} \dot{I}'_2 + j\omega M'_{13} \dot{I}'_3 \\ -\dot{U}'_2 = R'_2 \dot{I}'_2 + j\omega L'_2 \dot{I}'_2 + j\omega M'_{12} \dot{I}_1 + j\omega M'_{23} \dot{I}'_3 \\ -\dot{U}'_3 = R'_3 \dot{I}'_3 + j\omega L'_3 \dot{I}'_3 + j\omega M'_{13} \dot{I}_1 + j\omega M'_{23} \dot{I}'_2 \end{cases} \tag{5-4}$$

3. 磁动势平衡方程式

三绕组变压器负载运行时磁动势平衡方程式为

$$N_1 \dot{I}_1 + N_2 \dot{I}_2 + N_3 \dot{I}_3 = N_1 \dot{I}_0$$

等式两边同除以 N_1，则有

$$\dot{I}_1 + \dot{I}'_2 + \dot{I}'_3 = \dot{I}_0 \tag{5-5}$$

忽略励磁电流后有

$$\dot{I}_1 + \dot{I}'_2 + \dot{I}'_3 = 0 \tag{5-6}$$

4. 等效电路

把式(5-4) 的第一式减去第二式，代入 $\dot{I}'_3 = -(\dot{I}_1 + \dot{I}'_2)$，消去 $\dot{I}'_3$，再用第一式减去第三式，代入 $\dot{I}'_2 = -(\dot{I}_1 + \dot{I}'_3)$，消去 $\dot{I}'_2$，得到

$$\begin{cases} \dot{U}_1 - (-\dot{U}'_2) = (R_1 + jX_1) \dot{I}_1 - (R'_2 + jX'_2) \dot{I}'_2 = Z_1 \dot{I}_1 - Z'_2 \dot{I}'_2 \\ \dot{U}_1 - (-\dot{U}'_3) = (R_1 + jX_1) \dot{I}_1 - (R'_3 + jX'_3) \dot{I}'_3 = Z_1 \dot{I}_1 - Z'_3 \dot{I}'_3 \end{cases} \tag{5-7}$$

其中

$$\begin{cases} X_1 = \omega(L_1 - M'_{12} - M'_{13} + M'_{23}) \\ X'_2 = \omega(L'_2 - M'_{12} - M'_{23} + M'_{13}) \\ X'_3 = \omega(L'_3 - M'_{13} - M'_{23} + M'_{12}) \end{cases} \tag{5-8}$$

需要注意的是，X_1、X'_2、X'_3 并不代表各绕组的漏电抗，而是各绕组自感电抗和各绕组之间的互感电抗构成的组合电抗。

三绕组变压器等效电路如图 5-3 所示。

由此可见，一次漏阻抗压降会直接影响二、三次主电动势，进而影响二次、三次端电压，二次侧负载发生变化，不仅影响本侧端电压，还会影响三次侧端电压。

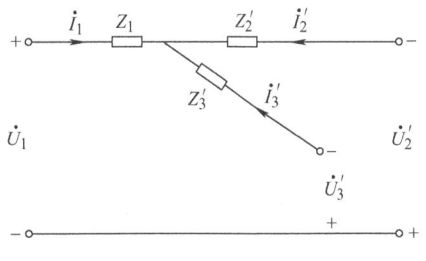

图 5-3 三绕组变压器等效电路

三、参数测定

三绕组变压器简化等效电路中的参数可以通过三个短路试验测出。有

$$X_1 + X'_2 = X_{k12}, X_1 + X'_3 = X_{k13}, X'_2 + X'_3 = X'_{k23}$$

1）绕组 1 加电压，绕组 2 短路，绕组 3 开路，如图 5-4a 所示。

$$Z_{k12} = Z_1 + Z'_2 = (R_1 + R'_2) + j(X_1 + X'_2) = R_{k12} + jX_{k12} \tag{5-9}$$

2）外加电压加在绕组 1，绕组 3 短路，绕组 2 开路，如图 5-4b 所示。

$$Z_{k13} = Z_1 + Z'_3 = (R_1 + R'_3) + j(X_1 + X'_3) = R_{k13} + jX_{k13} \tag{5-10}$$

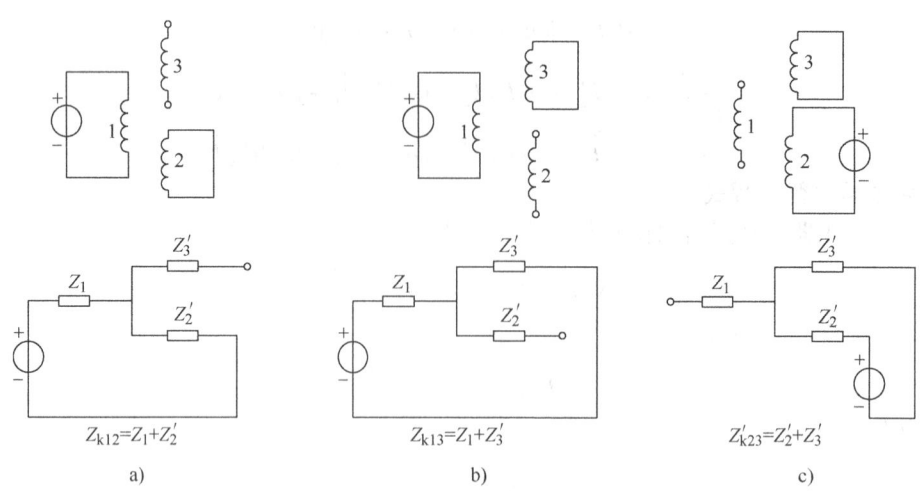

图 5-4 三绕组变压器短路试验

3) 外加电压加在绕组 2，绕组 1 开路，绕组 3 短路，如图 5-4c 所示。

$$Z'_{k23} = Z'_2 + Z'_3 = (R'_2 + R'_3) + j(X'_2 + X'_3) = R'_{k23} + jX'_{k23} \tag{5-11}$$

将式(5-9)~式(5-11)联立求解，可得

$$\begin{cases} R_1 = \dfrac{1}{2}(R_{k12} + R_{k13} - R'_{k23}) \\ R'_2 = \dfrac{1}{2}(R_{k12} + R'_{k23} - R_{k13}) \\ R'_3 = \dfrac{1}{2}(R_{k13} + R'_{k23} - R_{k12}) \end{cases} \tag{5-12}$$

$$\begin{cases} X_1 = \dfrac{1}{2}(X_{k12} + X_{k13} - X'_{k23}) \\ X'_2 = \dfrac{1}{2}(X_{k12} + X'_{k23} - X_{k13}) \\ X'_3 = \dfrac{1}{2}(X_{k13} + X'_{k23} - X_{k12}) \end{cases} \tag{5-13}$$

X_1、X'_2、X'_3 的大小与各绕组在铁心上的排列位置有关。如在三绕组降压变压器中，绕组 1 和 3 之间距离最远，其漏抗 X_{k13} 最大，绕组 1、2 之间的漏抗次之，绕组 2、3 之间的漏抗最小，且 X_{k13} 约为 X_{k12} 与 X'_{k23} 之和，因此等效电抗 X'_2 常接近于零，甚至为微小的负值。负电抗是电容性质的，但这并不是说变压器绕组真具有电容性。各绕组之间实际的漏电抗是不会为负值的。在三绕组变压器中，排在中间位置的绕组其组合的等效电抗最小，相应的阻抗压降和端电压变化率也最小。

第二节　自耦变压器

一、结构特点

普通的双绕组变压器两个绕组间只有磁的耦合，没有电的直接联系。自耦变压器的低压绕组是高压绕组的一部分，因此一、二次绕组间不仅有磁的耦合，还有电的直接联系，如

图5-5所示。其中 $N_U + N_u$ 称为自耦变压器的一次绕组，N_u 称为二次绕组或公共绕组，N_U 称为串联部分。双绕组变压器将一、二次侧顺向串联作为高压绕组，二次侧作为低压绕组，就成为一台自耦变压器了。

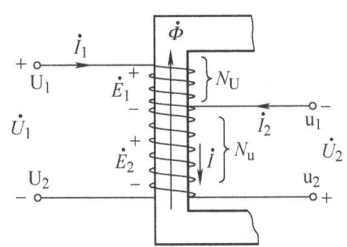

图 5-5 自耦变压器

二、基本电磁关系

1. 基本方程式

由图 5-5 写出自耦变压器方程式有

$$\dot{U}_1 = \dot{U}_U - \dot{U}_2 = -\dot{E}_1 - \dot{E}_2 + \dot{I}_1 Z_U + \dot{I} Z_u \tag{5-14}$$

$$\dot{E}_2 = \dot{U}_2 + \dot{I} Z_u \tag{5-15}$$

$$\dot{I} = \dot{I}_1 + \dot{I}_2 \tag{5-16}$$

式中 Z_U——串联绕组的漏阻抗；

Z_u——公共绕组的漏阻抗。

自耦变压器电压比为

$$k_A = \frac{E_1 + E_2}{E_2} = \frac{N_U + N_u}{N_u} \approx \frac{U_{1N}}{U_{2N}} \tag{5-17}$$

2. 磁动势平衡方程式

磁动势平衡方程式可写为

$$\dot{I}_0(N_U + N_u) = \dot{I}_1 N_U + \dot{I} N_u = \dot{I}_1(N_U + N_u) + \dot{I}_2 N_u \tag{5-18}$$

或写成

$$\dot{I}_0 = \dot{I}_1 + \dot{I}_2 \frac{N_u}{N_U + N_u} = \dot{I}_1 + \dot{I}_2' = \dot{I}_1 + \frac{1}{k_A} \dot{I}_2$$

忽略 $\dot{I}_0$，有

$$\dot{I}_1 = -\frac{1}{k_A} \dot{I}_2 \tag{5-19}$$

可见，$\dot{I}_1$ 与 $\dot{I}_2$ 相位相差180°，得到

$$\dot{I} = \dot{I}_1 + \dot{I}_2 = -\frac{1}{k_A} \dot{I}_2 + \dot{I}_2 = \dot{I}_2\left(1 - \frac{1}{k_A}\right) \tag{5-20}$$

式（5-20）说明，公共部分的电流 $\dot{I}$ 与二次电流 $\dot{I}_2$ 相位相同。自耦变压器的电流关系如图 5-6 所示。

图 5-6 自耦变压器的电流关系

3. 容量关系

双绕组变压器的一、二次侧之间只有磁的联系，功率的传递全部依靠电磁感应，所以额定容量等于一次绕组或二次绕组的容量。自耦变压器一次、二次绕组之间既有电的联系又有磁的联系，则功率传递一部分通过电磁感应实现，一部分通过直接传导实现，二者之和为标注的额定容量。

自耦变压器的额定容量是指它的输入容量或输出容量，为

$$S_N = U_{1N}I_{1N} = U_{2N}I_{2N} \tag{5-21}$$

自耦变压器的绕组容量是指串联绕组或公共绕组的容量。

串联绕组 U 的容量为

$$S_{UN} = U_{UN}I_{1N} = U_{1N}\left(1 - \frac{1}{k_A}\right)I_{1N} = \left(1 - \frac{1}{k_A}\right)S_N \tag{5-22}$$

公共绕组 u 的容量为

$$S_{uN} = U_{2N}I_{uN} = \left(1 - \frac{1}{k_A}\right)S_N \tag{5-23}$$

可见，自耦变压器的串联绕组和公共绕组的容量相等，是额定容量的$\left(1 - \frac{1}{k_A}\right)$，由于，$k_A > 1$，$\left(1 - \frac{1}{k_A}\right) < 1$，因此自耦变压器的绕组容量小于额定容量。这多出来的部分$S_N - S_U = S_N/k_A = I_{1N}U_{2N}$称为自耦变压器的传导容量，由一次侧直接传给负载，不需要增加绕组容量。

三、主要优缺点

变压器的质量和尺寸是由绕组容量决定的。自耦变压器的绕组容量小于额定容量，相同额定容量的自耦变压器和双绕组变压器相比，其单位容量所消耗的材料少，变压器体积小，造价低，使铜损耗和铁损耗降低，效率提高。当自耦变压器的电压比越接近1，绕组容量越小，优点更明显。

由于自耦变压器一、二次侧有电的直接联系，当高压侧遭受过电压时，会引起低压侧过电压，危及设备安全，所以使用时需要将中性点可靠接地，同时一、二次侧均需装设避雷器。由于自耦变压器的短路阻抗标幺值小于同容量双绕组变压器的短路阻抗标幺值，且短路电流较大，因此使用时需采取相应措施。

因改变自耦变压器公共绕组的匝数可以平滑调节输出电压的大小，在实验室中常用自耦变压器作为可调电压电源。

第三节 电流互感器和电压互感器

电流互感器和电压互感器又称仪用互感器，它们的工作原理和变压器相同。使用互感器的目的主要有：①扩大常规仪表的量程，用小量程的电压、电流表测大电压、大电流；②使测量回路与被测系统隔离，保障工作人员和测试设备安全；③由互感器直接带动继电器线圈，既可为各类保护继电器提供控制信号，也可经过整流器将交流变换成直流，对控制系统或微机控制系统提供控制信号。

一、电压互感器

电压互感器原理图如图5-7所示。高压绕组接到被测量电压的所在电路上，低压绕组接测量仪表，其工作原理同普通变压器。电压互感器二次侧的额定电压都统一设计成100V。一次绕组的匝数远多于二次绕组的匝数，由于电压表阻抗大，运行时近似开路的降压变压器。

忽略漏阻抗压降，有

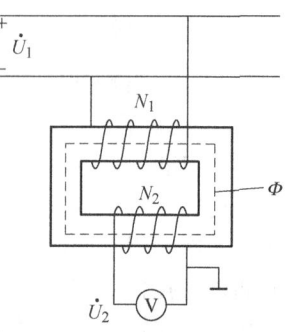

图5-7 电压互感器原理图

第五章 电力系统中的特种变压器

$$\frac{U_{1N}}{U_{2N}} = \frac{N_1}{N_2} = k_u \tag{5-24}$$

当测出电压 U_2 时，被测电压为

$$U_1 = k_u U_2 \tag{5-25}$$

实际上电压互感器存在误差，包括电压比误差和相位误差。电压比误差的定义为

$$\frac{k_u U_2 - U_1}{U_1} \times 100\% \tag{5-26}$$

相位误差是一、二次电压之间的相位差。

励磁电流和一、二次侧的漏阻抗压降是产生两种误差的主要原因。在设计电压互感器时一般采用高磁导率的硅钢片及较低的工作磁感应强度（0.6~0.8T）以减小励磁电流。绕组装配应紧凑、均匀，以减小漏磁通和漏电抗。适当采用较粗导线，以减小绕组电阻。

电压互感器按准确度等级的高低分为 0.2、0.5、1 和 3 四个等级。数字越小准确度越高。如 0.5 级的电压互感器，其最大电压比误差不超过±5%。0.2 级电压互感器适用于实验室的精密测量，0.5 或 1 级电压互感器适用于发电厂、变电所的盘式仪表，3 级电压互感器用于一般测量和继电保护电路中。

使用电压互感器时要注意：①二次侧绝对不允许短路，否则将产生较大的短路电流，使绕组发热或烧毁绕组。为防止二次侧短路，电压互感器一、二次侧回路中应串联熔断器；②互感器铁心和二次绕组须可靠接地，防止绝缘损坏时，高电压侵入低压回路；③二次侧接入的阻抗不得小于规定值，以减小误差。

二、电流互感器

图 5-8 所示为电流互感器的工作原理图。其一次绕组匝数很少，二次绕组匝数较多。一次绕组串联入被测线路中，二次绕组接电流表或功率表的电流线圈。电流线圈的电阻值很小，在电流互感器工作时，相当于短路运行状态。电流互感器二次侧额定电流一般统一设计成 5A 或 1A。

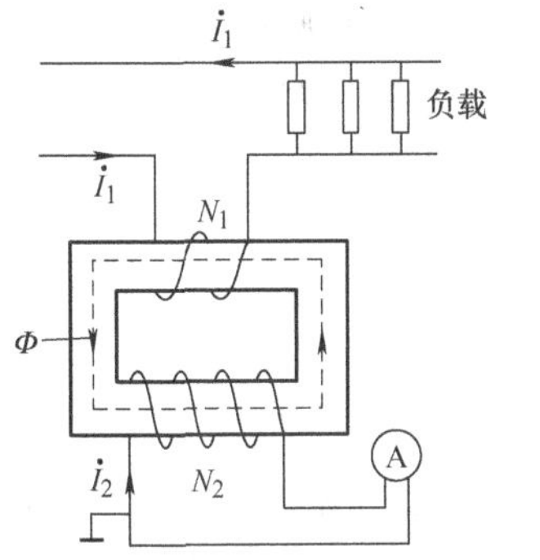

忽略励磁电流，由磁动势平衡关系可得

$$I_1 N_1 + I_2 N_2 = 0$$

图 5-8 电流互感器工作原理图

或

$$I_1 = -\frac{N_2}{N_1} I_2 = k_i I_2 \tag{5-27}$$

式中　k_i——电流互感器的电流比，$k_i = \frac{N_2}{N_1}$。

测量出 I_2，则被测电流为 $I_1 = k_i I_2$，由于励磁电流和漏阻抗的影响，电流互感器也存在误差，其电流误差为

$$\frac{k_i I_2 - I_1}{I_1} \times 100\% \tag{5-28}$$

电流互感器的相位误差是一、二次电流之间的相位差。为减小该误差，电流互感器的铁心采用高导磁性能的材料，并选用更低的磁感应强度（0.08~0.01T）以减小励磁电流。在绕组制造上应尽可能减小漏阻抗。

电流互感器的准确度等级分为 0.2、0.5、1、3、10 共五级。0.2 级的电流互感器用于

实验室精密测量；0.5、1 级用于发电厂和变电所的盘式仪表；3、10 级用于一般测量和继电保护装置。

使用电流互感器应注意：①运行中绝对不允许二次侧开路。因为电流互感器的一次电流由被测试的电路决定，正常运行时二次侧相当于短路，二次电流起去磁作用，二次侧的磁动势近似与一次侧磁动势大小相等、方向相反，使铁心中合成磁动势很小，所需的励磁电流很小。若二次侧开路，一次电流全部成为励磁电流，磁通增大，铁心严重饱和，铁损耗急剧增加，引起铁心严重过热。此外将在匝数较多的二次绕组感应出危险的高电压，危及操作人员和测量设备的安全；②二次绕组及铁心应可靠接地；③为减小误差，二次侧回路阻抗不应超过规定值。

思 考 题

5-1 三绕组变压器的额定容量是如何定义的？三个绕组的容量有哪些配合方式？

5-2 三绕组变压器等效电路中的电抗与双绕组变压器中的漏电抗有无区别？三绕组变压器中电抗有时出现负值的原因是什么？

5-3 自耦变压器在结构上有什么特点？其额定容量、绕组容量和传导容量之间有什么关系？

5-4 电压互感器和电流互感器的误差有几种？产生误差的原因是什么？设计、制造时应主要采取哪些措施？

5-5 为什么运行中的电压互感器二次侧不允许短路？为什么运行中的电流互感器二次侧不允许开路？

习 题

5-1 一台三相双绕组变压器 $S_N = 3150 \text{kV} \cdot \text{A}$，$U_{1N}/U_{2N} = 400\text{kV}/110\text{kV}$，$p_{Fe} = 105\text{kW}$，$p_{Cu} = 205\text{kW}$。现将其改接成 510kV/110kV 的自耦变压器，求：（1）自耦变压器的额定容量、绕组容量和传导容量；（2）在额定负载和 $\cos\varphi_2 = 0.8$（滞后）条件下运行时，双绕组变压器和自耦变压器的效率。

第一篇小结

本篇所讨论的主要内容有：①变压器的工作原理、基本结构和额定值；②单相及三相双绕组变压器带对称负载稳态运行时的电磁关系、分析方法和运行特性；③变压器的联结组别；④变压器的并联运行；⑤变压器的磁路系统和空载电动势波形；⑥三相变压器的不对称运行；⑦变压器的瞬态过程；⑧特殊变压器。

1. 变压器的工作原理、基本结构和额定值

明确变压器工作原理的核心是电磁感应定律，对该定律的理解是关键。铁心和绕组是变压器结构的主要部分，掌握变压器的主要构成部分。

对变压器的额定值要明确其含义，特别是它们之间的关系。

2. 变压器稳态运行时的电磁关系、分析方法和运行特性

(1) 电磁关系 变压器的物理量必须规定正方向，在变压器中要按惯例规定有关电磁量的正方向，应掌握。

变压器运行时，主磁通将在一、二次绕组中分别感应电动势，该电动势相位上滞后主磁通 $90°$，用相量表示为

$$\begin{cases} \dot{E}_1 = -j4.44fN_1\Phi_m \\ \dot{E}_2 = -j4.44fN_2\Phi_m \end{cases}$$

由上面的两个方程式定义了电压比。一次和二次电动势方程式为

$$\dot{U}_1 = -\dot{E}_1 + \dot{I}_0R_1 + j\dot{I}_0X_{\sigma 1} = \dot{I}_0(Z_m + Z_1)$$

$$\dot{U}_2 = \dot{E}_2 - \dot{I}_2R_2 + j\dot{I}_2X_{\sigma 2} = \dot{E}_2 - \dot{I}_2Z_2$$

式中，空载电流 $\dot{I}_0$ 的构成和波形要理解。

变压器空载运行时主磁通由一次侧的磁动势产生，即 $\dot{F}_0 = \dot{I}_0 N_1$。负载时二次电流产生的磁动势也将作用在主磁路上，主磁通在外加电压一定时基本不变，则对应的磁动势也应基本不变，磁动势平衡方程式为

$$\dot{I}_1 N_1 + \dot{I}_2 N_2 = \dot{I}_0 N_1$$

由于变压器一、二次侧匝数不同，联立求解方程等较为困难，因此可以采用折算法。折算的原则是保持绕组的磁动势不变，才能保证折算前后各电磁量的关系不变，可以是一次侧的量折算到二次侧，也可以将二次侧的量折算到一次侧。

(2) 基本方程式、等效电路和相量图 折算后的基本方程式体现了变压器各电磁量之间的关系。根据方程式可以画出变压器的 T 形等效电路。为简化计算，T 形等效电路可以简化成 Γ 形等效电路和简化等效电路。相量图表示各电磁量之间的相位关系。对变压器进行分析和计算时，方程式、等效电路和相量图都是重要的工具，三者是一致的。

(3) 标幺值 标幺值是无单位的相对值，应注意各电磁量基值的选择。

(4) 变压器的参数测定 掌握变压器参数测定的空载和短路两个试验，可以根据试验

求取相关的参数。

(5) 变压器的运行特性 变压器负载运行时电压变化率为

$$\Delta U\% = \frac{U_{20} - U_2}{U_{2N}} \times 100\%$$

$$= \frac{U_{2N} - U_2}{U_{2N}} \times 100\%$$

$$= \frac{U_{1N} - U'_2}{U_{1N}} \times 100\%$$

由于电压变化率与负载的大小、性质、短路阻抗有关，得到的实用计算公式为

$$\Delta U\% = \beta(R_k^* \cos\varphi_2 + X_k^* \sin\varphi_2) \times 100\%$$

变压器效率的计算公式为

$$\eta = \frac{P_2}{P_1} \times 100\% = \frac{P_1 - \sum p}{P_1} \times 100\% = \left(1 - \frac{p_{Fe} + p_{Cu1} + p_{Cu2}}{P_2 + p_{Fe} + p_{Cu1} + p_{Cu2}}\right) \times 100\%$$

3. 变压器的联结组别

采用时钟法表示高、低压绕组的相电动势（单相变压器）或线电动势（三相变压器）之间的相位关系。

三相变压器的联结组别与高、低压绕组的极性、首末端和连接方式有关，通过画相量图的方法来确定联结组别。依据同名端同标记电动势同向、同名端异标记电动势反向的原则画出相量图。

4. 三相变压器的磁路系统和空载电动势波形

三相变压器的磁路系统分为各相磁路彼此独立和各相磁路相关两类。

空载电动势的波形与磁路结构和绕组的连接方式有关。变压器存在磁饱和现象，主磁通为正弦波时，励磁电流为尖顶波。若励磁电流为正弦波，主磁通为平顶波，为使相电动势为正弦波，其主磁通应为正弦波，要求变压器绕组能为励磁电流的三次谐波电流提供通路。单相变压器绕组和连接方式为YNy、Dy、Yd联结的三相变压器绕组，能为三次谐波电流提供通路，它们的主磁通及相电动势为正弦波。对于Yy联结的三相变压器，若是心式结构，由三次谐波电流产生的三次谐波磁通很小，故相电动势接近正弦波；若是组式结构，三次谐波磁通在主磁路中流通，感应较大的三次谐波电动势，相电动势畸变严重，故三相组式变压器不能采用Yy联结。

变压器为Yd联结，则励磁电流中的三次谐波分量可以在二次侧为D联结的绕组中流通，以保证主磁通和相电动势接近正弦波。

5. 变压器的并联运行

变压器并联运行的条件为：①联结组别相同；②电压比相等；③短路阻抗标幺值相等。其中条件①必须绝对满足，后两个条件可以有小的差别。各变压器短路阻抗标幺值相等，则它们的负载系数相等，各变压器按其容量成正比例地分担负载，使变压器的容量得到充分利用。

6. 三相变压器的不对称运行

三相变压器的不对称运行采用对称分量法分析，即将不对称系统分解为正序、负序和零序三个对称系统，每个对称系统单独处理，然后叠加得到不对称系统的解。对正序和负序系统，变压器内部电磁过程相同，则正序和负序电流所遇到的阻抗是相同的，有 $Z_+ = Z_- \approx$

Z_k。零序阻抗与变压器的连接方式和磁路结构有关。运用对称分量法对 Yyn 联结的变压器带单相负载运行进行分析，若是心式变压器可以带单相负载，组式变压器的零序电动势则较大，出现中性点浮动现象，导致相电压严重不对称，故不能带这种负载。

7. 变压器的瞬变过程

变压器在空载投入电网瞬间，空载电流将在一次绕组电路中经历一个短暂的瞬态过程，由于铁心饱和影响，空载合闸电流可能出现很大的冲击，该电流可达到额定电流的几倍，但对变压器本身无大的危害，只可能使过电流保护装置误动作。二次侧突然短路电流的大小与发生短路瞬间电压的瞬时值有关，电压瞬时值最大时发生短路，可马上进入稳态，突然短路电流转为稳态短路电流。若电压瞬时值过零时发生短路，短路电流可达额定电流的 20~30 倍。会使处在漏磁场中的绕组受到强大电磁力的损坏，因此发电厂或变电站中的变压器都安装短路保护装置。

8. 特殊变压器

三绕组变压器的基本工作原理与双绕组变压器相同，也可采用互感和漏感的概念。等效电路中的电抗是几种电抗的组合，排列在铁心中间位置的绕组，其组合电抗可能为负值。

自耦变压器一、二次绕组之间不仅有磁的联系还有电的联系，正是这个特点使得它与同容量的双绕组变压器相比尺寸小、材料省、效率高。

电流互感器、电压互感器工作原理与普通变压器相同。使用中须注意电流互感器二次侧不允许开路，电压互感器二次侧不允许短路。

第二篇 交流电机的共同理论

交流电机指产生或使用交流电能的旋转电机，主要分为同步电机和异步电机两类。它们的工作原理、励磁方式、运行特性、转子结构均不同，但同步电机的电枢绕组和异步电机的定、转子绕组均为交流绕组，其构成原则和方法，以及其中感应的电动势和有电流流过时产生的磁动势却是相同的，可以统一分析它们的绕组、电动势和磁动势。因此，本篇所述内容为交流电机理论的共同问题和基础。

第六章
交流电机的电动势

本章在介绍交流绕组基本概念的基础上，介绍三相单层绕组和三相双层绕组的基本构成方式。进而分析正弦分布磁场下绕组的感应电动势的大小，最后介绍谐波电动势及其削弱方法。

第一节 交流绕组的基本概念

电机绕组指按一定规律排列和连接的电机中的线圈的总和。交流绕组的线圈通常嵌放在电机定子或转子铁心圆周上均匀分布的槽内。其作用是与磁场有相对运动时感应电动势，绕组闭路时流过电流，电流与磁场相互作用产生电磁转矩，使电机实现机电能量转换。

1. 对交流绕组的要求

1）在一定导体数下，感应较大的基波电动势和产生较大的基波磁动势，电动势和磁动势的波形尽量接近正弦波，谐波分量尽可能小。

2）三相绕组要对称。三相绕组具有相同的阻抗，相同的线圈数和线圈分布，三相绕组的轴线在空间互差120°电角度。

3）用铜量少，绝缘性能和机械强度可靠，散热良好。

4）制造工艺简单，检修方便。

2. 交流绕组的分类

1）按相数分为单相、两相、三相和多相绕组。

2）按槽内层数分为单层、双层绕组。根据连接方式不同，单层绕组分为链式、交叉式和同心式绕组，双层绕组分为叠绕组和波绕组。

3）按每极每相槽数是分数还是整数分为整数槽绕组和分数槽绕组。

三相绕组能较好满足绕组的基本要求，现代交流电机主要采用三相双层绕组。

相关术语：

（1）极对数 极对数是交流电机气隙磁场主磁极的对数，用 p 表示。磁极总是成对出现的。

（2）电角度 在电机理论中，导体经过一对磁极，其感应电动势交变一次，则一对磁极对应的空间角度称为360°空间电角度（或 2π 电弧度）。一个圆周的几何角度360°称为机械角度。对于电机极对数为 p 对极的电机，其电角度 $= p \times$ 机械角度，即一个圆周代表 $p \times 360°$的空间电角度。

（3）相带 将每个极面下所占有的绕组的范围按相数等分，每份所包括的范围称为一个相带，相带用电角度表示，即每一磁极下每相绕组所占有的电角度。每个磁极对应于 180°电角度，电机有 m 相，则每个相带占有 $180°/m$ 电角度。当 $m=3$ 称为 60°相带绕组，如图 6-1 所示。此外，也有 120°相带的绕组，但由于这种绕组的每相合成电动势较 60°相带绕组的小，故很少采用。

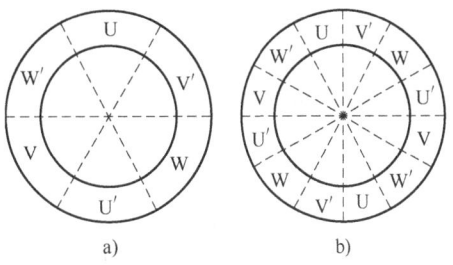

图 6-1 60°相带的划分
a) $p=1$ b) $p=2$

（4）每极每相槽数 每一极面下每相平均占有的槽数，用符号 q 表示。当总槽数为 Z，极对数为 p，相数为 m 时，有

$$q = \frac{Z}{2pm} \tag{6-1}$$

当 q 为整数时称为整数槽绕组，q 为分数时称为分数槽绕组；$q=1$ 称为集中绕组，$q \neq 1$ 称为分布绕组。目前电机普遍采用的是整数槽分布绕组。

（5）槽距角 槽距角 α 是相邻两槽之间的电角度，即

$$\alpha = \frac{p \times 360°}{Z} \tag{6-2}$$

（6）极距 τ 极距 τ 指相邻两磁极对应位置两点之间的圆周距离，有两种表示方法，一是用每极对应的定子内圆或转子外圆的弧长来表示，即

$$\tau = \frac{\pi D}{2p} \tag{6-3}$$

式中，D——定子内圆直径或转子外圆直径。

另一种是用每一对磁极所占有的定子槽数来表示，即

$$\tau = \frac{Z}{2p} \tag{6-4}$$

（7）元件（线圈） 线圈是由两根相距一定距离的导体末端相连构成的线匝，N_c 匝串联构成线圈。嵌放在槽内的部分称为元件边（线圈边），每个线圈有两个线圈边，两线圈边之间的连接部分称为端接部分，如图 6-2 所示。

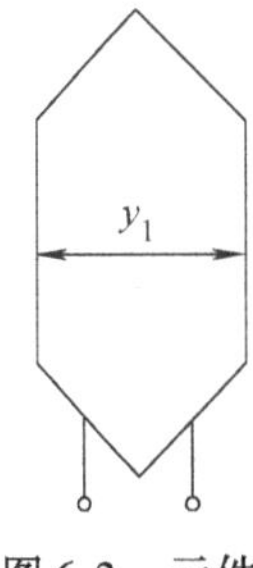

（8）节距 y_1（跨距） 节距是线圈的宽度，两个线圈边之间的距离，用线圈两边所跨越的槽数表示。$y_1 = \tau$ 称为整距，$y_1 < \tau$ 称为短距，$y_1 > \tau$ 称为长距。

（9）槽导体电动势星形图 把各槽内导体中按正弦规律变化的电动势用相量表示，这些相量依次相差 α 电角度，并且构成了一个辐射状星形图，称为槽导体电动势星形图。

图 6-2 元件

例如，图 6-3 所示同步电机，$Z=24$，$p=2$，$m=3$，转子磁极逆时针方向旋转，则

$$q = \frac{Z}{2pm} = \frac{24}{2 \times 2 \times 3} = 2, \quad \alpha = \frac{p \times 360°}{Z} = \frac{2 \times 360°}{24} = 30°$$

假设 1 号槽以相量 1 表示（见图 6-4），则 2 号槽的导体电动势相量比 1 号槽相量滞后 30°，同理 3 号槽导体电动势相量比 2 号槽相量滞后 30°，依次类推，得到图 6-4 所示槽导体电动势星形图。$\frac{Z}{p} = 12$，相量 1～12 构成一个星形，相量 13～24 构成与之重合的第二个星

形，即 p 与 Z 的最大公约数为 2，则重合星形数为 2。

以上分析可见，槽导体电动势星形图的作用是用来分配各相绕组应有的槽数与槽号，以及用于正确地进行绕组连接。

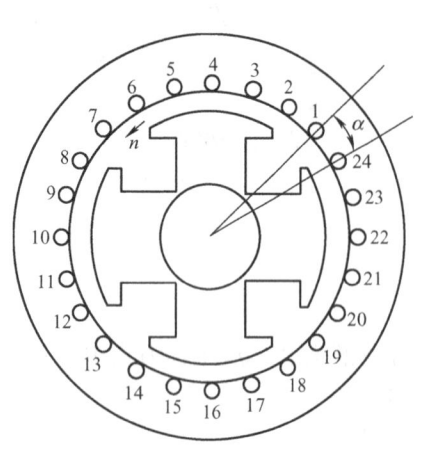

图 6-3　槽内导体沿定子圆周分布情况

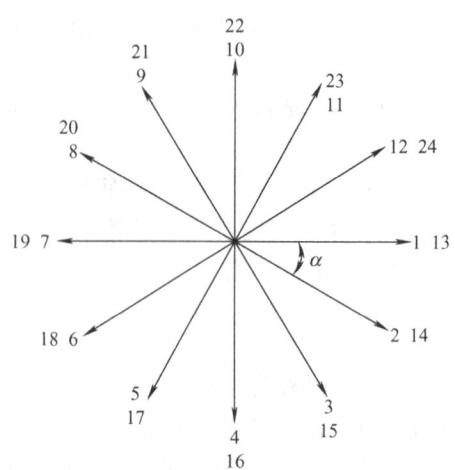

图 6-4　槽导体电动势星形图

第二节　三相单层绕组

单层绕组的特点是每个槽内仅有一个线圈边，整个绕组线圈数等于总槽数的一半。其结构和嵌线较简单，适用于 10kW 以下小型交流电机。

例如，总槽数 $Z=24$，极对数 $p=2$，相数 $m=3$，则每极每相槽数 $q=\dfrac{Z}{2pm}=\dfrac{24}{2\times 2\times 3}=2$，槽距角 $\alpha=\dfrac{p\times 360°}{Z}=\dfrac{2\times 360°}{24}=30°$，按 60°相带划分各槽所属的相别，即划定每相绕组应由哪些槽所组成。参照图 6-4 所示的槽导体电动势星形图，列出各槽号分配表，见表 6-1。

表 6-1　三相槽号分配表（$Z=24$，$p=2$）

对极	相带					
	U	W'	V	U'	W	V'
第一对极	1，2	3，4	5，6	7，8	9，10	11，12
第二对极	13，14	15，16	17，18	19，20	21，22	23，24

由表 6-1 可见，1、2、7、8、13、14、19、20 共 8 个槽属于 U 相绕组，根据槽导体电动势相量，按电动势相加原则构成线圈，再将一个极面下的 q 个线圈串联起来，构成一个线圈组，本例中两个线圈连成一个线圈组，每相有 $2p$ 个线圈组（$p=2$），线圈组之间可以串联或并联，以形成不同的并联支路数，串联时（并联支路数 $a=1$）使电动势相加。同理可组成 V 相绕组和 W 相绕组。

各相所属的槽号（即线圈边）确定后，按电动势相加的原则进行连接，其连接的先后次序和各线圈边之间的相互搭配不影响电动势的大小。线圈边之间不同的连接组成的绕组有不同的形式，通常有等元件式、链式、交叉式、同心式。

1. 等元件式绕组

等元件式绕组的特点是每个线圈的节距 y_1 是相等的整距。上例中，$y_1 = \tau = 6$ 槽，U 相绕组有 4 个线圈，分别是 1 - 7、2 - 8、13 - 19、14 - 20，四个线圈串联形成 U 相绕组，U_1 为相绕组首端，U_2 为相绕组末端。V 相和 W 相绕组的连接规律与 U 相相同，各相首端之间位置应相差 120°电角度。上例中 $\alpha = 30°$，各相绕组首端间相差 4 个槽。U 相绕组首端在 1 号槽，则 V 相绕组首端在 5 号槽，W 相绕组首端在 9 号槽。使三相绕组在空间相差 120°电角度构成三相对称绕组，如图 6-5 所示。

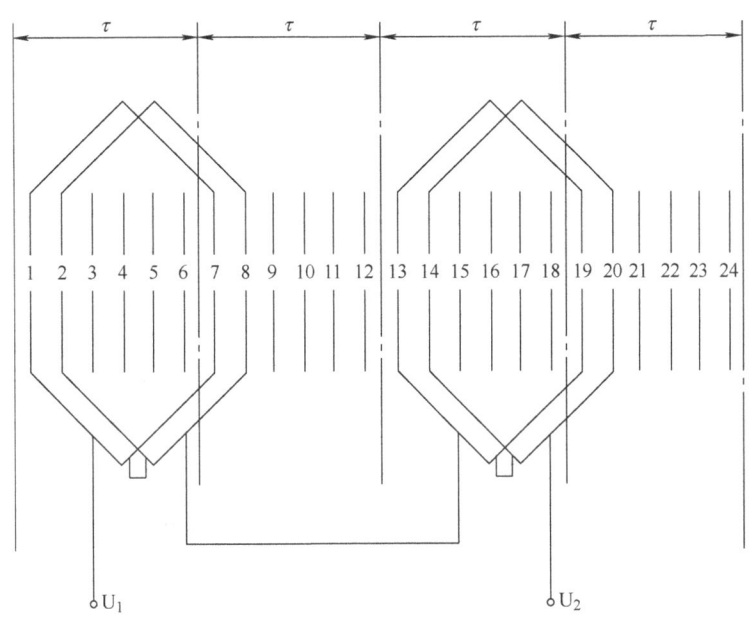

图 6-5 单层等元件式绕组 U 相展开图

2. 链式绕组

将上例中各相绕组的 4 个线圈之间的连接方式改变，如 U 相绕组的 4 个线圈按 2 - 7、8 - 13、14 - 19、20 - 1 的方式连接，相电动势或磁动势性质和大小与等元件式绕组的相同。链式绕组的首端接线较短，可节约铜线。这种绕组适用于 $q = 2$，$p > 1$ 的小型交流电机，连接方式如图 6-6 所示。

3. 交叉式绕组

交叉式绕组如图 6-7 所示。与等元件式绕组相比，它只改变了同一相中各线圈边电动势相加的先后次序，不影响相电动势的大小。极间连线（线圈组之间的连线）为"尾接尾""头接头"。交叉式绕组适用于 $q = 3$ 的小型交流电机。

例 6-1 已知 $m = 3$，$p = 2$，$q = 3$，绘制并联支路数 $a = 1$ 的三相单层交叉式绕组展开图。

解： 有
$$Z = 2mpq = 2 \times 3 \times 2 \times 3 = 36$$
$$\alpha = \frac{p \times 360°}{Z} = \frac{2 \times 360°}{36} = 20°$$

槽号分配见表 6-2。

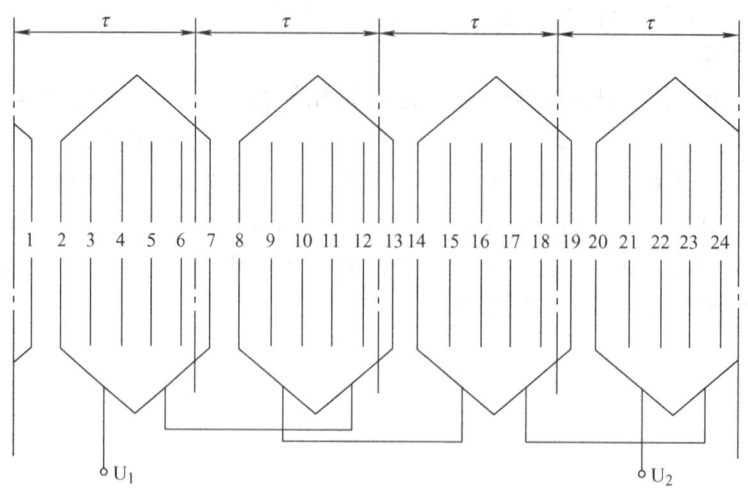

图 6-6　单层链式 U 相绕组展开图

表 6-2　槽号分配

第一对极	相带					
	U 1，2，3	W′ 4，5，6	V 7，8，9	U′ 10，11，12	W 13，14，15	V′ 16，17，18
第二对极	19，20，21	22，23，24	25，26，27	28，29，30	31，32，33	34，35，36

为节省线圈端部连接线，采用"二大一小"交叉布置，2 和 10、3 和 11 接成节距为 $y_1 = \frac{8}{9}\tau$ 的大线圈，12 和 19 接成 $y_1' = \frac{7}{9}\tau$ 小线圈。U 相绕组展开图如图 6-7 所示。

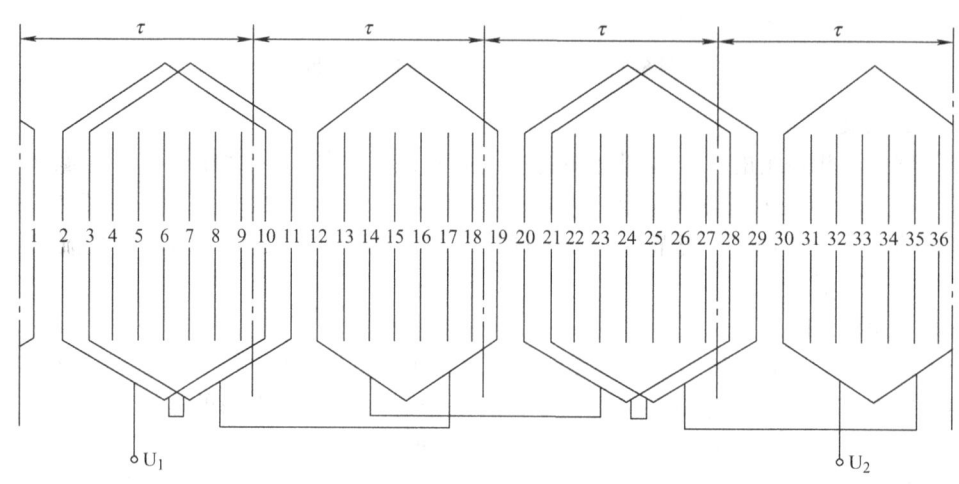

图 6-7　单层交叉式 U 相绕组展开图

4. 同心式绕组

同心式绕组适用于 $q \geq 4$，$p=1$ 的小型感应电机。特点是同一线圈组（如 1、2 个线圈构成一个线圈组）的线圈具有不同的大小，其中心线（线圈轴线）是重合的。

例 6-2 已知 $Z=24$，$p=1$，$m=3$，试绘出并联支路数 $a=1$ 的三相单层同心式绕组展开图。

解：
$$q = \frac{Z}{2pm} = \frac{24}{2 \times 1 \times 3} = 4$$
$$\alpha = \frac{p \times 360°}{Z} = \frac{360°}{24} = 15°$$

U 相中 1－16、2－15、3－14、4－13 分别连成线圈，即两组线圈，均为一大一小组成一个同心式线圈组，然后两个线圈组反向串联，以保证电动势相加。展开图如图 6-8 所示。

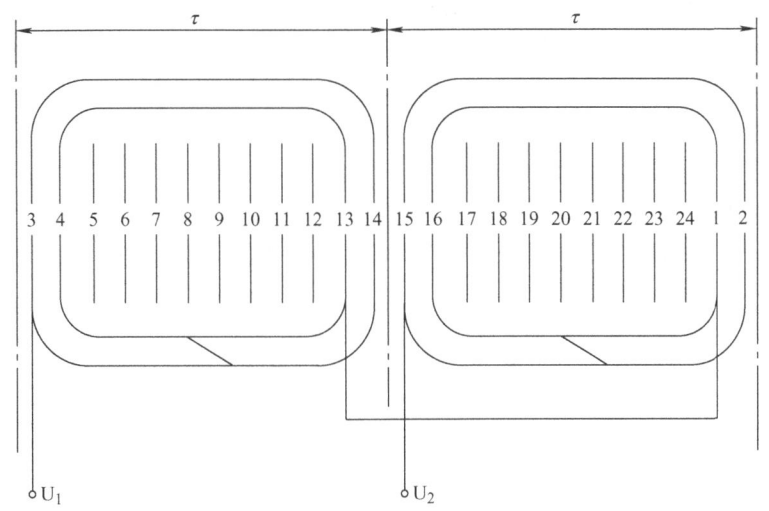

图 6-8 单层同心式 U 相绕组展开图

三相单层绕组有不同的绕组形式，但通以三相交流电流之后，它们具有相同的电磁性质，只是端接部分的形式、节距、线圈连接先后次序不同（节距各不相同，形式上不一定是整距，如同心式和交叉式绕组可能是长距、短距或整距），但从每相电动势的角度来看，所有绕组都是属于两个相差 180°电角度相带内的导体组成，可以等效地看成是整距绕组。

单层绕组主要用于 10kW 以下的小型电机，其最大并联支路数等于极对数。

第三节 三相双层绕组

与单层绕组不同的是，双层绕组的每个槽内有上、下两个线圈边，中间用层间绝缘隔开，线圈的一个边放在某一槽的上层，另一个边放在相距一个节距 y_1 的另一槽的下层，线圈数与槽数相等。

三相双层绕组分为叠绕组和波绕组两种，叠绕组能较方便地设计成所需的短距绕组，使线圈的端部连接较短，节约铜线，可削弱谐波，改善电动势和磁动势波形。同时端部形状排列整齐，有利于散热和增强机械强度，所以应用较为广泛。波绕组常用于绕线转子异步电机的转子绕组和多级水轮发电机的定子绕组。

叠绕组主要用于 10kW 以上的中、小型同步电机和感应电机及大型同步电机的定子。叠绕组是指线圈排列时，任何两个相邻的线圈都是后一个叠在前一个上面。双层叠绕组同一相带内的 q 个线圈串联构成一个线圈组，每相有 $2p$ 个线圈组，$2p$ 个线圈组串联（或并联）则构成一相绕组。

例 6-3 已知 $Z=24$，$2p=4$，试绘制并联支路数 $a=1$ 的三相双层叠绕组展开图。

解：

$$q = \frac{Z}{2pm} = \frac{24}{4 \times 3} = 2$$

$$\alpha = \frac{p \times 360°}{Z} = \frac{2 \times 360°}{24} = 30°$$

$$\tau = \frac{Z}{2p} = \frac{24}{4} = 6$$

三相的槽号分布见表 6-1。绕组展开图上每槽的上层边用实线表示，下层边用虚线表示，编号时取槽号加注"'"，分整距绕组和短距绕组两种情况考虑。

(1) 整距绕组 本例中节距 $y_1 = \tau = 6$，即每个线圈的上层边与下层边相距 6 个槽，U 相绕组的线圈为 $1-7'$, $2-8'$, $7-13'$, $8-14'$, $13-19'$, $14-20'$, $19-1'$, $20-2'$，共 8 个线圈，组成 4 个线圈组，4 个线圈组的电动势大小相等，方向如图 6-9 所示。4 个线圈组全部串联，即并联支路数 $a=1$，相电动势等于各线圈组电动势之和，相电流等于线圈电流。4 个线圈组先两两串联再并联，相电动势为两线圈组电动势之和，线圈电流为相电流的一半，即 $a=2$。4 个线圈组全部并联，相电动势等于一个线圈组电动势，线圈组电流为相电流的 1/4，即 $a=4$，如图 6-9 所示。

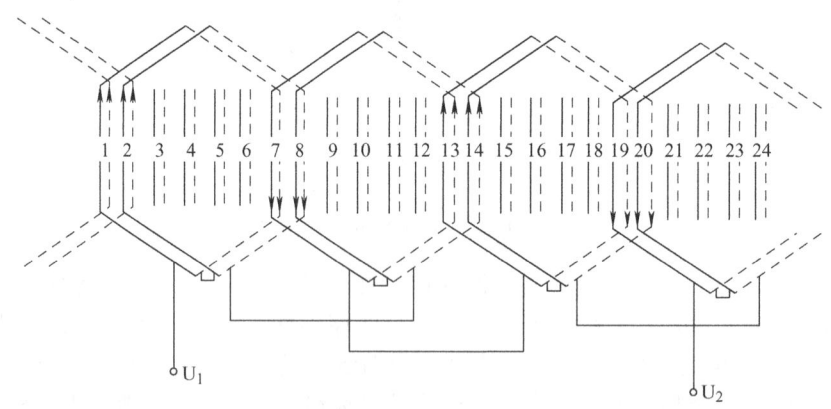

图 6-9 双层整距叠绕组 U 相展开图

(2) 短距绕组 取 $y_1 = \frac{5}{6}\tau = 5$，表示每个线圈跨距为 5 个槽，U 相绕组的线圈为 $1-6'$, $2-7'$, $7-12'$, $8-13'$, $13-18'$, $14-19'$, $19-24'$, $20-1'$，也是 8 个线圈，4 个线圈组，如图 6-10 和图 6-11 所示。

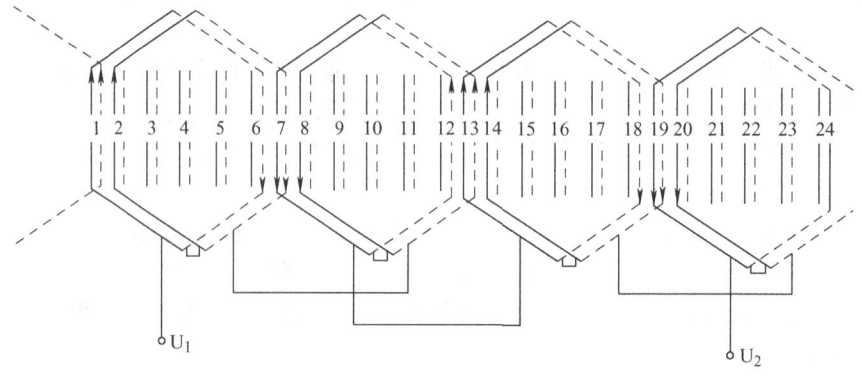

图 6-10 双层短距叠绕组 U 相展开图

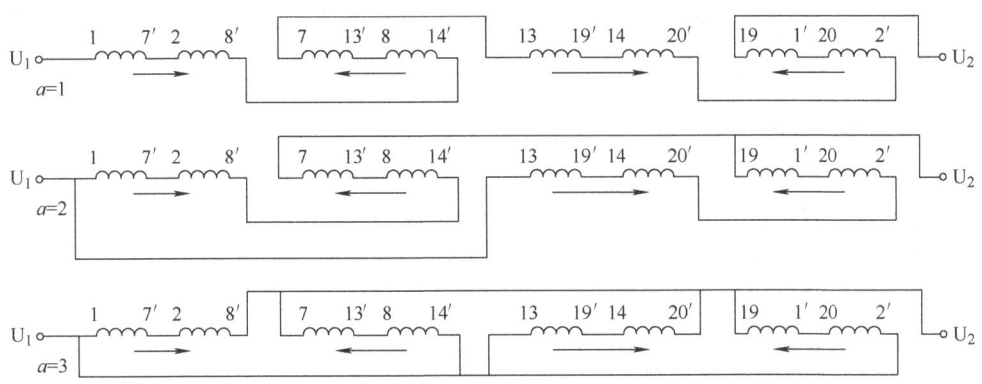

图 6-11 以 U 相为例说明并联支路

由以上分析可见，整距绕组任一槽中的上下层边都属于同一相，各边电动势相加的情况与单层绕组相同。短距绕组有的槽中，上层与下层边不属于同一相，同一相绕组上层边与下层边之间错开一个或几个槽距，大小为节距缩短的距离，用短距角 β 表示。即上层边电动势和下层边电动势的相位差是 $(180°-\beta)$ 电角度，这在合成电动势时要考虑到。

第四节 正弦分布磁场下绕组的感应电动势

当气隙磁场按正弦波分布，则绕组中感应电动势波形接近正弦波。绕组构成的顺序是导体、线圈、线圈组、相绕组，按此顺序分析各组成部分的电动势，即推导相绕组的感应电动势，先分析一个线圈的电动势，再求线圈组的电动势，最后根据线圈组间的连接方式求出每相绕组电动势。

一、导体电动势

假设气隙磁场在空间按正弦波分布，其最大磁感应强度为 B_{m1}，有

$$B_\delta = B_{m1}\sin\alpha \tag{6-5}$$

当导体与磁场相对运动时，导体中感应电动势将随时间按正弦规律变化。若相对转速用每秒转过的电弧度 ω（角频率）表示，当时间为 t 秒时，转过的电角度 $\alpha=\omega t$，导体中感应的电动势为

$$e_{c1} = B_\delta lv = B_{m1}lv\sin\omega t = E_{c1m}\sin\omega t \tag{6-6}$$

式中 $E_{c1m}=B_{m1}lv$——导体电动势的最大值。

导体电动势的有效值为

$$\begin{aligned}E_{c1} &= \frac{E_{c1m}}{\sqrt{2}} = \frac{B_{m1}lv}{\sqrt{2}} = \frac{B_{m1}l}{\sqrt{2}}\frac{\pi D n}{60} = \frac{\pi}{2}B_{av}\frac{l}{\sqrt{2}}\frac{2p\tau n}{60} \\ &= \frac{\pi}{\sqrt{2}}B_{av}l\tau f = \frac{\pi}{\sqrt{2}}f\Phi_1 = 2.22f\Phi_1\end{aligned} \tag{6-7}$$

式中 B_{av}——正弦分布磁感应强度的平均值，$B_{av}=\dfrac{2}{\pi}B_{m1}$；

Φ_1——每极磁通，$\Phi_1=B_{av}l\tau$；

f——感应电动势频率，$f=\dfrac{pn}{60}$。

当磁通的单位为 Wb，频率单位为 Hz 时，电动势的单位为 V，下标"1"指基波。

二、线圈电动势和短距系数

1. 整距线圈的电动势

假定线圈只有一匝，即有两根有效导体，它们在空间相隔一个极距 τ，当一根导体位于 N 极下最大磁感应强度处时，另一根导体恰好位于 S 极下最大磁感应强度处，如图 6-12 所示。

两根导体的感应电动势相量大小相等，时间上相差 180°，整距线圈的电动势基波 E_{t1} 等于两有效导体电动势 $\dot{E}_{c1}$ 与 $\dot{E}'_{c1}$ 之差，即

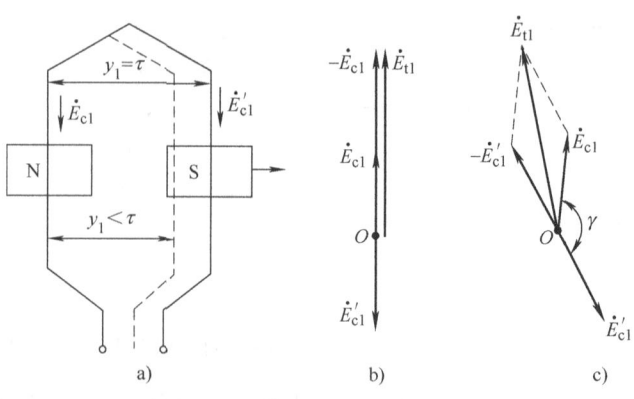

图 6-12 线圈电动势计算

$$\dot{E}_{t1} = \dot{E}_{c1} - \dot{E}'_{c1} = 2\dot{E}_{c1}$$

有效值为
$$E_{t1} = 2E_{c1} = 4.44f\Phi_1$$

2. 短距线圈的电动势和短距系数

对短距线圈而言，$y_1 < \tau$，即跨距为 $\gamma = \dfrac{y_1}{\tau} \times 180°$，线圈电动势为

$$\dot{E}_{t1,y<\tau} = \dot{E}_{c1} - \dot{E}'_{c1} = \dot{E}_{c1} + (-\dot{E}'_{c1})$$

有效值为

$$E_{t1,y<\tau} = 2E_{c1}\cos\frac{180°-\gamma}{2} = 2E_{c1}\sin\frac{\gamma}{2}$$

$$= 2E_{c1}\sin\frac{y_1}{\tau}90° = 4.44k_{y1}f\Phi_1 \tag{6-8}$$

$$k_{y1} = \frac{E_{t1}}{2E_{c1}} = \sin\frac{y_1}{\tau}90°$$

式中，k_{y1} 称为线圈的短距系数。$y_1 \neq \tau$ 时，$k_{y1} < 1$，表明短距线圈的电动势 E_{t1} 比整距线圈的电动势 E_{c1} 有所减少。

3. 多匝线圈电动势

当线圈有 N_c 匝时，线圈电动势为

$$E_{y1} = N_c E_{t1} = 4.44N_c k_{y1} f\Phi_1 \tag{6-9}$$

三、线圈组电动势和分布系数

实用中电机均采用分布绕组，每个线圈组由 q 个线圈串联组成，线圈感应电动势相位差为 α 电角度，大小与槽距角 α 一致。线圈组的电动势等于 q 个线圈电动势的相量和，如图 6-13 所示，图 6-13 中 O 点为线圈电动势相量构成的正多边形外接圆的圆心，R 为半径。

以 $q=3$ 为例，从几何关系可得线圈组合成电动势的有效值为

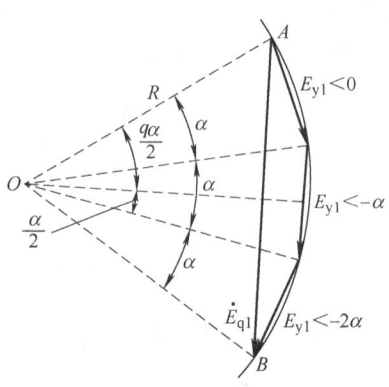

图 6-13 线圈电动势相量图

$$E_{q1} = \overline{AB} = 2R\sin\frac{q\alpha}{2} = \frac{E'_{y1}}{\sin\frac{\alpha}{2}}\sin\frac{q\alpha}{2}$$

$$= qE_{y1}\frac{\sin\frac{q\alpha}{2}}{\sin\frac{\alpha}{2}} = qE_{y1}k_{q1} \tag{6-10}$$

$$= 4.44qN_c k_{y1} k_{q1} f\Phi_1$$

式中
$$k_{q1} = \frac{E_{q1}(q\text{ 个分布线圈的合成电动势})}{qE_{y1}(q\text{ 个集中线圈的合成电动势})} = \frac{\sin\frac{q\alpha}{2}}{q\sin\frac{\alpha}{2}} \tag{6-11}$$

k_{q1} 称为绕组的分布系数。$q > 1$ 时，$k_{q1} < 1$。表示线圈组 q 个线圈电动势的相量和要比其代数和小，且有

$$k_{N1} = k_{y1} k_{q1}$$

k_{N1} 称为绕组系数，它代表考虑到短距和分布的影响，线圈组所有导体电动势的相量和与代数和的比值。

四、绕组的相电动势和线电动势

把一相所串联的线圈组电动势相加即得到相绕组的电动势，就是一相中一条支路的电动势。用 N 表示每相绕组总的串联匝数，相电动势为

$$E_{\varphi 1} = 4.44 N k_{N1} f\Phi_1 \tag{6-12}$$

则单层绕组 a 条支路并联时，$N = \dfrac{pqN_c}{a}$

双层绕组 a 条支路并联时，$N = \dfrac{2pqN_c}{a}$

由以上的分析可见，旋转电机感应电动势公式与变压器感应电动势公式有相同形式，这是由于它们线圈中所交链的磁通变化规律相同，都是按正弦规律变化。不同的是变压器线圈中磁通变化是由于磁场幅值随时间而变化，旋转电机磁场幅值不随时间变化，磁场与线圈之间有相对运动，使线圈中交链的磁通随时间变化。

交流绕组的线电动势与绕组的接法有关。三相对称绕组星形联结时，线电动势为相电动势的 $\sqrt{3}$ 倍；三角形联结时，线电动势等于相电动势。

第五节 谐波电动势及其削弱方法

一、非正弦磁场下绕组的感应电动势

同步电机中气隙的磁场实际上不完全按正弦规律分布，根据傅里叶级数可分解为正弦分布的基波和一系列奇次谐波，如图 6-14 所示。它们随转子而旋转，因此定子绕组中不仅感应基波电动势，还感应有谐波电动势，谐波电动势的计算公式与基波电动势类似，v 次谐波电动势为

$$E_{\varphi v} = 4.44 N k_{Nv} f_v \Phi_v = 4.44 N k_{yv} k_{qv} f_v \Phi_v \tag{6-13}$$

式中　f_v——v 次谐波电动势的频率；
　　　k_{yv}——v 次谐波电动势的短距系数；
　　　k_{qv}——v 次谐波电动势的分布系数；
　　　k_{Nv}——v 次谐波电动势的绕组系数；
　　　Φ_v——v 次谐波的每极磁通。

因 v 次谐波磁场的极对数为基波磁场极对数的 v 倍，则 v 次谐波磁场的极距为基波磁场极距的 $\dfrac{1}{v}$，有 $\tau_v = \dfrac{1}{v}\tau$，$v$ 次谐波磁场的每极磁通为

$$\Phi_v = \frac{2}{\pi}B_{mv}\tau_v l = \frac{2}{\pi}\frac{1}{v}B_{mv}\tau l \quad (6\text{-}14)$$

式中　B_{mv}——v 次谐波磁场的磁感应强度幅值。

v 次谐波磁场与基波磁场以同一速度旋转，二者的转速均为转子转速 n。极对数

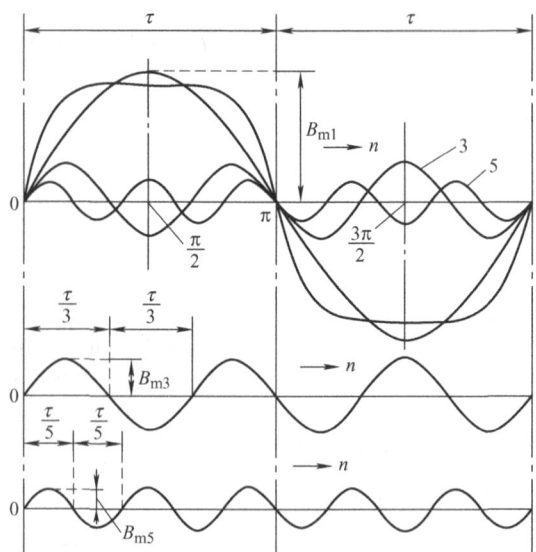

图 6-14　气隙磁感应强度波分解为各次谐波

为基波磁场的 v 倍，即 $p_v = vp$，则 v 次谐波电动势的频率为

$$f_v = \frac{p_v n_v}{60} = \frac{vpn}{60} = vf_1 \quad (6\text{-}15)$$

对 v 次谐波而言，由于极对数增加为 v 倍，故相应的电角度也增加为 v 倍，则有

$$k_{Nv} = k_{yv}k_{qv} \quad (6\text{-}16)$$

$$k_{yv} = \sin\frac{vy_1}{\tau}90° \quad (6\text{-}17)$$

$$k_{qv} = \frac{\sin v\dfrac{q\alpha}{2}}{q\sin v\dfrac{\alpha}{2}} \quad (6\text{-}18)$$

二、谐波电动势的削弱方法

1. 谐波电动势的影响

考虑谐波电动势后，相电动势的有效值为

$$E_\varphi = \sqrt{E_{\varphi 1}^2 + E_{\varphi 3}^2 + E_{\varphi 5}^2 + \cdots}$$
$$= E_{\varphi 1}\sqrt{1 + \left(\frac{E_{\varphi 3}}{E_{\varphi 1}}\right)^2 + \left(\frac{E_{\varphi 5}}{E_{\varphi 1}}\right)^2 + \cdots} \quad (6\text{-}19)$$

各高次谐波与基波相比，其值很小。高次谐波电动势的存在对相电动势的大小影响很小，主要是影响电动势的波形，使电动势波形畸变，产生的不良影响主要表现为：①引起电机损耗增加，温升增高，效率降低；②引起输电线路自身的分布电感和电容发生谐振，产生过电压；③使输电线路损耗增加，并对邻近的通信线路产生干扰；④使感应电动机产生附加损耗和附加转矩，影响其运行性能。

2. 减小高次谐波电动势的方法

1）使气隙磁场接近正弦波。凸极电机改变转子极靴宽度和气隙长度，隐极电机合理地

安排励磁绕组，是消除和减少绕组高次谐波电动势最有效的措施。

2）采用短距绕组。选 $y_1 = \dfrac{5}{6}\tau$，可以使5、7次谐波较大削弱。

3）采用分布绕组。绕组的分布因数与其电动势大小成正比，随 q 的增加，谐波分布因数减少很多，使谐波电动势大大削弱。

4）3次和3的倍数次谐波的消除。这些谐波电动势在三相绕组中同大小、同相位，定子绕组采用星形联结时，线电动势为两相电动势之差，故等于零。当采用三角形联结时，3次和3的倍数的各次谐波电动势在闭合的三角形电路中被短接而形成环流，只残留微小的电压降，线电动势中也不会出现这类谐波。但三次谐波环流会增加附加损耗，所以现代同步发电机多采用星形联结。

例 6-4 一台汽轮发电机 $Z = 36$，$2p = 2$，$y_1 = 14$，每个线圈匝数 $N_c = 1$，$a = 1$，$f = 50\text{Hz}$，$\Phi_m = 2.63\text{Wb}$。求：（1）线圈电动势；（2）线圈组电动势；（3）相电动势。

解：

$$\tau = \frac{Z}{2p} = \frac{36}{2} = 18$$

$$k_{y1} = \sin\frac{y_1}{\tau}90° = \sin\frac{14}{18}\times 90° = 0.94$$

$$q = \frac{Z}{2pm} = \frac{36}{2\times 3} = 6$$

$$\alpha = \frac{p\times 360°}{Z} = \frac{1\times 360°}{36} = 10°$$

（1）线圈电动势

$$E_{t1} = 4.44fN_c k_{y1}\Phi_m = 4.44\times 50\times 1\times 0.94\times 2.63\text{V} = 548.8\text{V}$$

$$k_{q1} = \frac{\sin\dfrac{q\alpha}{2}}{q\sin\dfrac{\alpha}{2}} = \frac{\sin\dfrac{6\times 10°}{2}}{6\times\sin\dfrac{10°}{2}} = 0.956$$

$$k_{N1} = k_{y1}k_{q1} = 0.94\times 0.956 = 0.899$$

（2）线圈组电动势

$$E_{q1} = 4.44fN_c q k_{N1}\Phi_m = 4.44\times 50\times 1\times 6\times 0.899\times 2.63\text{V} = 3149.3\text{V}$$

每相串联匝数

$$N = \frac{2pN_c}{\alpha} = 12$$

（3）相电动势

$$E_{\varphi 1} = 4.44fNk_{N1}\Phi_m = 4.44\times 50\times 12\times 0.899\times 2.63\text{V} = 6298.7\text{V}$$

思 考 题

6-1 什么是相带？在三相电机中为何常用60°相带绕组，不用120°相带绕组？

6-2 什么是槽导体电动势星形图？怎样利用槽导体电动势星形图来安排三相绕组？

6-3 为什么单层链式绕组采用短距只是外形上的短距，实质上是整距绕组？

6-4 说明单层绕组和双层绕组各自的特点和适用的范围。

6-5 对三相交流电动势的基本要求有哪些？如何达到？

6-6 基波短距系数和分布系数的物理意义是什么？为什么它们的值均小于1？

6-7 谐波电动势产生的原因是什么？如何削弱它们？

习　　题

6-1　三相单层分布绕组，$Z=18$，$2p=2$。画出一相单层绕组展开图。

6-2　三相双层短距分布绕组，$Z=36$，$2p=4$，$y_1=\tau$，画出一相叠绕组展开图。

6-3　电机每极面下有 9 个槽，试计算下列情况下绕组的分布系数：（1）绕组分布在 9 个槽中；（2）绕组占每极 $\frac{2}{3}$ 总槽数，120°相带；（3）三个相等绕组布置在 60°相带中。

6-4　三相双层短距绕组，$Z=24$，$2p=4$，线圈节距 $y_1=\frac{5}{6}\tau$，试求基波和 3 次、5 次谐波绕组系数。

6-5　三相双层绕组，$Z=36$，$2p=2$，$y=14$，$N_c=1$，$f=50\mathrm{Hz}$，$\Phi_m=2.63\mathrm{Wb}$。试求：（1）导体电动势；（2）线圈电动势；（3）线圈组电动势；（4）绕组相电动势。

6-6　三相单层绕组，丫联结，$Z=36$，$2p=4$，$N_c=10$，气隙每极基波磁通 $\Phi_1=0.0172\mathrm{Wb}$，3 次谐波磁通 $\Phi_3=0.1\Phi_1$，$f=50\mathrm{Hz}$。试求：（1）基波和 3 次谐波相电动势；（2）每相合成电动势；（3）线电动势。

6-7　三相双层绕组，$2p=2$，$f=50\mathrm{Hz}$，气隙磁场的基波分量 $\Phi_m=0.1505\mathrm{Wb}$，$Z=60$，每相串联匝数 $N_c=200$，试求：（1）绕组为整距绕组时，基波绕组系数和 5 次谐波绕组系数；（2）整距绕组的基波相电动势；（3）要消除 5 次谐波，绕组节距应如何选择？此时基波相电动势为多少？

第七章 交流绕组的磁动势

电流会产生磁动势及相应的磁场。由于交流绕组一般采用分布绕组，绕组中流过随时间变化的交变电流，则交流电流产生的磁动势不仅是空间函数，且是时间函数。

本章讨论每极每相槽数 q 为整数的情况。分析交流绕组磁动势的大小、波形和性质。讨论的过程按整距线圈的磁动势→单层绕组一相的磁动势→双层绕组一相的磁动势→三相绕组的合成磁动势进行。同时简要介绍不对称三相电流流过对称三相绕组的基波磁动势以及磁动势的高次谐波分量。

为使分析简化，这里给出假设：①绕组中的电流随时间按正弦规律变化，不考虑高次谐波电流；②槽内电流集中在槽中心处；③定、转子间的气隙均匀，不考虑由于齿槽引起的气隙磁阻变化，即认为气隙磁阻是常数；④铁心磁路不饱和，略去定、转子铁心的磁压降。

第一节 单相绕组的磁动势

一、整距线圈的磁动势

1. 两极磁场的建立

图 7-1 所示为任一整距线圈通电后的磁场分布。气隙磁场为一对磁极，由于气隙均匀，两边的气隙磁感应强度分布相同。

2. 气隙磁动势的大小和波形

按照全电流定律，线圈匝数为 N_c，导体中流过的电流为 i_c，则作用在磁路上的磁动势为 $N_c i_c$，每段气隙磁动势为 $\frac{1}{2}N_c i_c$，空间分布波是如图 7-2 所示的矩形波，纵坐标的正负表示极性，假定磁通由定子进入转子为正，反之为负。

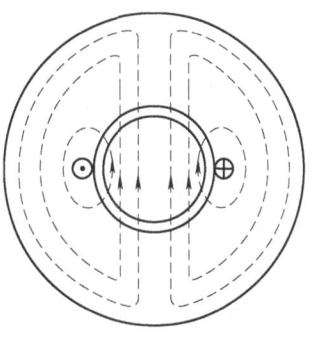

图 7-1 两极磁动势

为写出交流磁动势的空间表示式，把电机沿气隙圆周展开成直线。其横坐标表示气隙圆周所对应的电角度，纵坐标表示交流磁动势的大小。

设 $i_c = \sqrt{2} I_c \sin\omega t$，则磁动势的最大值 $F_c = \frac{1}{2}\sqrt{2} I_c$，大小在正负幅值之间变化，空间位置固定不变。由于电流随时间按正弦规律变化，磁动势波的高度也随时间按正弦规律变化，即电流为零，波的高度为零；电流最大，波的高度最大；电流改变方向，波的高度也改变方向。称这种空间位置固定不变，波幅的大小和正负随时间变化的磁动势为脉振磁动势。

3. 矩形波的分解

将矩形波用傅里叶级数分解,横坐标取空间电角度,得到基波及一系列奇次谐波如图 7-3 所示,为简便起见图中只画出了基波、3 次和 5 次谐波,即

$$F_{cm} = \frac{1}{2}\sqrt{2} N_c I_c \sin\omega t \left[\frac{4}{\pi}\left(\sin x + \frac{1}{3}\sin 3x + \frac{1}{5}\sin 5x + \cdots \right)\right] \quad (7\text{-}1)$$

$$= F_{c1}\sin\omega t \sin x + F_{c3}\sin\omega t \sin 3x + F_{c5}\sin\omega t \sin 5x + \cdots$$

式中 $F_{c1} = \frac{4}{\pi} \times \frac{1}{2}\sqrt{2} N_c I_c = 0.9 N_c I_c$;

F_{cv}——磁动势的 v 次谐波幅值 ($v=3,5,7,\cdots$),$F_{cv} = \frac{1}{v} F_{c1}$;

x——沿气隙空间的电角度。

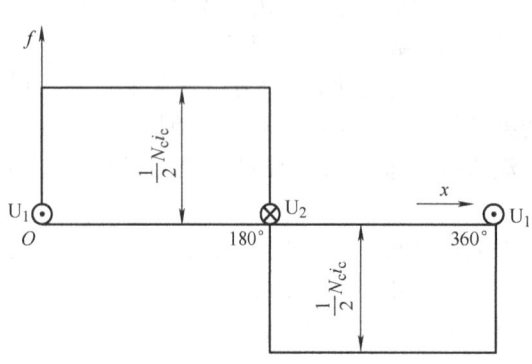

图 7-2 磁动势分布波

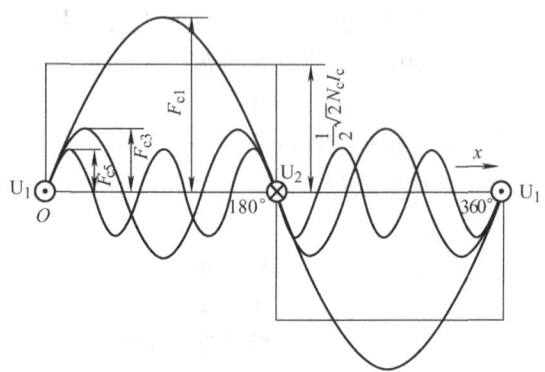

图 7-3 矩形波分解为基波和各次谐波

二、单层绕组一相的磁动势

对两极电机,单层绕组一相只有一个线圈组,在每对极面下 q 个线圈组成线圈组,各线圈空间依次相距 α 电角度,当其中流过电流,可产生 q 个幅值相等的矩形磁动势波,空间相距 α 电角度,并可合成为图 7-4a 中所示的阶梯波。图 7-4b 所示为各线圈磁动势基波合成的磁动势基波。三个矩形磁动势波的三个基波磁动势分量,它们幅值相等,空间相差 α 电角度,把三个正弦波曲线相加即得到幅值为 F_{q1} 的线圈组的磁动势基波。

基波磁动势在空间按正弦规律分布,用空间矢量表示,如图 7-4c、d 所示。矢量 $\boldsymbol{F}_{c1}$ 的长度代表一个线圈磁动势的基波幅值,其位置表示幅值与空间参考轴的距离,线圈组磁动势的基波则由 q 个相差 α 电角度的线圈磁动势的基波矢量相加,这个矢量和要比各线圈的代数和小,与线圈组基波电动势的合成相似,因而引入分布系数 k_{q1} 计算线圈分布的影响。

线圈组磁动势基波幅值为

$$F_{q1} = qF_{c1}k_{q1} = 0.9qN_c k_{q1} I_c \quad (7\text{-}2)$$

式中 k_{q1}——磁动势的基波分布系数,$k_{q1} = \dfrac{\sin\dfrac{q\alpha}{2}}{q\sin\dfrac{\alpha}{2}}$。

同理,线圈组磁动势的 v 次谐波幅值为

$$F_{qv} = qF_{cv}k_{qv} = 0.9q \frac{N_c k_{qv}}{v} I_c \quad (7\text{-}3)$$

式中 $k_{qv} = \dfrac{\sin v \dfrac{q\alpha}{2}}{q \sin v \dfrac{\alpha}{2}}$ —— v 次谐波的分布系数。

单层绕组一相的磁动势表示式为

$$f_\varphi = 0.9 q N_c I_c \sin\omega t \left(k_{q1} \sin x + \frac{1}{3} k_{q3} \sin 3x + \frac{1}{5} k_{q5} \sin 5x + \cdots \right)$$

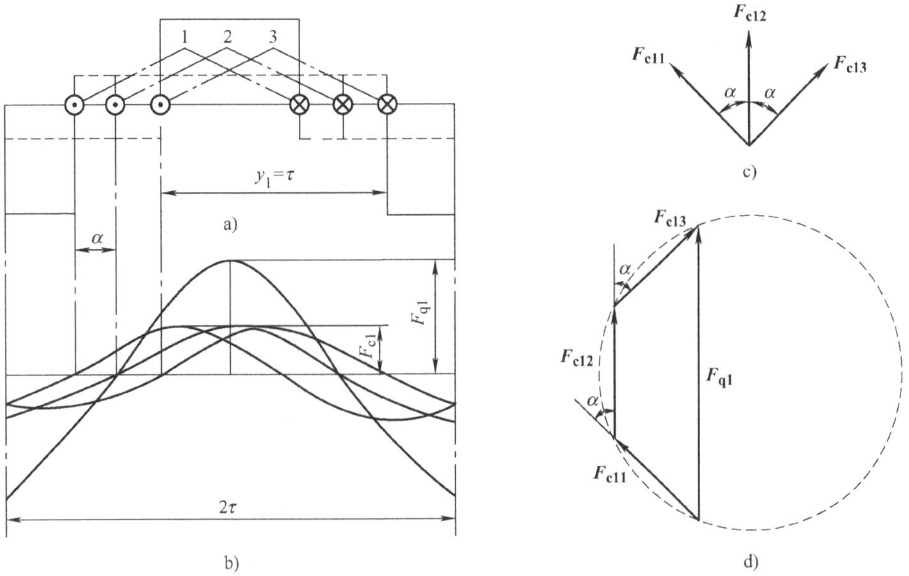

图 7-4 线圈组的磁动势

三、双层绕组一相的磁动势

双层绕组每对极有两个线圈组，单层绕组每对极下有一个线圈组，双层绕组通常是短距线圈组，槽中电流分布如图 7-5a 所示。磁动势的大小和波形由线圈中电流在空间的分布决定，与线圈边之间的连接次序无关，可以把上层、下层各看成一个单层整距线圈组，两个单层线圈组在空间相差的电角度等于线圈节距比整距缩短的电角度 $\beta = \dfrac{\tau - y_1}{\tau} 180°$。即可先求出各单层线圈组磁动势基波，叠加得到双层短距线圈组一相磁动势的基波。也就是说一相绕组的磁动势并不是组成每相绕组的所有线圈产生磁动势的合成，而是指该相绕组在一对极下的线圈组所产生的合成磁动势，如图 7-5b 所示，其空间矢量表示形式如图 7-5c 所示。

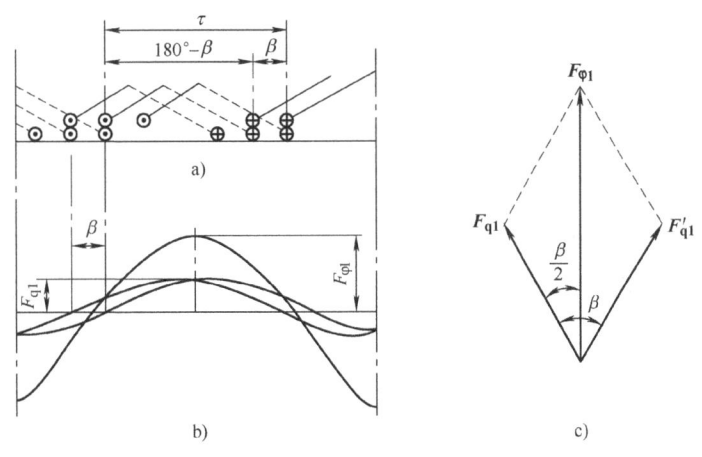

图 7-5 双层短距线圈组一相的磁动势

$$F_{\varphi 1} = 2F_{q1}\cos\frac{\beta}{2} = 2F_{q1}\sin\frac{y_1}{\tau}90°$$

$$= 0.9I_c(2qN_c)k_{q1}k_{y1} = 0.9I_c(2qN_c)k_{N1} \tag{7-4}$$

双层绕组中，$N = \frac{2p}{a}qN_c$，$I = aI_c$，有 $2qN_c = \frac{a}{p}N$，$I_c = \frac{I}{a}$，带入式(7-4)，得

$$F_{\varphi 1} = 0.9\left(\frac{a}{p}N\right)\frac{I}{a}k_{N1} = 0.9\frac{IN}{p}k_{N1} \tag{7-5}$$

同理，可得到高次谐波幅值为

$$F_{\varphi v} = 0.9\frac{IN}{vp}k_{qv}k_{yv} = 0.9\frac{IN}{vp}k_{Nv} \tag{7-6}$$

一相绕组磁动势瞬时值表达式为

$$f_\varphi = 0.9\frac{N}{p}I\sin\omega t\left(k_{N1}\sin x + \frac{1}{3}k_{N3}\sin 3x + \frac{1}{5}k_{N5}\sin 5x + \cdots\right) \tag{7-7}$$

得到结论：

1）单相分布绕组的磁动势在电机的气隙空间呈阶梯形分布，幅值随时间按正弦规律变化。

2）磁动势的基波分量是磁动势的主要成分，谐波次数越高，幅值越小，绕组按分布式设计和适当短距有利于改善磁动势波形。

3）基波和各次谐波分量有相同的脉振频率，都决定于电流的频率。

4）如基波极对数为 p，则 v 次谐波的极对数为 $p_v = vp$；如基波极距为 τ，则 v 次谐波的极距 $\tau_v = \frac{\tau}{v}$。

5）单相磁动势基波的最大幅值为 $0.9k_{N1}\frac{NI}{p}$，其幅值位置处在相绕组的轴线上。各次波都有一个幅值位置在相绕组的轴线上，其正负由绕组系数的正负决定。

6）单相磁动势基波即是一对极下一相绕组的磁动势，双层绕组含两个线圈组，单层绕组只含一个线圈组。

四、脉振磁动势分解为两个旋转磁动势

已知单相脉振磁动势基波的表达式为

$$F_{\varphi 1} = 0.9\frac{Nk_{N1}}{p}I\sin\omega t\sin x = F_{\varphi 1}\sin\omega t\sin x = F_\varphi\sin x \tag{7-8}$$

式中 $F_\varphi = F_{\varphi 1}\sin\omega t$。

可见，脉振磁动势的基波沿电机气隙空间按正弦规律分布。磁动势波的节点和幅值位置不变，幅值位置总是在 $x = \frac{\pi}{2}$ 和 $x = \frac{3\pi}{2}$ 处。

根据三角恒等式将式(7-8)分解成两项，即

$$F_{\varphi 1}\sin\omega t\sin x = \frac{1}{2}F_{\varphi 1}\cos(\omega t - x) + \frac{1}{2}F_{\varphi 1}\cos(\omega t + x - \pi) \tag{7-9}$$

分析式(7-9)等号右边的第一项 $\frac{1}{2}F_{\varphi 1}\cos(\omega t - x)$，可见：①在空间按余弦规律分布；②幅值等于 $\frac{1}{2}F_{\varphi 1}$ 且不变；③幅值位置在 $(\omega t - x) = 0$ 处。当 $\omega t = 0$, $x = 0$；当 $\omega t = \pi/2$, $x = \pi/2$；当 $\omega t = \pi$, $x = \pi$。该项磁动势波幅值的位置随时间推移，朝着 x 轴的正方向有规律地移动，这表明该磁动势分量具有旋转性质，旋转方向为正向，称为正向旋转磁动势。

分析式(7-9)等号右边的第二项 $\frac{1}{2}F_{\varphi 1}\cos(\omega t + x - \pi)$，可见：①在空间按余弦规律分布；②幅值为 $\frac{1}{2}F_{\varphi 1}$ 且不变；③幅值位置在 $(\omega t + x - \pi) = 0$ 处，当 $\omega t = 0$, $x = \pi$；当 $\omega t = \pi/2$, $x = \pi/2$；当 $\omega t = \pi$, $x = 0$。该项磁动势波幅值的位置随时间推移，朝着 x 轴的反方向有规律地移动。这表明该磁动势分量具有旋转性质，旋转方向为反向，称为负向旋转磁动势。

结论：在空间按正弦规律分布，且随时间按正弦规律变化的脉振磁动势可分解为两个旋转磁动势分量。每个旋转磁动势的幅值为脉振磁动势幅值的一半，它们的旋转速度相同，但旋转方向相反，如图7-6所示。

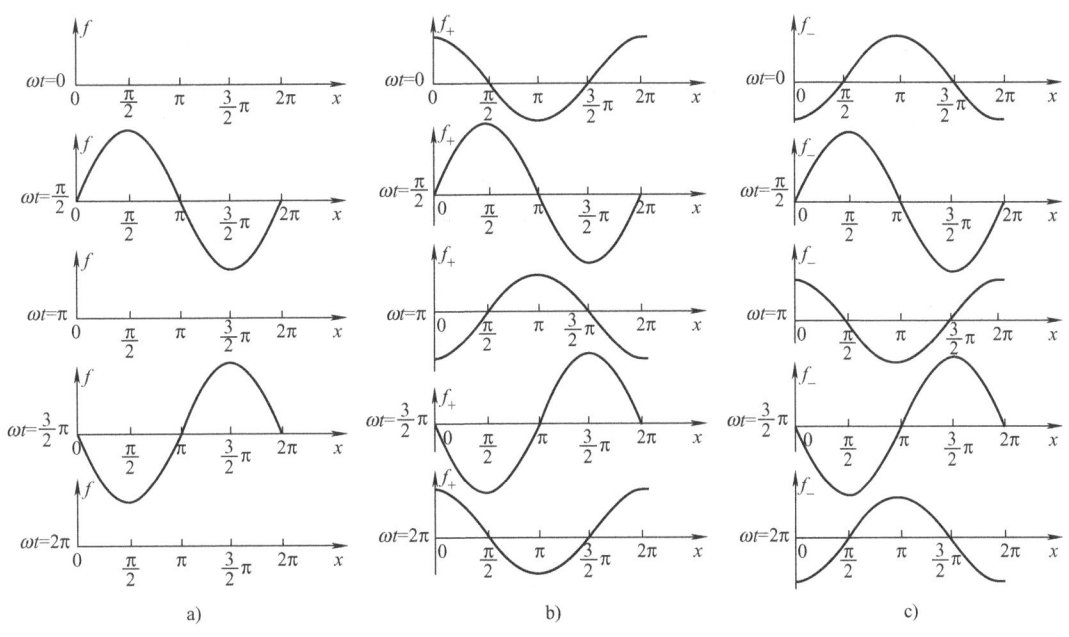

图7-6 脉振磁动势分布波分解为两个旋转磁动势
a) 脉振磁动势波 b) 正向旋转磁动势分量 c) 反向旋转磁动势分量

已知随时间按正弦规律变化的物理量，如交流电流、电压、磁通、电动势等，在选定的时间参考轴上可用时间相量来表示，相量的长度等于该物理量的有效值，旋转角速度 ω 等于该物理量随时间交变的角频率，即 $\omega = 2\pi f$。同理，在空间按正弦规律分布的磁动势，也可以在选定的空间参考轴上用空间矢量表示，矢量的长度等于该正弦波的幅值，它与空间参考轴的夹角表示幅值的位置。因此，可将上述的正向和负向旋转磁动势表示为 $\boldsymbol{F}_+$、$\boldsymbol{F}_-$，如图7-7所示，即

$$\begin{cases} \boldsymbol{F}_+ = \dfrac{1}{2}F_{\varphi 1}\cos(\omega t - x) \\ \boldsymbol{F}_- = \dfrac{1}{2}F_{\varphi 1}\cos(\omega t + x - \pi) \end{cases} \quad (7\text{-}10)$$

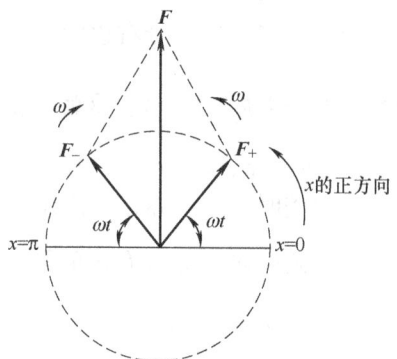

当 $t=0$ 时，$\boldsymbol{F}_-$ 位于 $x=\pi$，$\boldsymbol{F}_+$ 位于 $x=0$，两者恰好相反，合成 $\boldsymbol{F}=\boldsymbol{F}_++\boldsymbol{F}_-=0$，即该瞬间磁动势为零，当 $\omega t=\dfrac{\pi}{2}$，$\boldsymbol{F}_+$ 和 $\boldsymbol{F}_-$ 都在 $\dfrac{\pi}{2}$ 处，$\boldsymbol{F}$ 最大，该瞬间脉振磁动势的幅值为 $F_{\varphi 1}$。

由以上分析可见，$\boldsymbol{F}_+$、$\boldsymbol{F}_-$ 幅值相同，以相同角速度 ω 向相反方向旋转，不论在任何瞬间，$\boldsymbol{F}$ 的空间位置固定不变地位于该绕组的轴线处，人们称绕组的轴线为磁轴或相轴。

图 7-7 脉振磁动势分解为两个向相反方向旋转的旋转磁动势分量（用空间矢量表示）

第二节 对称三相电流流过对称三相绕组的基波磁动势

对称三相绕组是指跨距、匝数等相同的三相绕组，它们在空间依次相差 120°电角度，由此各相的相轴在空间也相差 120°电角度。对称三相电流指最大值相同，时间相位互差 120°的三相电流。图 7-8 所示为三相绕组示意图，用集中绕组代替实际绕组，相序为 U – V – W，各相绕组流过各相电流时，均产生一个作用在各自相轴上的脉振磁动势。

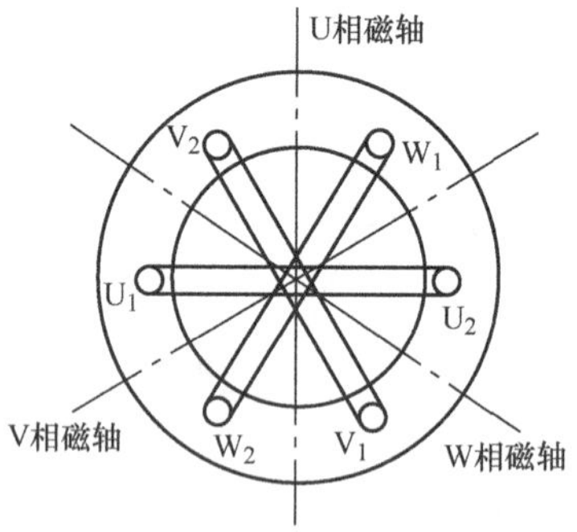

图 7-8 三相绕组

1. 解析法

设三相电流瞬时值表达式为

$$\begin{cases} i_\text{U} = \sqrt{2}I\sin\omega t \\ i_\text{V} = \sqrt{2}I\sin(\omega t - 120°) \\ i_\text{W} = \sqrt{2}I\sin(\omega t + 120°) \end{cases} \quad (7\text{-}11)$$

各相磁动势基波分量表示式为

$$\begin{cases} f_\text{U1} = \dfrac{1}{2}\times\dfrac{4}{\pi}\dfrac{Nk_\text{N1}}{p}i_\text{U}\sin x \\ f_\text{V1} = \dfrac{1}{2}\times\dfrac{4}{\pi}\dfrac{Nk_\text{N1}}{p}i_\text{V}\sin(x-120°) \\ f_\text{W1} = \dfrac{1}{2}\times\dfrac{4}{\pi}\dfrac{Nk_\text{N1}}{p}i_\text{W}\sin(x+120°) \end{cases} \quad (7\text{-}12)$$

将三相电流表达式(7-11) 代入式(7-12) 得到

$$\begin{cases} f_\text{U1} = F_{\varphi 1}\sin\omega t\sin x \\ f_\text{V1} = F_{\varphi 1}\sin(\omega t-120°)\sin(x-120°) \\ f_\text{W1} = F_{\varphi 1}\sin(\omega t+120°)\sin(x+120°) \end{cases} \quad (7\text{-}13)$$

将各相脉振磁动势分解成两个大小相等，方向相反的旋转磁动势，即

$$\begin{cases} f_{U1} = \dfrac{1}{2}F_{\varphi1}\cos(\omega t - x) - \dfrac{1}{2}\cos(\omega t + x) \\ f_{V1} = \dfrac{1}{2}F_{\varphi1}\cos(\omega t - x) - \dfrac{1}{2}\cos(\omega t + x + 120°) \\ f_{W1} = \dfrac{1}{2}F_{\varphi1}\cos(\omega t - x) - \dfrac{1}{2}\cos(\omega t + x - 120°) \end{cases} \quad (7\text{-}14)$$

式(7-14)中，三个正向旋转磁场均相同，可直接相加。三个负向旋转磁场空间互差120°电角度，它们相加的结果为零，由此得到三相绕组合成磁动势的基波表达式为

$$\begin{aligned} f_1 &= f_{U1} + f_{V1} + f_{W1} \\ &= \dfrac{3}{2}F_{\varphi1}\cos(\omega t - x) \\ &= F_1\cos(\omega t - x) \end{aligned} \quad (7\text{-}15)$$

式中 F_1——三相基波磁动势幅值，$F_1 = \dfrac{3}{2}F_{\varphi1} = 1.35\dfrac{NI}{p}k_{N1}$。

故对称三相绕组通入对称三相电流产生的合成磁动势为一个旋转磁动势。

2. 图解法

将三相脉振磁动势分别用 F_U、F_V、F_W 表示，它们始终位于各相绕组的相轴上，大小和方向决定于不同时刻电流的大小和方向，合成磁动势 F 即是三相磁动势的矢量和。

图 7-9 所示为 4 个不同瞬间的三相瞬时电流的方向、它们产生的磁动势及合成磁动势的空间矢量图，从图中可以看到三相合成磁动势的基波是旋转磁动势。电流变化多少电角度，合成磁动势也在空间转过相同的空间电角度；某相电流达到最大值，合成磁动势的幅值就位于该相绕组的相轴上，当电流相序为 U - V - W 时，合成磁动势的转向为 U 轴- V 轴- W 轴。

由以上分析可以得到结论为：

1）对称三相电流流过对称三相绕组时，产生的合成磁动势的基波是一个幅值恒定的旋转磁动势。

2）基波旋转磁动势的极数与绕组极数相同。

3）合成磁动势基波的幅值为每相脉振磁动势幅值的 1.5 倍，并保持常数。

4）合成旋转磁动势的转速称为同步转速 n_1，$n_1 = \dfrac{60f}{p}$。

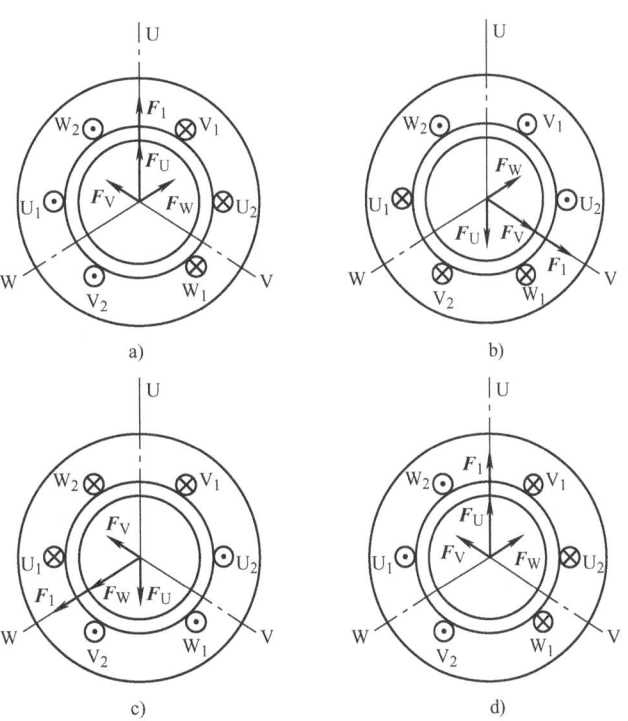

图 7-9 三相合成磁动势的图解

a) $\omega t = 0°$　b) $\omega t = 120°$　c) $\omega t = 240°$　d) $\omega t = 360°$

5) 幅值位置由绕组电流大小决定，当某相绕组电流达到最大值时，合成磁动势的幅值正好处在该相绕组的相轴上。

6) 旋转方向与电流相序有关，即总是由从超前电流的相轴转向滞后电流的相轴。改变电流相序即可改变旋转磁场的旋转方向。

*第三节　不对称三相电流流过对称三相绕组的基波磁动势

分析不对称电流（三相电流幅值不相等或三相电流时间相量不是互差120°）流过三相绕组产生的磁动势，同样可以参照第二节的分析方法，将各相的脉振磁动势分解为两个方向相反的旋转磁动势，然后再叠加。

应用对称分量法将不对称三相电流分解为对称的正序系统、负序系统和零序系统，即

$$\begin{cases} i_U = \sqrt{2}I_+ \sin(\omega t + \theta_+) + \sqrt{2}I_- \sin(\omega t + \theta_-) + \sqrt{2}I_0 \sin(\omega t + \theta_0) \\ i_V = \sqrt{2}I_+ \sin(\omega t + \theta_+ - 120°) + \sqrt{2}I_- \sin(\omega t + \theta_- + 120°) + \sqrt{2}I_0 \sin(\omega t + \theta_0) \\ i_W = \sqrt{2}I_+ \sin(\omega t + \theta_+ + 120°) + \sqrt{2}I_- \sin(\omega t + \theta_- - 120°) + \sqrt{2}I_0 \sin(\omega t + \theta_0) \end{cases} \quad (7\text{-}16)$$

式中　I_+、I_-、I_0——各相正序电流、负序电流、零序电流的有效值；

θ_+、θ_-、θ_0——各相正序、负序、零序电流的初相位。

一、正序、负序、零序电流产生的磁动势

1. 正序旋转磁动势

当三相正序电流流过三相绕组，会产生正向的旋转磁动势，称为正序旋转磁动势，其合成基波磁动势为

$$f_+ = \frac{3}{2}F_{1+}\cos(\omega t + \theta_+ - x) = F_+ \cos(\omega t + \theta_+ - x)$$

式中　F_+——三相正序旋转磁动势幅值，$F_+ = \frac{3}{2}F_{1+} = 1.35\frac{Nk_{N1}}{p}I_+$。

2. 负序旋转磁动势

当三相负序电流流过三相绕组，会产生负向的旋转磁动势，称为负序旋转磁动势，其合成基波磁动势为

$$f_- = \frac{3}{2}F_{1-}\cos(\omega t + \theta_- + x) = F_- \cos(\omega t + \theta_- + x)$$

式中　F_-——三相负序旋转磁动势幅值，$F_- = \frac{3}{2}F_{1-} = 1.35\frac{Nk_{N1}}{p}I_-$。

当三相绕组采用Y联结时，各相零序电流为零，没有零序磁动势。当绕组采用△联结时，三相零序电流大小相等，相位相同，产生的各相零序磁动势空间相差120°，即零序合成磁动势为零。

由此可见，不对称三相电流流入三相绕组时，气隙中存在正序和负序两个旋转磁场。合成磁动势为两个旋转磁动势之和，即

$$f_1 = F_+ \cos(\omega t + \theta_+ - x) + F_- \cos(\omega t + \theta_- + x) \quad (7\text{-}17)$$

二、椭圆形旋转磁动势

式(7-17)表明，合成磁动势若由两个幅值不等，转速相同，转向相反的圆形旋转磁动

势合成，则合成磁动势端点的轨迹为椭圆，其转向与幅值较大的一个圆形旋转磁动势转向相同，称为椭圆形旋转磁动势。若 F_+ 或 F_- 中任一个为零，则旋转磁动势的幅值为常数，转速为常数，合成磁动势端点轨迹为一个圆，就是圆形旋转磁场。若 $F_+ = F_-$，则幅值随时间按正弦规律变化，转速为零，就是脉振磁动势。所以，椭圆形旋转磁动势是电机气隙磁动势的最普遍情况，圆形旋转磁动势和脉振磁动势是它的两种特殊情况，如图 7-10 所示。

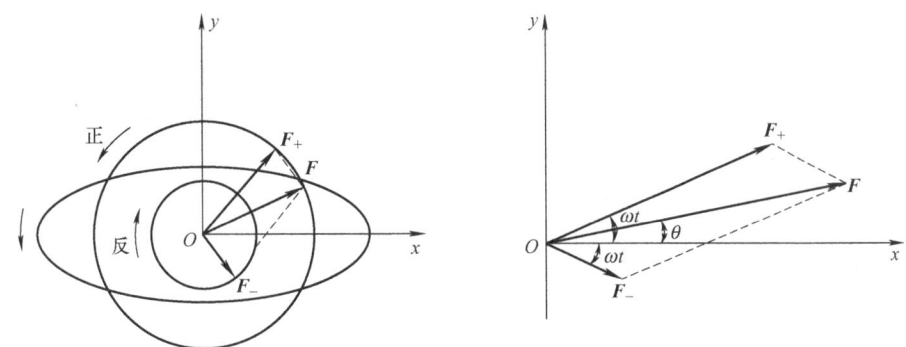

图 7-10　正、反转磁动势及合成磁动势

*第四节　三相绕组合成磁动势高次谐波分量

一相绕组通入正弦交流电流产生的脉振矩形波磁动势，可以分解成基波分量和各奇次谐波分量。因此三相合成磁动势除基波外还存在谐波。分析高次谐波的方法与分析基波时相同。一般表达式为

$$\begin{aligned}
f_U &= F_{\varphi 1}\sin\omega t\sin x + F_{\varphi 3}\sin\omega t\sin 3x + F_{\varphi 5}\sin\omega t\sin 5x + \cdots \\
f_V &= F_{\varphi 1}\sin(\omega t - 120°)\sin(x - 120°) + F_{\varphi 3}\sin(\omega t - 120°)\sin 3(x - 120°) \\
&\quad + F_{\varphi 5}\sin(\omega t - 120°)\sin 5(x - 120°) + \cdots \\
f_W &= F_{\varphi 1}\sin(\omega t + 120°)\sin(x + 120°) + F_{\varphi 3}\sin(\omega t + 120°)\sin 3(x + 120°) \\
&\quad + F_{\varphi 5}\sin(\omega t + 120°)\sin 5(x + 120°) + \cdots
\end{aligned} \tag{7-18}$$

式中　$F_{\varphi 1}$——相绕组基波磁动势的幅值，$F_{\varphi 1} = 0.9\dfrac{Nk_{N1}}{p}I$；

　　　$F_{\varphi 3}$——相绕组 3 次谐波磁动势的幅值，$F_{\varphi 3} = 0.9\dfrac{Nk_{N3}}{3p}I$；

　　　$F_{\varphi 5}$——相绕组 5 次谐波磁动势的幅值，$F_{\varphi 5} = 0.9\dfrac{Nk_{N5}}{5p}I$；

　　　$F_{\varphi 7}$——相绕组 7 次谐波磁动势的幅值，$F_{\varphi 7} = 0.9\dfrac{Nk_{N7}}{7p}I$。

由此可得到，一相绕组 v 次谐波磁动势的幅值为 $F_{\varphi v} = 0.9\dfrac{Nk_{Nv}}{vp}I$。

将式 (7-18) 中次数相同的各次谐波逐次合并，有

$$f = f_U + f_V + f_W = \frac{3}{2}F_{\varphi 1}\cos(\omega t - x) - \frac{3}{2}F_{\varphi 5}\cos(\omega t + 5x) + \frac{3}{2}F_{\varphi 7}\cos(\omega t - 7x) + \cdots \tag{7-19}$$

1. 3 次及 3 的倍数次谐波

三相电流的 3 次谐波磁动势空间位置相同，三相电流在时间上互差 120°，由三相绕组

的 3 次谐波合成的磁动势为零。依次类推，3 的倍数次谐波，如 9 次、15 次等合成磁动势均为零。

2. 5 次及 $v = 6k - 1$ 次谐波

5 次谐波存在的关系为

$$f_5 = f_{U5} + f_{V5} + f_{W5} = -\frac{3}{2}F_{\varphi 5}\cos(\omega t + 5x)$$

即 5 次谐波合成磁动势也是一个旋转磁动势，转速为 $-\frac{1}{5}n_1$，旋转方向与基波磁动势相反，是一个负向旋转磁动势。由此可推出，当 $k = 1, 2, 3, \cdots$，$v = 6k - 1$ 等各次三相空间谐波磁动势均为转向与基波相反的负序旋转磁动势。

同样的方法推导出，三相合成的 7 次谐波磁动势及 $v = 6k + 1$ 等各次三相空间谐波磁动势均为正向旋转磁动势，其旋转方向均与基波分量旋转方向相同。

根据以上分析得到结论：

1) 3 次及以 3 为倍数的奇次谐波分量，三相的合成磁动势为零。
2) $v = 6k - 1$ 次的谐波合成磁动势为负向旋转磁动势，$k = 1, 2, 3, 4, \cdots$。
3) $v = 6k + 1$ 次的谐波合成磁动势为正向旋转磁动势，$k = 1, 2, 3, 4, \cdots$。
4) v 次旋转磁动势以 $\frac{n_1}{v}$ 的速度旋转，$p_v = vp$，$n_v = \frac{60f}{p_v} = \frac{60f}{vp} = \frac{n_1}{v}$

有 $f_v = \frac{3}{2}F_{\varphi v}\cos(\omega t \pm vx)$，$v = 6k - 1$ 取 " + "；$v = 6k + 1$ 取 " - "。

谐波磁动势的存在会在交流电机中产生不良影响，如增加损耗、产生振动和噪声等。其中次数较低的 5 次、7 次谐波磁动势的影响较大，采用适当的短距和分布绕组等措施可削弱谐波磁动势的影响，改善磁动势的波形。

思 考 题

7-1 为什么交流绕组产生的磁动势既是时间函数又是空间函数？

7-2 脉振磁动势和旋转磁动势各有哪些基本特性？产生的条件各有什么区别？

7-3 试分析空间互差 90°的两相绕组通以时间相位互差 90°的对称两相电流时产生的合成磁动势基波的特点。

7-4 如何改变三相交流电机旋转磁动势的方向？

7-5 三相定子绕组所产生的 v 次谐波磁动势，其极对数、转速、幅值与基波磁动势有什么关系？

7-6 对称三相绕组流过对称三相电流产生的旋转磁场有一个 v 次空间谐波，这一谐波旋转磁场在交流绕组中所感应的电动势的频率是多少？

7-7 一台 50Hz 频率的三相电机，通入频率为 60Hz 的对称三相电流，如电流的有效值不变，相序不变。试问三相合成基波磁动势的幅值、转速和转向是否会改变？

习 题

7-1 一台三相同步发电机，$P_N = 6000$kW，$U_N = 6.3$kV，星形联结，$\cos \varphi_N = 0.8$（滞

后),$2p=2$,槽数$Z=36$,双层短距绕组,$y_1=15$,$N_c=6$,$a=1$,试求当电流为额定电流时:(1)线圈磁动势基波幅值;(2)一相磁动势基波幅值;(3)三相合成磁动势基波的幅值、转向及转速。

7-2 三相异步电动机,定子绕组为双层短距绕组,三角形联结,$Z=48$,$2p=4$,$y_1=10$,$N_c=22$,$a=4$,$I_N=37A$,$f=50Hz$,求:(1)一相绕组磁动势的基波和3、5、7次谐波的幅值。并写出各相基波磁动势的表达式;(2)三相绕组合成磁动势的基波和3、5、7次谐波的幅值、转速及转向;(3)三相合成磁动势基波的表达式。

第二篇小结

第二篇的要点为：①交流绕组；②交流绕组的感应电动势；③交流绕组产生的磁动势。

1) 交流绕组：对称三相绕组的匝数、连接规律相同，空间相差120°。交流绕组分为单层绕组和双层绕组。其中单层绕组又分为等元件式、交叉式、同心式、链式，双层绕组分为叠绕组和波绕组。在构成交流绕组时需要用到槽距角 α、极距 τ、线圈节距 y_1、每极每相槽数 q、电角度等概念。依据槽导体电动势星形图分配各相绕组应有的槽数、槽号及正确地进行绕组连接。

2) 每相绕组及其感应电动势有效值为 $E_{\varphi 1} = 4.44 N k_{N1} f \Phi_1$，与变压器绕组感应电动势相差一个绕组系数 k_{N1}。相电动势谐波表达式为 $E_{\varphi v} = 4.44 N k_{Nv} f_v \Phi_v$。绕组系数 $k_{N1} = k_{y1} k_{q1}$，反映了由于采用分布和短距绕组使感应电动势和磁动势减小的程度，即

$$k_{y1} = \frac{E_{t1}(\text{短距时的匝电动势})}{2E_{c1}(\text{整距时的匝电动势})} = \sin\frac{y_1}{\tau}90°$$

$$k_{q1} = \frac{E_{q1}(q \text{ 个分布线圈的合成电动势})}{qE_{y1}(q \text{ 个集中线圈的合成电动势})} = \frac{\sin\frac{q\alpha}{2}}{q\sin\frac{\alpha}{2}}$$

3) 采用短距绕组和分布绕组可以有效地削弱电动势和磁动势中的高次谐波，改善电动势和磁动势的波形。

4) 交流绕组是分布绕组，通入的电流是交变电流，因此交流绕组的磁动势既是空间的函数，又是时间的函数。

5) 单相绕组通入正弦交流电流产生的基波磁动势在空间按阶梯波分布，其幅值随时间以及电流的频率脉振。阶梯形分布的空间波可以分解为基波和一系列奇次谐波。其特点是：①空间中按余弦规律分布，磁动势幅值的位置固定不动，处在相绕组的轴线上。②磁动势的幅值大小随时间按正弦规律脉振，振动的频率为电流的频率。最大幅值为 $F_{\varphi 1} = 0.9 \frac{IN}{p} k_{N1}$。③单相绕组的基波磁动势可以分解为大小相等 $\left(\frac{1}{2}F_{\varphi 1}\right)$、转速相同 $\left(n_1 = \frac{60f}{p}\right)$ 而转向相反的两个圆形旋转磁动势。

6) 三相绕组通入对称三相电流产生的合成磁动势的基波为圆形旋转磁动势，其幅值 $F_1 = \frac{3}{2} F_{\varphi 1} = 1.35 \frac{NI}{p} k_{N1}$，转速为 $n_1 = \frac{60f}{p}$，转向由电流超前相的绕组轴线转向电流滞后相的绕组轴线，某一时刻哪相电流达到最大值，此时旋转磁动势的幅值就位于该相绕组的轴线上。

7) 椭圆形旋转磁动势：不对称三相电流或不对称三相绕组，则三相合成磁动势的基波由一个正向旋转的圆形磁动势和一个反向旋转的圆形磁动势构成，二者幅值不等，即合成一个椭圆形旋转磁动势，其转向与幅值较大的一个圆形旋转磁动势相同。它是交流绕组磁动势的普遍形式，若 $F_+ = F_-$ 合成磁动势为脉振磁动势，F_+ 或 F_- 任一为零，合成磁动势为圆形旋转磁动势。

第三篇

异步电机

异步电机又称为感应电机，是目前国民经济生活中使用最为广泛的一种电机。异步电机主要用作电动机运行。异步电动机是指将电功率转换为机械功率，且转子旋转速度永远低于同步速度的电机，其定、转子之间没有电的联系，能量传递依靠电磁感应作用，全称为无换向器式异步电动机。

异步电机相比于其他电机具有构造简单、运行可靠、效率较高、价格低廉等优点。异步电机主要的缺点是转速不易调节，而且异步电机中被广泛使用的笼型转子异步电动机的起动特性不好，其较大的起动电流会给电网带来不利影响。此外，异步电机的励磁电流必须由电网供给，且功率因数总是滞后，使电网的功率因数变差。

第八章
异步电动机的结构和工作原理

本章在介绍异步电动机基本结构的基础上，分析三相异步电动机的基本工作原理，重点讲述转差率的概念和异步电动机的三种运行状态。

第一节 异步电动机的基本概念

异步电动机由固定的定子和旋转的转子两部分构成，定子和转子之间为气隙。

一、定子

定子由定子铁心、定子绕组和机壳三部分组成。

定子铁心是主磁路的一部分，为减少定子励磁电流和旋转磁场在铁心中产生的涡流与磁滞损耗，铁心一般由0.5mm厚的硅钢片叠成，片间有绝缘层。定子铁心为一个内圆周上均匀带有齿槽的环形柱状金属结构，其齿槽常用的槽形有三种，分别是半闭口槽、半开口槽和开口槽，如图8-1所示。半闭口槽用于小容量低压电动机的散嵌绕组；半开口槽用于低压中型电动机的成型绕组；开口槽用于高压大、中型电动机的成型绕组。

定子绕组是电动机的电路部分，绕组用带绝缘的铜导线绕制，嵌放在定子槽内，绕组与槽壁间用绝缘材料隔开。

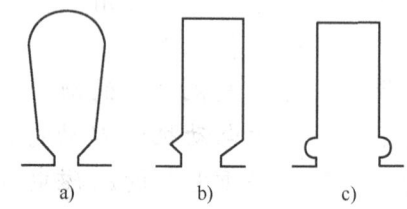

图8-1 感应电动机的定子槽形
a) 半闭口槽 b) 半开口槽 c) 开口槽

机壳含机座和端盖等，机座的作用主要是固定和支撑定子铁心，必须要有足够的机械强度和刚度，一般采用铸铁、铸铝材料，大容量异步电动机采用钢板焊接机座。

二、转子

转子包括转子铁心、转子绕组和转轴等。转轴一般由中碳钢材料加工制成，作用是支撑和固定转子铁心并传递电磁转矩给机械负载。转子铁心也是电动机磁路的一部分，它一般由0.5mm厚的硅钢片叠压而成，其外缘均匀地冲有转子槽，用于嵌放或浇铸转子绕组，转子槽形如图8-2所示。转子铁心和定子铁心之间的气隙构成电机的完整磁路。转子绕组按结构不同分为笼型转子和绕线转子，笼型转子是在每

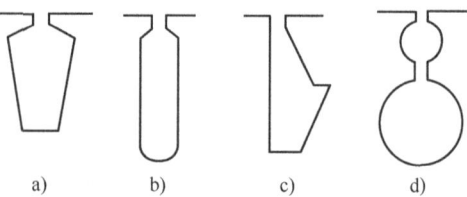

图8-2 感应电动机的转子槽形

第八章 异步电动机的结构和工作原理

个转子槽内插入一根导条，在伸出铁心两端的槽口处，用两个短路环分别把所有导条的端部连接起来。如果去掉铁心，整个转子绕组的外形像鼠笼，如图 8-3 所示。小型笼型转子异步电动机一般都是铸铝转子。制造时，把叠好的转子铁心放在铸铝模具内，把笼型转子和端部风扇一次铸成。绕线转子是用绝缘导线嵌放于转子铁心槽内，按星形联结连接成对称三相绕组，三相出线端分别接于安装在转子轴上的三个集电环，通过电刷引出电流，如图 8-4 所示。

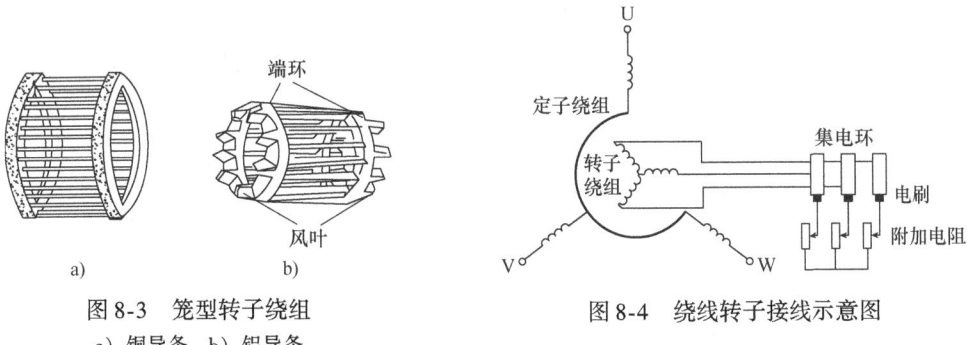

图 8-3 笼型转子绕组
a）铜导条 b）铝导条

图 8-4 绕线转子接线示意图

三、气隙

气隙是定、转子之间的空气隙。

为降低电动机的空载电流和提高电动机的功率因数，气隙应当尽可能小。笼型异步电动机和绕线转子异步电动机的总装配结构图如图 8-5 和图 8-6 所示。

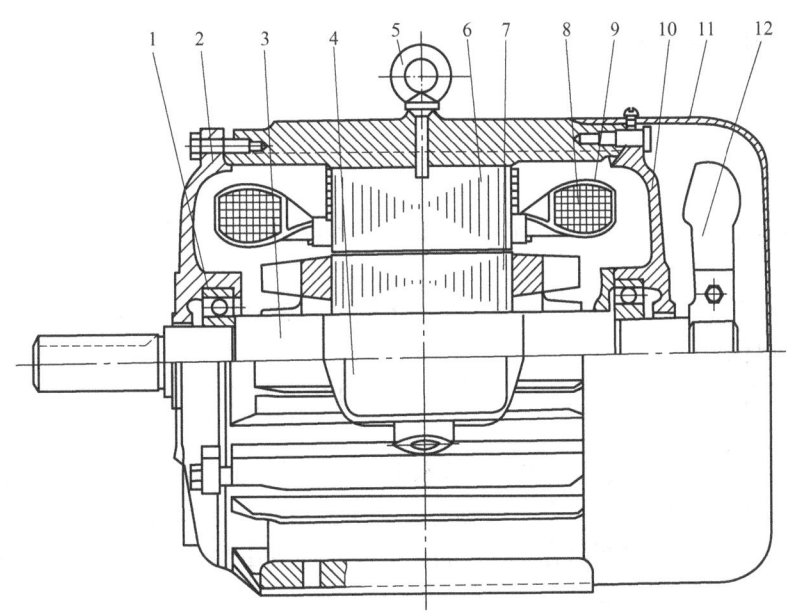

图 8-5 笼型异步电动机的总装配结构图
1—轴承 2—前端盖 3—转轴 4—接线盒 5—吊环 6—定子铁心
7—转子 8—定子绕组 9—机座 10—后端盖 11—风罩 12—风扇

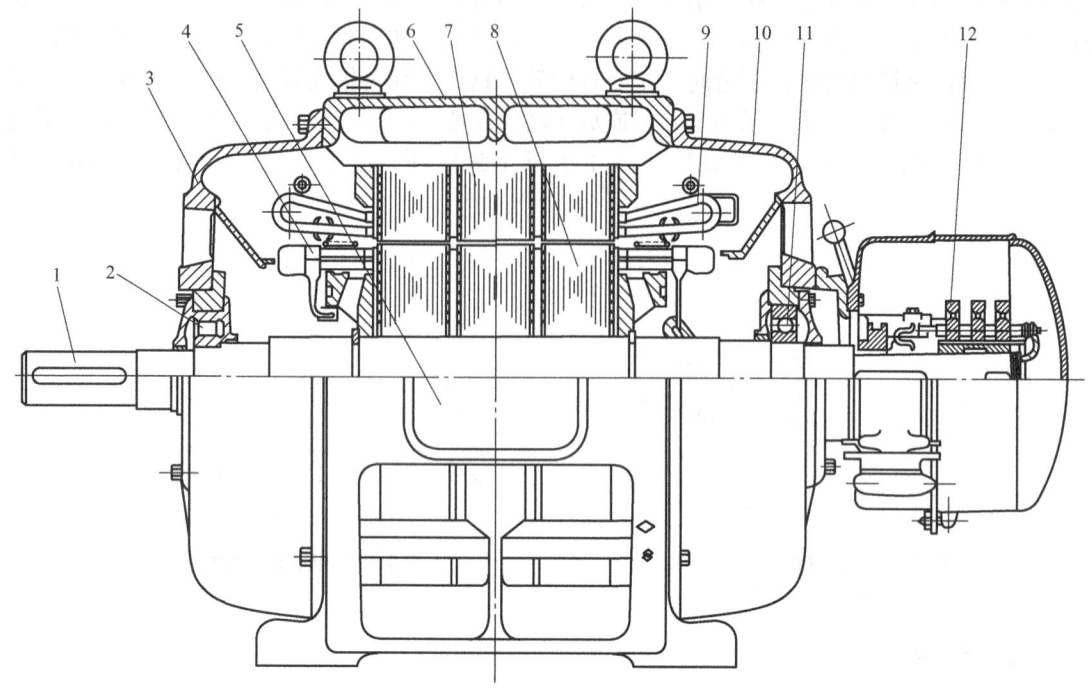

图 8-6 线绕转子异步电动机的总装配结构图
1—转轴 2、11—轴承 3、10—端盖 4—转子绕组 5—接线盒 6—机座
7—定子铁心 8—转子铁心 9—定子绕组 12—集电环和电刷

四、异步电动机的额定值及型号

1. 额定值

1）额定功率 P_N：额定功率是电动机在额定运行状态下，转轴输出的机械功率，单位为 W 或 kW。

2）额定电压 U_N：额定电压是电动机在额定运行状态下，定子绕组上应加的线电压，单位为 V 或 kV。

3）额定电流 I_N：额定电流是电动机在额定电压和额定功率状态下运行时，流入定子绕组的线电流，单位为 A。

4）额定频率 f：额定频率是额定状态电源的交变频率，单位为 Hz。我国电网频率为 50Hz。

5）额定转速 n_N：额定转速是在额定状态下运行时转子的转速，单位为 r/min。

除上述数据外，实际使用中有时也要了解电动机相数、功率因数、接线法、防护等级、绝缘等级、温升、工作方式等内容。绕线转子异步电动机还要了解定子电压为额定电压时的转子开路电压和转子额定电流。

2. 型号

我国电机的型号一般采用大写印刷体的汉语拼音字母和阿拉伯数字组成。如中小型异步电动机，有：

第八章 异步电动机的结构和工作原理

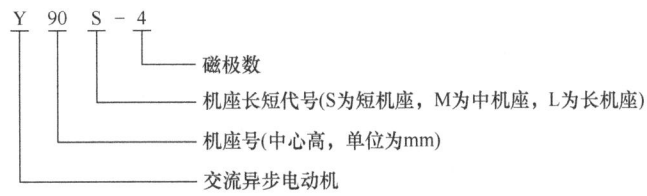

第二节 感应电机的工作原理

一、工作原理

图 8-7 所示为笼型感应（异步）电机工作原理图。异步电机定子与同步电机定子相似，转子绕组为短路绕组。将对称的三相电流通入异步电机三相对称的定子绕组时，在气隙中产生旋转磁场，以转速 n_1 旋转，则它的磁力线将切割转子导体而感应电动势。感应电动势方向可用右手定则确定，在该电动势作用下，短路的转子导体内便有电流通过。载流导体在磁场中受电磁力作用，该电磁力形成的电磁转矩使转子顺旋转磁场转动方向旋转，若在转轴上加机械负载，电机即拖动机械负载旋转，定子从电源吸收的电能转变为输出机械能。为得到转子导体电动势和电流，转子转速始终低于旋转磁场的转速，所以感应电动机又称为异步电动机。

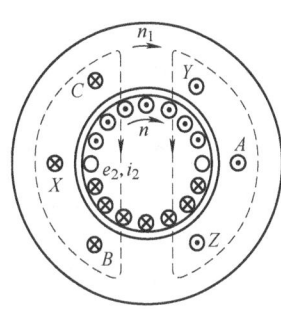

图 8-7 感应（异步）电机工作原理图

二、感应电机的三种运行方式

设转子转速为 n，$(n_1 - n)$ 称为转差速度，转差速度与同步速度的比值定义为转差率，即

$$s = \frac{n_1 - n}{n_1} \tag{8-1}$$

转差率是感应电机运行时的一个重要物理量。根据转差率的正负和大小，感应电机可划分为电磁制动、电动机运行、发电机运行三种运行状态，如图 8-8 所示。

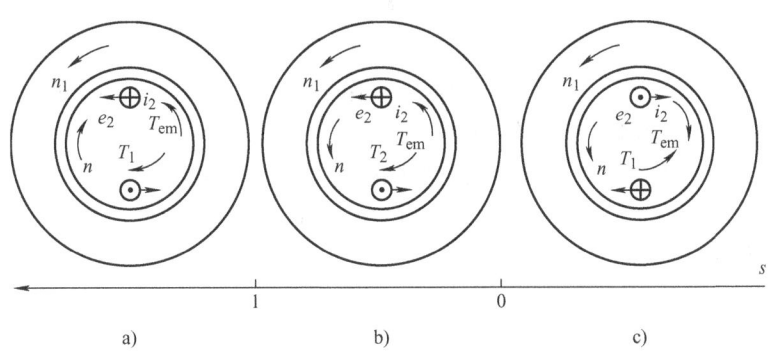

图 8-8 感应电机的三种运行状态
a）电磁制动　b）电动机运行　c）发电机运行

1. 电磁制动状态

转子在其他机械驱动作用下，使旋转方向与旋转磁场方向相反，即 $n<0$，$s>1$。此时转子导体中感应电动势、电流的有功分量和电磁转矩的方向仍与电动机运行状态相同，电机从电网吸取电能。由于电磁转矩 T_{em} 的方向与转子转向相反，故为制动性质。此时的运行情况为电磁制动状态。即感应电机从电网吸收的电能和其他机械供给转子的机械能均变成电机内的损耗，以热能的形式消耗掉。

2. 电动机运行状态

感应电机定子绕组接电源，气隙中产生旋转磁场，转子转向与旋转磁场转向一致，转速低于同步转速，即 $0<n<n_1$，有 $0<s<1$。据电磁感应定律判断转子感应电动势 e_2 的方向如图8-8b所示，转子绕组为闭合的线圈，转子绕组电流有功分量 i_2 与 e_2 同向。定子旋转磁场与转子电流相互作用，产生与转子转向相同的驱动性质的电磁转矩，如图8-8b所示。电机从电网吸收电能转换为机械能输送给转轴上的负载。此状态为电动机运行状态。

3. 发电机运行状态

感应电机定子绕组接电源，气隙旋转磁场的转向如图8-8c所示。转子由原动机驱动，使原动机驱动转矩的方向与旋转磁场转向相同，且 $n>n_1$，此时 $s<0$。根据电磁感应定律，转子有功电流反向，定子磁场和转子电流相互作用，产生制动性质的电磁转矩 T_{em}。为维持 $n>n_1$，须向异步电机输入机械功率以克服电磁转矩做功。此时电机将由转子传动轴输入的机械能变换成定子绕组输出的电能，感应电机作为发电机运行。

总之，$\infty>s>1$ 时，为电磁制动状态，该状态是生产过程中短时出现的，不能长期保持；$0<s<1$ 时为电动机运行状态，是感应电机的主要运行状态；$0>s>-\infty$ 时为发电机运行状态，在小型水电站、风力发电场及抽水蓄能电站可使电机作为发电机运行。

思 考 题

8-1 简述异步电动机的结构。如果气隙过大，会带来怎样不利的后果？

8-2 什么是转差率？如何根据转差率来判断感应电机的运行状态？

8-3 异步电动机额定电压、额定电流、额定功率的定义是什么？

习 题

8-1 一台异步电动机，当 $f=60$Hz 时，$n=1650$r/min。试问：(1) 电机的极数是多少？(2) 若改为 $f=50$Hz 的电源，额定转速是多少？

8-2 一台额定频率 $f=50$Hz 的四极三相感应电动机，其额定转差率为 $s_N=0.04$。试求：(1) 同步转速；(2) 额定转速；(3) $n=1430$r/min 时的转差率及运行状态；(4) $n=1460$r/min 时的转差率及运行状态。

第九章 异步电动机运行原理

本章通过研究三相异步电动机运行时的电磁变化过程和内部规律,从而得到基本平衡方程式、等效电路图和相量图,以及介绍三相异步电动机参数的试验测定。

第一节 主磁通和漏磁通

三相异步电动机的定子绕组通入三相电流即建立旋转磁场,将该旋转磁场的磁通分为主磁通和漏磁通两部分。

一、主磁通

主磁通是由基波磁动势所产生的通过气隙并与定子绕组和转子绕组同时交链的基波磁通,用 Φ_m 表示。主磁通途经气隙,定子铁心,转子铁心。电机中的能量转换主要依靠主磁通来实现,如图 9-1 所示。

二、漏磁通

除去主磁通以外的磁通就是漏磁通。漏磁通由三个部分组成:槽漏磁通、端部漏磁通和谐波漏磁通。槽漏磁通指在定子齿槽内的闭合的磁通,如图 9-2a 所示。端部漏磁通指交链定子绕组端部的磁通,如图 9-2b 所示。定子磁动势的一系列高次谐波磁动势所产生的是谐波漏磁通,它穿过气隙,交链转子绕组并在其中感应电动势,但一般不对转子产生有用的转矩。

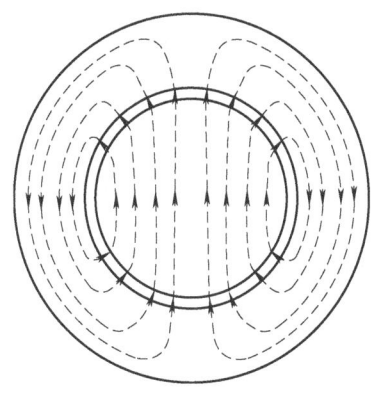

图 9-1 两极主磁通分布情况

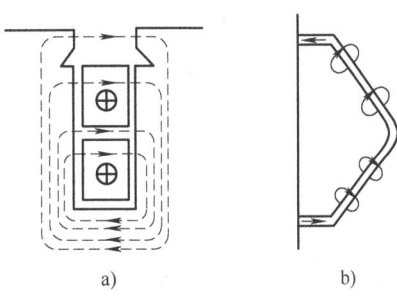

图 9-2 槽漏磁通和端部漏磁通
a) 槽漏磁通 b) 端部漏磁通

将谐波漏磁通归于漏磁通的原因如下：

谐波磁场极对数 p_ν 和转速 n_ν 分别为

$$p_\nu = \nu p, \quad n_\nu = \frac{n_1}{\nu}$$

谐波磁场在定子绕组上的感应电动势频率为

$$f_{1\nu} = \frac{p_\nu n_\nu}{60} = \frac{\nu p \dfrac{n_1}{\nu}}{60} = f_1 \tag{9-1}$$

谐波磁场在转子绕组上感应电动势的频率为

$$f_{2\nu} = \frac{p_\nu(n_\nu - n)}{60} = \frac{\nu p \left(\dfrac{n_1}{\nu} - n\right)}{60} \tag{9-2}$$

基波磁场在转子绕组中感应电动势的频率为

$$f_2 = \frac{p(n_1 - n)}{60} \tag{9-3}$$

即两者频率不同，需把基波磁通和谐波漏磁通分开考虑，同时谐波漏磁通在定子绕组内感应的电动势仍为基波频率，这和其他定子漏磁通感应的电动势频率相同，所以作为定子漏磁通处理。

同理，转子电流也将产生漏磁通，包括转子的槽漏磁通、端部漏磁通和谐波漏磁通等。

第二节 转子静止时异步电动机的运行

从电磁关系上看，异步电动机和变压器一样，也是借电磁感应作用把一次侧（定子）的能量传递到二次侧（转子），从工作原理讲和变压器相似。人们根据这种相似性，以变压器运行理论为基础，分析异步电动机在空载和负载时的物理情况。分析时，也从基本电磁关系出发（基本平衡方程式），并把转子各物理量折合到定子，得出相应等效电路和相量图。

1. 电压平衡方程式

以下角标"1""2"区别定、转子各物理量，设各相量的正方向均按变压器惯例，各种数量均取一相值。转子不动时的定、转子电路如图9-3所示，得到定子绕组电压平衡方程式和转子绕组的电压平衡方程式为

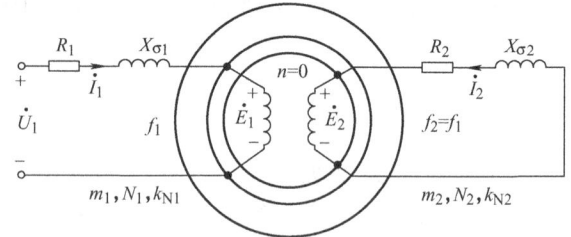

图9-3 转子不动时的定、转子电路

$$\dot{U}_1 = -\dot{E}_1 + \dot{I}_1(R_1 + jX_{\sigma 1}) \tag{9-4}$$

$$0 = \dot{E}_2 - \dot{I}_2(R_2 + jX_{\sigma 2}) \tag{9-5}$$

式中 U_1——定子绕组的电压；

I_1——定子绕组的电流；

E_1——定子绕组的感应电动势；

R_1，$X_{\sigma 1}$——定子绕组的电阻和漏抗；

E_2——转子不动时转子绕组的感应电动势；

I_2——转子电流；

R_2，$X_{\sigma 2}$——转子绕组的电阻和漏抗。

2. 磁动势平衡方程式

和变压器相似，$\dot{I}_1$、$\dot{I}_2$ 的大小和相位通过磁动势平衡联系着。转子不动时，定、转子绕组有相同的极数、相同的频率，由转子电流产生的基波旋转磁动势和由定子电流产生的基波旋转磁动势有相同的转速，二者无相对运动。转子磁动势对定子磁动势产生去磁作用，二者共同产生主磁通。定子感应电动势 $E_1 = 4.44 f_1 N_1 k_{N1} \Phi_m$，且 f_1、N_1、k_{N1} 均为常数，有 $E_1 \propto \Phi_m$，由电压平衡方程式 $\dot{U}_1 = -\dot{E}_1 + \dot{I}_1(R_1 + jX_{\sigma 1})$，当端电压一定时，$E_1$ 也基本不变，即 E_1 决定 Φ_m 的大小，从而决定励磁电流 $\dot{I}_m$ 的大小。当转子有电流时，定子电流包含两个分量，即

$$\dot{I}_1 = \dot{I}_0 + \dot{I}_{1L} \tag{9-6}$$

式中 $\dot{I}_{1L}$——定子电流负载分量。

相应地，由定子电流产生的磁动势也包含两个分量，即

$$\dot{F}_1 = \dot{F}_0 + \dot{F}_{1L} \tag{9-7}$$

$\dot{F}_{1L} = -\dot{F}_2$，称为负载分量，用以抵消转子磁动势的去磁作用，它与转子磁动势的大小相等、方向相反。

一般定子绕组和转子绕组必须有相同的极数，但可以有不同的相数。设定子绕组有 m_1 相，转子绕组有 m_2 相，有

$$\begin{cases} F_1 = 0.9 \dfrac{m_1}{2} \dfrac{N_1 k_{N1}}{p} I_1 \\ F_2 = 0.9 \dfrac{m_2}{2} \dfrac{N_2 k_{N2}}{p} I_2 \\ F_m = 0.9 \dfrac{m_1}{2} \dfrac{N_1 k_{N1}}{p} I_m \end{cases} \tag{9-8}$$

则代入整理后得

$$0.9 \frac{m_1}{2} \frac{N_1 k_{N1}}{p} I_1 = 0.9 \frac{m_1}{2} \frac{N_1 k_{N1}}{p} I_m - 0.9 \frac{m_2}{2} \frac{N_2 k_{N2}}{p} I_2 \tag{9-9}$$

式(9-9) 即为磁动势平衡方程式。

3. 归算

为把定、转子电路合成一个等效电路，需把转子方面的物理量归算到定子方面。转子绕组的归算是用一个和定子绕组具有相同相数 m_1、匝数 N_1 和绕组系数 k_{N1} 的等效转子绕组，代替原来相数为 m_2、匝数为 N_2、绕组系数为 k_{N2} 的实际转子绕组。归算仅是一种分析方法，其目的是获得等效电路。归算的条件是保持归算前后电动机内部的电磁关系和能量转换关系不变。归算后的量，在名称上加"'"表示，以示区别。

（1）电流的归算　电流的归算以归算前后转子磁动势保持不变为条件，即

$$0.9\frac{m_1}{2}\frac{N_1 k_{N1}}{p}I'_2 = 0.9\frac{m_2}{2}\frac{N_2 k_{N2}}{p}I_2 \tag{9-10}$$

归算后的转子电流为

$$I'_2 = \frac{m_2 N_2 k_{N2}}{m_1 N_1 k_{N1}}I_2 = \frac{I_2}{k_i} \tag{9-11}$$

式中 $k_i = \frac{m_1 N_1 k_{N1}}{m_2 N_2 k_{N2}}$，即异步电动机的电流比。

（2）电动势的归算　电动势的归算以归算前后转子视在功率保持不变为条件，即

$$m_1 E'_2 I'_2 = m_2 E_2 I_2 \tag{9-12}$$

归算后的转子电动势为

$$E'_2 = \frac{N_1 k_{N1}}{N_2 k_{N2}} E_2 = k_e E_2 \tag{9-13}$$

式中 $k_e = \frac{N_1 k_{N1}}{N_2 k_{N2}}$，即异步电动机的电动势比。

（3）阻抗的归算　阻抗的归算以归算前后转子上的铜损耗保持不变为条件，即

$$m_1 {I'_2}^2 R'_2 = m_2 I_2^2 R_2$$

$$R'_2 = \frac{m_1}{m_2}\left(\frac{N_1 k_{N1}}{N_2 k_{N2}}\right)^2 R_2 = k_e k_i R_2 \tag{9-14}$$

$$k_e k_i = \frac{m_1}{m_2}\left(\frac{N_1 k_{N1}}{N_2 k_{N2}}\right)^2$$

归算后的转子电阻为

$$R'_2 = \frac{m_1}{m_2}\left(\frac{N_1 k_{N1}}{N_2 k_{N2}}\right)^2 R_2 = k_e k_i R_2 \tag{9-15}$$

式中 $k_e k_i = \frac{m_1}{m_2}\left(\frac{N_1 k_{N1}}{N_2 k_{N2}}\right)^2$，即异步电动机阻抗比。

转子漏抗的归算条件为归算前后，转子功率因数保持不变，即

$$\tan\varphi_2 = \frac{X_{\sigma 2}}{R_2} = \frac{X'_{\sigma 2}}{R'_2} \tag{9-16}$$

求得归算后的转子漏抗为

$$X'_{\sigma 2} = k_e k_i X_{\sigma 2} \tag{9-17}$$

归算后异步电动机的基本方程式为

$$\begin{cases} \dot{U}_1 = -\dot{E}_1 + \dot{I}_1(R_1 + jX_{\sigma 1}) \\ 0 = \dot{E}'_2 - \dot{I}'_2(R'_2 + jX'_{\sigma 2}) \\ \dot{I}_1 = \dot{I}_0 + (-\dot{I}'_2) \\ \dot{E}_1 = \dot{E}'_2 \\ -\dot{E}_1 = \dot{I}_0 Z_m = \dot{I}_0(R_m + jX_m) \end{cases} \tag{9-18}$$

式中　R_m——反映铁损耗的等效电阻，称为励磁电阻；

X_m——反映主磁路磁导的电抗，称为励磁电抗，$Z_m = R_m + jX_m$ 为励磁阻抗。

4. 等效电路

异步电动机的基本方程式和变压器的基本方程式很相似，因此异步电动机转子不动时的等效电路与变压器二次侧短路的等效电路一样，如图 9-4 所示。由于各相对称的原因，电路仅考虑一相，各种计算量均取相量值。

从以上的分析可见，异步电动机和变压器存在许多相似之处，而在电磁方面的主要不同点如下：

1) 异步电动机的主磁场是旋转磁场，Φ_m 代表每极磁通量。变压器的主磁通是脉振磁场，Φ_m 代表主磁通波的幅值。

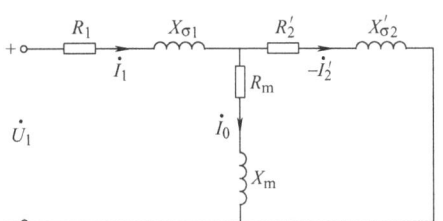

图 9-4 转子静止时异步电动机的 T 形等效电路

2) 异步电动机的定、转子绕组一般是分布绕组（笼型转子除外），而变压器一般是集中绕组。

3) 异步电动机有气隙，所以 Z_m 较小，励磁电流 I_m 较小，而变压器的 I_m 较大。

4) 异步电动机的漏抗大，所以漏阻抗压降大。

第三节　转子转动后的异步电动机的运行

本节分析转子转动后对转子各物理量的影响，继而写出转子转动后的基本方程式，得到等效电路。

一、转子转动后，对转子各物理量的影响

异步电动机定子绕组接至电源，不论转子是否旋转，定子绕组的电动势、电流频率均由电源频率决定。

转子转动后，转子绕组的电动势和电流的频率与转速有关，即取决于气隙旋转磁场与转子的相对速度。设转子转速为 n，则气隙旋转磁场与转子的相对速度为 $n_1 - n$，转子电动势和电流的频率为

$$f_2 = p\left(\frac{n_1 - n}{60}\right) = p\left(\frac{n_1 - n}{n_1}\right)\frac{n_1}{60} = sf_1 \tag{9-19}$$

转子转动后，由转子电流所产生的基波旋转磁动势相对于转子的转速为

$$n_2 = \frac{60 f_2}{p} = \frac{60 s f_1}{p} = sn \tag{9-20}$$

转子自身以转速 n 旋转，故转子基波旋转磁动势相对于定子的转速为

$$n_2 + n = sn_1 + n = \frac{n_1 - n}{n_1} n_1 + n = n_1 \tag{9-21}$$

所以不论转子自身的转速如何，由转子电流所产生的转子基波旋转磁动势和由定子电流所产生的定子基波旋转磁动势没有相对运动，两者相对静止。转子静止时的磁动势平衡方程式在转子转动后仍是成立的。

二、转子转动后的电动势平衡方程式

转子频率 f_2 随转速变化，且会影响转子电动势和漏抗变化。设 E_{2s} 是转子转动的电动

势，X_{2s} 表示转动后的漏抗，有

$$E_{2s} = 4.44f_2 N_2 k_{N2} \varphi_m = 4.44sf_1 N_2 k_{N2} \Phi_m = sE_2 \tag{9-22}$$

$$X_{2s} = 2\pi f_2 L_{\sigma 2} = 2\pi s f_1 L_{\sigma 2} = sX_2 \tag{9-23}$$

E_2 和 X_2 表示转子不动时的转子电动势和漏抗，转子转动后转子回路电动势平衡方程式为

$$0 = \dot{E}_{2s} - \dot{I}_2(R_2 + jX_{2s}) \tag{9-24}$$

定子方面，定子频率不变，定子电压平衡方程式仍为

$$\dot{U}_1 = -\dot{E} + \dot{I}_1(R_1 + jX_{\sigma 1}) \tag{9-25}$$

三、频率归算

上面列出的定、转子电动势平衡方程式的频率不同，而不同频率的物理量所列出的方程式不能联立求解，得不到统一的等效电路，所以需寻找一个等效的转子电路用来替代实际转动的转子电路，使该等效电路与定子电路有相同频率。当转子静止时，定、转子具有相同的频率，故等效的转子应是静止的。保持频率归算后转子电流的大小和相位不变，就可保持磁动势平衡不变，从而保持定子电流的大小和相位不变，也就保持了功率和损耗不变。

由式(9-24) 求得

$$\begin{cases} \dot{I}_2 = \dfrac{\dot{E}_{2s}}{R_2 + jX_{2s}} = \dfrac{s\dot{E}_2}{R_2 + jX_{2s}} \\ \varphi_2 = \arctan \dfrac{X_{2s}}{R_2} = \arctan \dfrac{sX_{\sigma 2}}{R_2} \end{cases} \tag{9-26}$$

将式(9-26) 分子、分母同除以 s，数值保持不变，即

$$\begin{cases} \dot{I}_2 = \dfrac{\dot{E}_2}{\dfrac{R_2}{s} + jX_2} = \dfrac{\dot{E}_2}{(R_2 + jX_2) + \dfrac{1-s}{s}R_2} \\ \varphi_2 = \arctan \dfrac{X_2}{\dfrac{R_2}{s}} \end{cases} \tag{9-27}$$

从式(9-26) 到式(9-27)，在保持 I_2 与 φ_2 不变的条件下进行了数学变换，两式的物理意义不同。式(9-26) 表示转子转动的实际情况，转子电动势为 $E_{2s} = sE_2$，转子频率为 $f_2 = sf_1$，转轴上输出机械功率，如图9-5a 所示。

式(9-27) 表示频率归算后的等效转子，转子电动势为 E_2，频率为 f_1，转轴上不输出机械功率，如图9-5b 所示。

但转子回路的电阻变成了 $\dfrac{R_2}{s}$，将 $\dfrac{R_2}{s}$ 分解为

$$\dfrac{R_2}{s} = R_2 + R_2 \dfrac{1-s}{s} \tag{9-28}$$

实际的转动电动机中，转子回路无 $R_2 \dfrac{1-s}{s}$ 此项电阻，但有机械功率输出。所以电阻 $R_2 \dfrac{1-s}{s}$ 的物理意义为该电阻模拟了轴上输出的机械功率，数值上等于电功率 $R_2 \dfrac{1-s}{s} m_2 I_2^2$，

第九章 异步电动机运行原理

该电阻又称为模拟电阻。电路是按一相写出的，所求的机械功率为每相值。

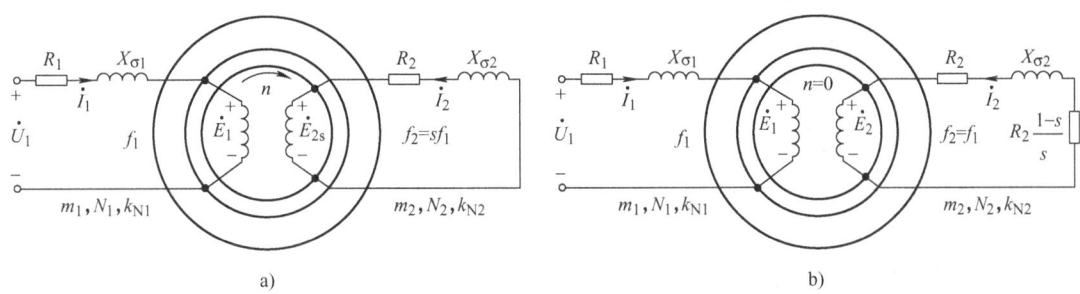

图 9-5 转子转动后的感应电动机定、转子电路图
a）转动时的电路 b）频率折算后的电路

四、等效电路

经频率归算后，再经过绕组归算，得如下方程式

$$\begin{cases} \dot{U}_1 = -\dot{E}_1 + \dot{I}_1(R_1 + jX_{\sigma 1}) \\ 0 = \dot{E}_2' - \dot{I}_2'\left(\dfrac{R_2'}{s} + jX_{\sigma 2}'\right) \\ \dot{I}_1 = \dot{I}_0 + (-\dot{I}_2') \\ \dot{E}_1 = \dot{E}_2' \\ -\dot{E}_1 = \dot{I}_0 Z_m = \dot{I}_0(R_m + jX_m) \end{cases} \quad (9\text{-}29)$$

由式（9-29）画出的等效电路如图 9-6 所示。

由等效电路分析异步电动机的几个运行状态：

1）转子不动时（起动瞬间或发生堵转时），$n=0$、$s=1$，$\dfrac{1-s}{s}R_2'=0$，即输出机械功率为零，类似于变压器二次侧短路。此时转子电流、定子电流都很大。

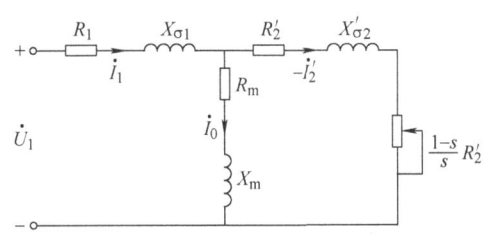

图 9-6 异步电动机 T 形等效电路

2）转子达到同步转速时，$n=n_1$、$s=0$，$\dfrac{1-s}{s}R_2'=\infty$，相当于等效电路二次侧开路，转子电流为零，输出机械功率也为零，定子电流仅供给励磁电流用以产生主磁通，为理想的空载状态。

3）当异步电动机正常运行时，$0<n<n_1$，$0<s<1$，则 $\dfrac{1-s}{s}R_2'>0$，输出机械功率为正，有机械功率输出。

五、相量图

异步电动机相量图与变压器接纯电阻负载时的相量图类似，如图 9-7 所示。由相量图可

113

见，定子电流总是滞后电源电压的，说明异步电动机正常运行时必须从电源吸收滞后的电流，即从电源输入感性无功功率，定子电流总是滞后定子电压，使异步电动机的功率因数总是滞后的。这也是异步电动机的缺点。

六、异步电动机等效电路的简化

根据异步电动机方程式进行的计算是复数计算，过程比较复杂。为了简化计算，并使误差在工程允许的范围内，应对异步电动机等效电路进行简化。

在图 9-6 所示的 T 形等效电路中，令

$$Z'_{2s} = \frac{R'_2}{s} + jX'_2, \quad Z_1 = R_1 + jX_{\sigma 1}, \quad Z_m = R_m + jX_m$$

写出两个回路方程，即

$$\begin{cases} \dot{U}_1 = \dot{I}_1(Z_1 + Z_m) + \dot{I}'_2 Z_m \\ \dot{I}'_2 Z'_{2s} + (\dot{I}_1 + \dot{I}'_2)Z_m = 0 \end{cases} \quad (9\text{-}30)$$

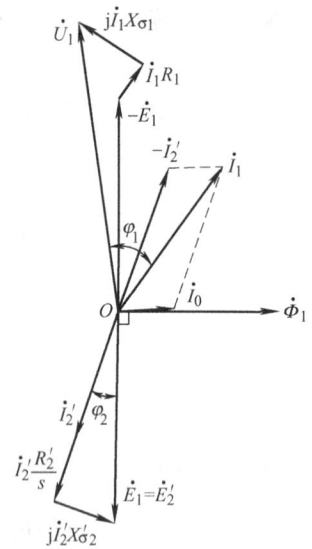

图 9-7 异步电动机相量图

联立求解得

$$\dot{I}_1 = \dot{U}_1 \frac{1 + \dfrac{Z'_{2s}}{Z_m}}{Z_1 + \left(1 + \dfrac{Z_1}{Z_m}\right)Z'_{2s}} = \dot{U}_1 \frac{1 + \dfrac{Z'_{2s}}{Z_m}}{Z_1 + \dot{c}_1 Z'_{2s}} \quad (9\text{-}31)$$

$$-\dot{I}'_2 = \dot{U}_1 \frac{1}{Z_1 + \left(1 + \dfrac{Z_1}{Z_m}\right)Z'_{2s}} = \dot{U}_1 \frac{1}{Z_1 + \dot{c}_1 Z'_{2s}} \quad (9\text{-}32)$$

其中，$\dot{c}_1 = 1 + \dfrac{Z_1}{Z_m} = 1 + \dfrac{R_1 + jX_{\sigma 1}}{R_m + jX_m}$，是复数，利用式（9-31）和式（9-32）进行计算非常复杂。

考虑到异步电动机中 $R_1 < X_{\sigma 1}$，$R_m \ll X_m$，略去 R_1、R_m，则 $c_1 = 1 + \dfrac{X_{\sigma 1}}{X_m}$，$c_1$ 称为修正系数。

电动机正常运行时，c_1 为常数。用 c_1 代替 $\dot{c}_1$ 后，转子电流计算大为简化，即

$$-\dot{I}'_2 = \frac{\dot{U}_1}{\left(R_1 + c_1 \dfrac{R'_2}{s}\right) + j(X_{\sigma 1} + c_1 X'_2)} \quad (9\text{-}33)$$

式（9-33）所表示的实用等效电路如图 9-8 所示。

结合图 9-6 所示的等效电路和式（9-33）求 $\dot{I}_1$，有

$$\dot{I}_1 = \dot{I}_0 + (-\dot{I}'_2) = \frac{\dot{U}_1 - \dot{I}_1 Z_1}{Z_m} + \frac{\dot{U}_1}{Z_1 + c_1 Z'_{2s}} \quad (9\text{-}34)$$

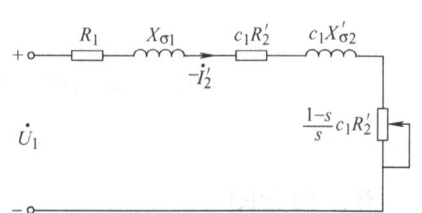

图 9-8 求转子电流实用等效电路

移相并整理得到

$$\dot{I}_1 = \frac{\dot{U}_1}{Z_1 + Z_m} + \frac{\dot{U}_1}{c_1 Z_1 + c_1^2 Z'_{2s}} = \dot{I}_0 + \left(-\frac{\dot{I}'_2}{c_1}\right)$$

$$= \frac{\dot{U}_1}{(R_1 + R_m) + j(X_{\sigma 1} + X_m)} + \frac{\dot{U}_1}{\left(c_1 R_1 + c_1^2 \frac{R'_2}{s}\right) + j(c_1 X_{\sigma 1} + c_1^2 X'_{\sigma 2})} \quad (9\text{-}35)$$

$$= \dot{I}'_1 + \left(-\frac{\dot{I}'_2}{c_1}\right)$$

式(9-35) 为求定子电流的简化公式，由此得到求定子电流的较准确近似电路，如图9-9所示。

容量较大的异步电动机，因为 $X_1 \ll X_m$，c_1 很接近于1，令 $c_1 = 1$，即得到简化Γ形等效电路，如图9-10所示。用简化等效电路计算时，得出的励磁电流和定子电流比实际值偏大。

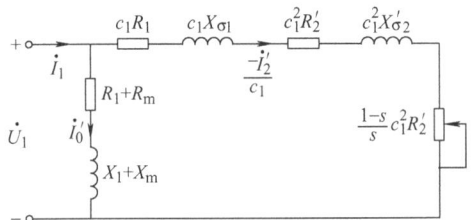

图9-9 求定子电流的较准确近似电路

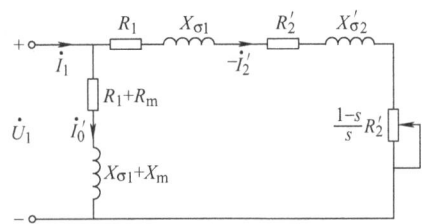

图9-10 简化Γ形等效电路

第四节 三相异步电动机参数的试验测定

对已制成的异步电动机，可以通过空载和堵转试验来测定参数。

一、空载试验

空载试验的目的是测定励磁阻抗 $Z_m = R_m + jX_m$、额定电压下运行时电动机的铁损耗 p_{Fe} 和机械损耗 p_{mec}。试验时，转子轴端不带任何机械负载，定子绕组接额定频率的对称三相电源，调节电压到 $(1.1 \sim 1.2)U_N$，然后逐渐降低电压，测出空载电流 I_0 和空载损耗 p_0 随电压变化的曲线，直到电流开始回升为止。根据试验数据画出异步电动机的空载特性曲线 $I_0 = f(U_1)$ 和 $p_0 = f(U_1)$，如图9-11所示。

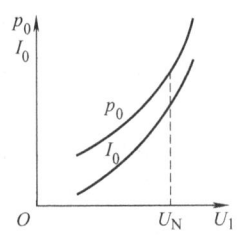

图9-11 感应电动机的空载特性

异步电动机空载时 s 很小，转子电流很小，转子铜损耗可以忽略，输入功率全部消耗在定子铜损耗 p_{Cu1}、铁损耗 p_{Fe} 和机械损耗 p_{mec} 上，即

$$p_0 = m_1 I_0^2 R_1 + p_{Fe} + p_{mec} \quad (9\text{-}36)$$

铁损耗和机械损耗之和为

$$p_{Fe} + p_{mec} = p_0 - m_1 I_0^2 R_1 = p'_0 \quad (9\text{-}37)$$

由于铁损耗 p_{Fe} 的大小近似与外加电压的二次方成正比，机械损耗 p_{mec} 的大小与外加电

压无关,与转速有关。空载试验过程中,转速基本不变,可认为 p_{mec} 为一常数,$p_0' = f(U_1^2)$ 的关系曲线基本上为一条直线,如图 9-12 所示。延长此直线与纵轴相交,则交点的纵坐标表示机械损耗 p_{mec} 的大小。

空载试验时,转差率很小,接近零,转子电流也接近零,认为转子是开路的,等效电路如图 9-13 所示。

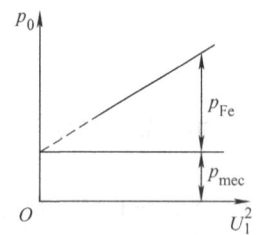

图 9-12 二次方法分离机械损耗

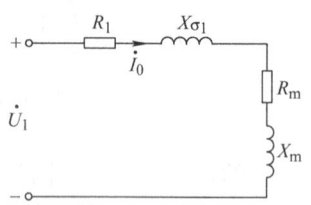

图 9-13 电动机空载时的等效电路

当相电压 $U_1 = U_N$ 时,定子空载总电抗 X_0 为

$$X_0 = X_{\sigma1} + X_m \approx \frac{U_N}{I_0} \tag{9-38}$$

则励磁电抗 X_m 为

$$X_m \approx \frac{U_N}{I_0} - X_{\sigma1} \tag{9-39}$$

其中定子漏电抗 $X_{\sigma1}$ 可通过堵转试验测得。励磁电阻的计算方法为

$$R_m = \frac{p_{Fe}}{m_1 I_0^2} \tag{9-40}$$

二、堵转试验

通过堵转试验可以测定短路阻抗 Z_k、转子电阻 R_2' 和定、转子漏抗。试验在 $s=1$ 的情况下进行。调节外加电压,使短路电流从 $1.2I_N$ 逐渐减小到 $0.3I_N$,测取相电压 U_k、相电流 I_k、输入总功率 P_k,并画出短路特性曲线 $I_k = f(U_k)$ 和 $P_k = f(U_k)$,如图 9-14 所示。

当短路电流为 I_{1N} 时,定子短路电压为 $(15\% \sim 25\%)U_{1N}$。由于电压很低,此时铁损耗小,可认为 $P_k \approx p_{Cu1} + p_{Cu2}$,即负载损耗为定、转子绕组铜损耗,有

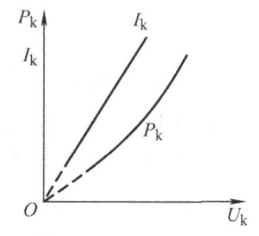

图 9-14 电动机短路特性

$$\begin{cases} Z_k = \dfrac{U_k}{I_k} \\ R_k = \dfrac{P_k}{m_1 I_k^2} \\ X_k = \sqrt{Z_k^2 - R_k^2} \end{cases} \tag{9-41}$$

堵转试验时 $s=1$,则 $\dfrac{1-s}{s}R_2' = 0$,异步电动机堵转试验时等效电路如图 9-15 所示。

通常，可认为 $X_{\sigma1} \approx X'_{\sigma2}$，由于忽略铁损耗，$R_m \approx 0$，有

$$Z_k = R_k + jX_k = R_1 + jX_{\sigma1} + \frac{jX_m(R'_2 + jX_{\sigma1})}{R'_2 + j(X_m + X_{\sigma1})}$$

解得

$$\begin{cases} R_k = R_1 + R'_2 \dfrac{X_m^2}{R'^2_2 + (X_m + X_{\sigma1})^2} \\ X_k = X_{\sigma1} + X_m \dfrac{R'^2_2 + X^2_{\sigma1} + X_m X_{\sigma1}}{R'^2_2 + (X_m + X_{\sigma1})^2} \end{cases} \quad (9\text{-}42)$$

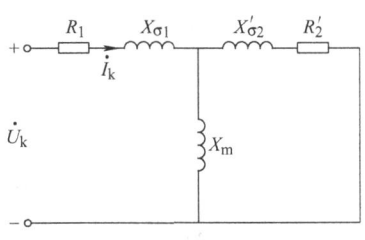

图 9-15 电动机堵转时等效电路

将 $X_m = X_0 - X_{\sigma1}$ 代入式(9-42)，求出

$$\begin{cases} R'_2 = (R_k - R_1)\dfrac{X_0}{X_0 - X_k} \\ X_{\sigma1} \approx X'_{\sigma2} = X_0 - \sqrt{\dfrac{(X_0 - X_k)(R'^2_2 + X^2_0)}{X_0}} \end{cases} \quad (9\text{-}43)$$

大、中型异步电动机，一般有 $Z_m \gg Z'_2$，则堵转试验等效电路中励磁支路可断开，近似有

$$\begin{cases} R_1 \approx R'_2 \approx \dfrac{R_k}{2} \\ X_{\sigma1} \approx X'_{\sigma2} \approx \dfrac{X_k}{2} \end{cases} \quad (9\text{-}44)$$

思 考 题

9-1 异步电动机主磁通 Φ_m 是如何产生的？负载变化时主磁通会不会变化？异步电动机的主磁通和漏磁通有什么异同点？主磁通在定子绕组和转子绕组中感应出的电动势的大小及频率是否相同？

9-2 当异步电动机转子转动时，定子电流的频率是多少？定子电动势的频率是多少？转子电动势和转子电流的频率又是多少？它们分别由什么因素决定？

9-3 频率归算的物理意义是什么？频率归算时应保持哪些量不变？为什么？

9-4 模拟电阻 $R_2\left(\dfrac{1-s}{s}\right)$ 代表什么？是否可以用电容或电感代替？为什么？

9-5 在异步电动机等效电路中，Z_m 是什么性质的物理参数？在额定电压下电动机由空载到负载，Z_m 会变化吗？

9-6 为什么异步电动机的相量图与接有纯电阻负载时的变压器相量图类似？

9-7 为什么异步电动机的功率因数总是滞后的？空载和满载时功率因数各有什么特点？

习 题

9-1 一台三相笼型异步电动机，额定电压为 380V，定子为三角形联结，额定转速为

957r/min，机械损耗为 80W。电动机参数如下：$R_1 = 2.08\Omega$，$R'_2 = 1.525\Omega$，$R_m = 4.12\Omega$，$X_m = 62.0\Omega$，$X_{\sigma 1} = 3.12\Omega$，$X'_{\sigma 2} = 4.25\Omega$。试分别用 T 形等效电路和简化等效电路求在额定情况下的定子电流、转子电流、功率因数和效率。

9-2　一台三相异步电动机，当转子绕组开路时，转子每相感应电动势为 110V。当电动机额定运行时，额定转速为 980r/min。$R_2 = 0.1\Omega$，$X_{\sigma 2} = 0.5\Omega$。忽略定子漏电抗压降，试求：（1）额定运行时转子每相电动势 E_{2s}。（2）额定运行时转子电流 I'_2。

9-3　一台三相异步电动机，$P_N = 10\text{kW}$，$U_{1N} = 380\text{V}$，$I_{1N} = 19.8\text{A}$，4 极，$f = 50\text{Hz}$，定子绕组星形联结，$R_1 = 0.5\Omega$。

空载试验：$U_1 = 380\text{V}$，$I_0 = 5.4\text{A}$，$p_0 = 425\text{W}$，$p_{\text{mec}} = 80\text{W}$。

堵转试验：$U_k = 120\text{V}$，$I_k = 18.1\text{A}$，$P_k = 920\text{W}$，忽略附加损耗，设 $X_{\sigma 1} = X'_{\sigma 2}$。试计算电动机的参数 R'_2，$X_{\sigma 1}$，$X'_{\sigma 2}$，R_m，X_m。

9-4　已知一台三相异步电动机的数据为：$U_{1N} = 380\text{V}$，定子△联结，频率为 50Hz，额定转速 $n_N = 1426\text{r/min}$，$R_1 = 2.865\Omega$，$X_{\sigma 1} = 7.71\Omega$，$R'_2 = 2.82\Omega$，$X'_{\sigma 2} = 11.75\Omega$，$R_m$ 忽略不计，$X_m = 202\Omega$。试求：（1）极对数；（2）同步转速；（3）额定负载时的转差率和转子频率；（4）画出 T 形等效电路并计算额定负载时的 I_1，P_1，$\cos\varphi_1$ 和 I'_2。

第十章

三相异步电动机的功率、转矩及工作特性

三相异步电动机定子绕组接至三相交流电源,转子输出机械能,能量转换是通过在转子绕组上产生电磁力进而产生电磁转矩来实现的,电磁转矩的大小,与定、转子参数及定子电源电压和频率有关,本章讨论三相交流异步电动机的功率和转矩平衡方程式、电磁转矩的大小和性质及工作特性。

第一节 异步电动机的功率平衡方程式和转矩平衡方程式

一、功率平衡方程式

用图10-1a所示等效电路来分析功率平衡。当三相异步电动机(即$m_1=3$)拖动机械负载稳定运行时,从电网吸收的电功率P_1为

$$P_1 = m_1 U_1 I_1 \cos \varphi_1 \tag{10-1}$$

异步电动机定子绕组通入电流I_1产生铜损耗$p_{Cu1} = m_1 I_1^2 R_1$,三相电流产生的旋转磁场在定子铁心产生铁损耗$p_{Fe} = m_1 I_0^2 R_m$(由于转子频率很低,转子铁损耗可以忽略)。输入的电功率P_1减掉这些损耗后,就是通过气隙磁场传递到转子上的电磁功率P_{em},即

$$P_{em} = P_1 - (p_{Cu1} + p_{Fe}) \tag{10-2}$$

从等效电路可知,传递到转子的电磁功率P_{em}消耗在转子电阻R_2'和等效电阻$\frac{1-s}{s}R_2'$上,也就是转子回路中所有电阻上的电功率,有

$$P_{em} = m_1 I_2'^2 \left(R_2' + \frac{1-s}{s} R_2' \right) = m_1 I_2'^2 \frac{R_2'}{s} = \frac{p_{Cu2}}{s} \tag{10-3}$$

转子绕组流过电流I_2'将产生铜损耗$p_{Cu2} = m_1 I_2'^2 R_2'$,则电动机转子上的总机械功率为

$$P_{mec} = P_{em} - p_{Cu2} = m_1 I_2'^2 \left(R_2' + \frac{1-s}{s} R_2' \right) - m_1 I_2'^2 R_2' = m_1 I_2'^2 R_2' \frac{1-s}{s} \tag{10-4}$$

或

$$P_{mec} = (1-s) P_{em} \tag{10-5}$$

三相异步电动机运行中,摩擦损耗和风阻损耗通称为机械损耗。同时定、转子开槽及存在的谐波磁场还将产生附加损耗,又称杂散损耗,用p_{ad}表示,附加损耗组成较复杂,一般根据经验估算,大型异步电动机中p_{ad}约为输入功率的0.5%,小型电动机中p_{ad}可达输入功率的1%~3%。

转子上的机械功率减去机械损耗和附加损耗后,得到电动机轴上输出的机械功率P_2,即

$$P_2 = P_{\text{mec}} - p_{\text{mec}} - p_{\text{ad}} = P_{\text{mec}} - p_0 \tag{10-6}$$

式中机械损耗 p_{mec} 与附加损耗 p_{ad} 合称为空载损耗。

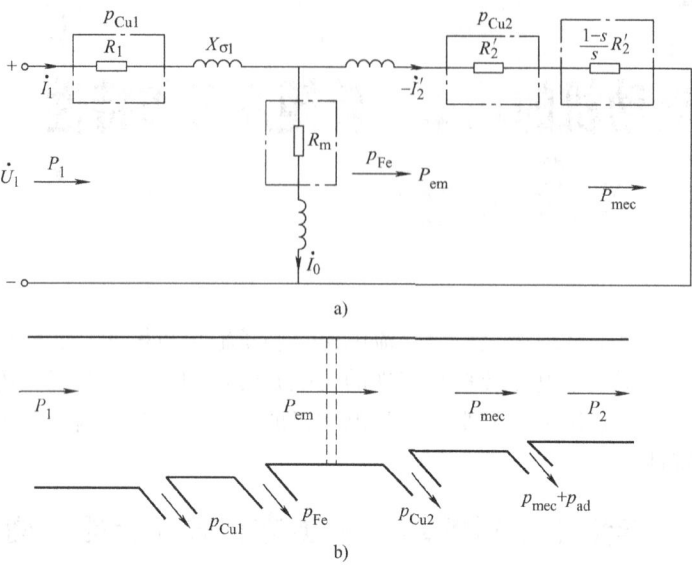

图 10-1 三相感应电动机的功率关系

综合以上分析得到异步电动机功率平衡方程式为

$$P_2 = P_1 - (p_{\text{Cu1}} + p_{\text{Fe}} + p_{\text{Cu2}} + p_{\text{mec}} + p_{\text{ad}}) = P_1 - \sum p \tag{10-7}$$

式中 $\sum p = p_{\text{Cu1}} + p_{\text{Fe}} + p_{\text{Cu2}} + p_{\text{mec}} + p_{\text{ad}}$，为电动机的总损耗。功率流程图如图 10-1b 所示。

二、转矩平衡方程式

旋转电机的机械功率等于电机的转矩和它的机械角速度的乘积。异步电动机的转矩有

$$\begin{cases} T_{\text{em}} = \dfrac{P_{\text{em}}}{\Omega} = \dfrac{(1-s)P_{\text{em}}}{(1-s)\Omega_1} = \dfrac{P_{\text{em}}}{\Omega_1} \\[2mm] T_0 = \dfrac{p_0}{\Omega} = \dfrac{p_{\text{mec}} + p_{\text{ad}}}{\Omega} \\[2mm] T_2 = \dfrac{P_2}{\Omega} \end{cases} \tag{10-8}$$

式中 Ω——机械角速度，$\Omega = \dfrac{2\pi n}{60}$；

Ω_1——同步角速度，$\Omega_1 = \dfrac{2\pi n_1}{60}$，有 $\Omega = \dfrac{2\pi(1-s)n_1}{60} = (1-s)\Omega_1$

可见，异步电动机运行时转轴上存在的三种转矩是：①电磁转矩 T_{em}，输入定子的电能转换成转子输出机械能是通过转子上产生的电磁力而实现的，由电磁力产生电磁转矩，具有驱动性质；②空载转矩 T_0，它是由机械损耗 p_{mec} 和附加损耗 p_{ad} 所引起的制动转矩；③负载制动转矩 T_2，它是转子所拖动的负载作用于转子的转矩。

可以导出异步电动机转矩平衡方程式为

$$T_{\text{em}} = T_2 + T_0 \tag{10-9}$$

第十章 三相异步电动机的功率、转矩及工作特性

为了计算方便，将电磁转矩写成

$$T_{em} = 9.55 \frac{P_{mec}}{n} = 9.55 \frac{P_{em}}{n_1} \tag{10-10}$$

第二节 异步电动机的电磁转矩及机械特性

一、电磁转矩的物理表达式和参数表达式

1. 物理表达式

根据异步电动机 T 形等效电路，电磁功率为 $T_{em} = m_1 \frac{p}{\omega_1} E'_2 I'_2 \cos\varphi_2$，将转子电动势 $E'_2 = 4.44 f_1 \omega_1 k_{N1} \Phi_m$ 代入，推导得到电磁转矩的物理表达式为

$$\begin{aligned}
T_{em} &= m_1 \frac{p}{2\pi f} 4.44 N_1 k_{N1} \Phi_m I'_2 \cos\varphi_2 \\
&= \frac{pm_1}{\sqrt{2}} 4.44 N_1 k_{N1} \Phi_m I'_2 \cos\varphi_2 \\
&= C_T \Phi_m I'_2 \cos\varphi_2
\end{aligned} \tag{10-11}$$

式(10-11) 表示电磁转矩与主磁通和转子电流的有功分量的乘积成正比。其物理概念清晰，故称为电磁转矩的物理表达式。式中，$C_T = \frac{pm_1}{\sqrt{2}} 4.44 N_1 k_{N1}$，是常数。

2. 参数表达式

式(10-11) 没有直接反映出电磁转矩与异步电动机参数之间的关系。因为电动机的同步角速度、电角速度和极对数存在以下关系

$$\Omega_1 = \frac{\omega_1}{p} \tag{10-12}$$

将电磁转矩表达式改写为

$$T_{em} = \frac{P_{em}}{\Omega_1} = \frac{p}{\omega_1} P_{em} \tag{10-13}$$

将 $P_{em} = m_1 I'^2_2 \frac{R'_2}{s}$ 代入，得到

$$T_{em} = \frac{p}{\omega_1} m_1 I'^2_2 \frac{R'_2}{s} \tag{10-14}$$

根据异步电动机简化等效电路（如图 9-10 所示）可得到

$$I'^2_2 = \frac{U_1^2}{\left(R_1 + \frac{R'_2}{s}\right)^2 + (X_{\sigma1} + X'_{\sigma2})^2}$$

代入式(10-14) 得

$$T_{em} = \frac{pm_1}{\omega_1} U_1^2 \frac{\frac{R'_2}{s}}{\left(R_1 + c_1\frac{R'_2}{s}\right)^2 + (X_{\sigma1} + c_1 X'_{\sigma2})^2} = \frac{m_1 p\ U_1^2 \frac{R'_2}{s}}{2\pi f_1 \left[\left(R_1 + \frac{R'_2}{S}\right)^2 + (X_{\sigma1} + X_{\sigma2})^2\right]} \tag{10-15}$$

二、机械特性

在电磁转矩的参数表达式中，p、m_1、f_1、U_1 都为已知量，对制造好的电动机而言其参数一定，若外加的电压及频率不变，电磁转矩是转差率的函数。以转差率 s 为自变量，式（10-15）表达了 T_{em} 与 s 的函数关系，用曲线表示，称为异步电动机的电磁转矩-转差率曲线。简称为 $T-s$ 曲线，如图 10-2 所示。若以转速 n 为纵坐标，电磁转矩 T_{em} 为横坐标，可得到 $n = f(T_{em})$ 曲线，又称为机械特性曲线。

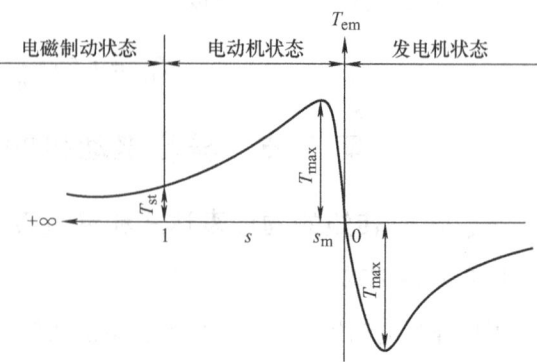

图 10-2 异步电动机 $T-s$ 曲线

从图 10-2 中，可以看出：

1）在 $0 < s < 1$ 区域部分为异步电动机区域。当 s 接近 1 时，随着 s 的减小，即电动机转速的增高，电磁转矩大体上是增加的。

2）$s = 0$，即 $n = n_1$ 时，转子和气隙磁场无相对运动，有 $T_{em} = 0$。

3）当 s 比零稍大时，由于 $R_1 + \dfrac{R_2'}{s}$ 很大，随着 s 的增加，电磁转矩逐渐增加。因此在电动机运行范围内，存在某一转差率 s_m 下的最大转矩 T_{max}。

4）$s < 0$ 时，电磁转矩为负值，异步电机为发电机状态，$|T_{em}|$ 随 $|s|$ 的变化规律与电动机状态相同。

5）$s > 1$ 时，电机反转，此时为电磁制动状态。

三、异步电动机稳态运行范围

1. 最大电磁转矩和过载系数

当 U_1、f_1 一定，且认为电动机参数不变时，电磁转矩 T_{em} 是转差率 s 的函数，令 $\dfrac{dT_{em}}{ds} = 0$ 可得产生最大转矩的转差率 s_m，称为临界转差率，有

$$s_m = \pm \frac{R_2'}{\sqrt{R_1^2 + (X_{\sigma 1} + X_{\sigma 2}')^2}} \tag{10-16}$$

代入式（10-15），求得最大电磁转矩为

$$T_{max} = \pm \frac{m_1}{2} \frac{p}{\omega_1} U_1^2 \frac{1}{\pm R_1 + \sqrt{R_1^2 + (X_{\sigma 1} + X_{\sigma 2}')^2}} \approx \pm \frac{m_1 p U_1^2}{4\pi f_1 (\pm R_1 + X_{\sigma 1} + X_{\sigma 2}')} \tag{10-17}$$

式中的"+"值表示电动机状态，"-"值表示发电机状态，可以得到以下结论：

1）当电源频率 f_1、电动机参数不变时，最大电磁转矩 T_{max} 与定子相电压的二次方成正比。

2）最大电磁转矩与转子电阻无关，临界转差率 s_m 与转子回路电阻 R_2' 成正比。

3）在给定电压 U_1 和频率 f_1 下，若漏抗（$X_{\sigma 1} + X_{\sigma 2}'$）增大，$T_{max}$ 减小。因此为获得较大的 T_{max}，电动机制造时，应尽量减小定、转子的漏磁通，达到减小定、转子漏抗的目的。

第十章 三相异步电动机的功率、转矩及工作特性

电动机的最大电磁转矩与额定转矩之比称为过载系数，是电动机的一项重要指标，其计算式为

$$k_\mathrm{m} = \frac{T_\max}{T_\mathrm{N}} \tag{10-18}$$

如果负载制动转矩超过电动机最大电磁转矩，电动机就会停转。一般用途的异步电动机 k_m 为 1.6~2.3，有特殊要求的可达 2.8 左右。

2. 起动转矩

异步电动机定子绕组接通电源，转子还未转动时（$s=1$）的电磁转矩称为起动转矩 T_st。将 $s=1$ 代入式（10-15）中，得

$$T_\mathrm{st} = \frac{m_1 p U_1^2 R_2'}{2\pi f_1 [(R_1 + R_2')^2 + (X_{\sigma 1} + X_{\sigma 2}')^2]} \tag{10-19}$$

由式（10-19）可以得到：

1) 电源频率、电动机参数不变时，起动转矩与定子相电压的二次方成正比。

2) 绕线转子电动机，若在转子回路串联电阻 R_st'，将使 s_m 增大，保持最大转矩 $T_\max$ 不变，如图 10-3 所示。

从图 10-3 可见，当 R_2' 增大为 $R_2' + R_\mathrm{st}'$，s_m 增大为 s_m'，最大转矩 $T_\max$ 不变，起动转矩从 T_st 增大为 T_st'。

起动转矩与额定转矩之比称为起动转矩系数，用 k_st 表示，它也是电动机的重要指标，反映了电动机起动负载的能力，只有 $k_\mathrm{st} > 1$，电动机才能带负载起动。k_st 大，电动机起动就快。一般笼型异步电动机的 k_st 为 1.0~2.0。其计算方式为

$$k_\mathrm{st} = \frac{T_\mathrm{st}}{T_\mathrm{N}} \tag{10-20}$$

3) 电源频率、定子电压一定时，$(X_{\sigma 1} + X_{\sigma 2}')$ 越大，则起动转矩 T_st 越小。

3. 异步电动机稳定运行范围

电动机拖动的机械负载分为三类：①恒转矩负载，当转速变化时，负载转矩保持不变，如起重机、轧钢机等；②恒功率负载，负载转矩与转速成反比，负载功率基本不变，如卷扬机、金属切削机等；③风机类负载，负载转矩与转速的二次方成正比，如风机、水泵等。以恒转矩负载说明异步电动机的稳定运行范围，如图 10-4 所示。

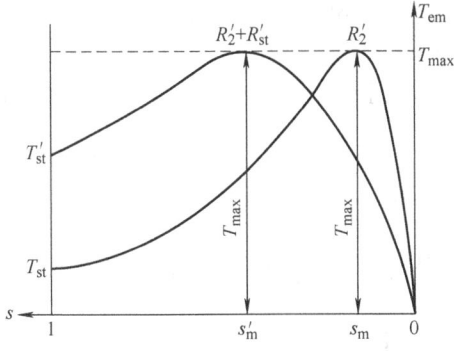

图 10-3 转子回路串联电阻的机械特性

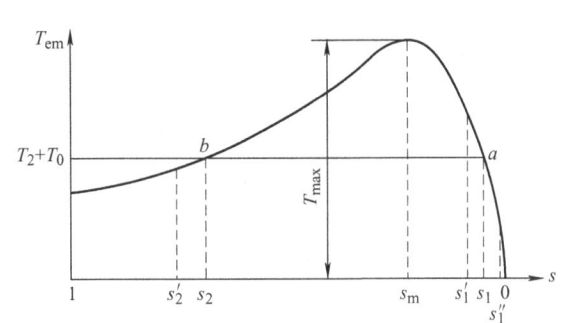

图 10-4 异步电动机稳定运行与不稳定运行

由图10-4可知,负载转矩和电动机机械特性曲线有两个交点(a点和b点),称为转矩平衡点。假定电动机运行在a点,转差率为s_1,此时发生扰动使转速减小,转差率增大到s_1',则$T_{em} > T_2 + T_0$,电动机加速,扰动消失后恢复到a点。反之,当发生扰动使转速增加,转差率减小到s_1''运行,此时$T_{em} < T_2 + T_0$,电动机减速,扰动消失后恢复到a点。所以a点称为稳定工作点。假定电动机在b点运行,转差率为s_2,若发生外因扰动,如负载转矩突然增加导致转速减小,转差率增大到s_2',此时$T_{em} < T_2 + T_0$,电动机减速使转速越来越小直到停止。反之若负载转矩突然减小,电动机总转矩$T > T_L$,电动机加速,过渡到稳定运行区中的相应平稳点。

从以上分析可见,异步电动机稳定运行区域为$0 < s < s_m$。

四、电磁转矩简化计算公式

在电动机参数未知情况下,常常需要根据产品目录中提供的异步电动机额定功率、额定转速和过载能力得到异步电动机的机械特性。

因为$R_1 \ll (X_{\sigma 1} + X_{\sigma 2}')$,忽略$R_1$,则$s_m \approx \dfrac{R_2'}{X_{\sigma 1} + X_{\sigma 2}'}$,有$R_2' = s_m(X_{\sigma 1} + X_{\sigma 2}')$,将其代入式(10-15)并整理后得

$$T_{em} = m_1 \frac{p}{2\pi f_1} U_1^2 \frac{1}{X_{\sigma 1} + X_{\sigma 2}'} \frac{1}{\dfrac{s_m}{s} + \dfrac{s}{s_m}} \tag{10-21}$$

将式(10-21)和式(10-15)相比,得到转矩实用计算公式为

$$\frac{T_{em}}{T_{max}} = \frac{2}{\dfrac{s_m}{s} + \dfrac{s}{s_m}} \tag{10-22}$$

电动机在额定运行状态时有

$$k_m = \frac{T_{max}}{T_N} \frac{1}{2}\left(\frac{s_m}{s} + \frac{s_N}{s_m}\right) \tag{10-23}$$

可求得

$$s_m = s_N(k_m + \sqrt{k_m^2 - 1}) \tag{10-24}$$

例 10-1 一台三相绕线转子异步电动机,$f_N = 50\text{Hz}$,$P_N = 150\text{kW}$,$U_N = 380\text{V}$,$n_N = 950\text{r/min}$。定子铜损耗$p_{Cu1} = 5.1\text{kW}$,转子铜损耗为$p_{Cu2} = 2.8\text{kW}$,铁损耗$p_{Fe} = 3.5\text{kW}$,机械损耗$p_{mec} = 1\text{kW}$,忽略附加损耗,求额定运行时:(1)转差率s_N;(2)电磁转矩T_{emN};(3)额定运行时的空载转矩T_0;(4)当该电动机的过载系数为2时的最大电磁转矩;(5)转差率$s = 0.04$时的电磁转矩。

解:(1)额定转差率 $s_N = \dfrac{n_1 - n_N}{n_1} = \dfrac{1000 - 950}{1000} = 0.05$

(2)额定电磁转矩 $T_{em} = 9.55\dfrac{P_N}{n_1} = 9.55 \times \dfrac{150 \times 10^3}{1000}\text{N}\cdot\text{m} = 1432.5\text{N}\cdot\text{m}$

(3)额定运行时的空载转矩 $T_0 = 9.55\dfrac{p_{mec}}{n_N} = 9.55 \times \dfrac{1 \times 10^3}{950}\text{N}\cdot\text{m} = 10.05\text{N}\cdot\text{m}$

(4)额定负载转矩 $T_N = 9.55\dfrac{P_N}{n_N} = 9.55 \times \dfrac{150 \times 10^3}{950}\text{N}\cdot\text{m} = 1507.9\text{N}\cdot\text{m}$

最大电磁转矩　　$T_{\max} = k_m T_N = 2 \times 1507.9 \text{N·m} = 3015.8 \text{N·m}$

（5）最大转矩时的转差率　　$s_m = s_N (k_m + \sqrt{k_m^2 - 1})$
$= 0.05 \times (2 + \sqrt{2^2 - 1})$
$= 0.187$

当 $s = 0.04$ 时的电磁转矩　　$T_{em} = \dfrac{2T_{\max}}{\dfrac{s_m}{s} + \dfrac{s}{s_m}} = 1233.7 \text{N·m}$

第三节　异步电动机的工作特性

当三相异步电动机定子绕组加额定频率的额定电压时，其转差率 s、定子电流 I_1、定子功率因数 $\cos\varphi_1$、输出转矩 T_2、效率 η 与输出功率 P_2 之间的关系，称为异步电动机的工作特性，通常用曲线表示，如图 10-5 所示。工作特性可以通过试验测得，也可利用等效电路计算得到。

1. 转差率特性 $s = f(P_2)$

空载时，转子转速 n 接近于同步转速 n_1，s 很小。随着负载的增加，转速 n 要略微降低，这时转子感应电动势 E_{2s} 增大，转子电流增大，以产生大的电磁转矩来平衡负载转矩。因此随着 P_2 的增加，转子转速 n 下降、转差率 s 增大。

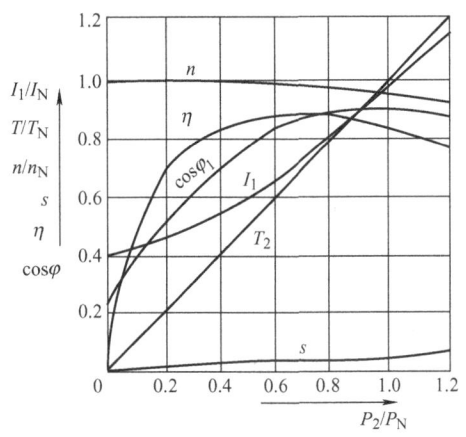

图 10-5　异步电动机工作特性

2. 定子电流特性 $I_1 = f(P_2)$

当空载时，定子电流略大于励磁电流，随着负载的增加，转速下降，转子电流增大，定子电流也增大。

3. 定子功率因数特性 $\cos\varphi_1 = f(P_2)$

三相异步电动机运行时，必须从电网中吸取滞后电流来励磁，它的功率因数永远小于 1。空载时，定子功率因数很低，不超过 0.2。当负载增大时，定子电流中的有功电流增加，使功率因数提高，额定负载时，$\cos\varphi_1$ 最高。如果负载进一步增大，由于转速下降，转子漏抗增大，转差率 s 的增大，因转子电动势和电流之间的相位差 $\varphi_2 = \arctan\dfrac{sX_{\sigma 2}}{R_2}$ 的变大，转子功率因数 $\cos\varphi_2$ 将减小，于是转子电流无功分量增大，使与之平衡的定子电流无功分量增大，$\cos\varphi_1$ 又开始减小。

4. 转矩特性 $T_2 = f(P_2)$

已知输出转矩 $T_2 = \dfrac{P_2}{\Omega} = \dfrac{P_2}{2\pi\dfrac{n}{60}}$，若转速 n 为常数，则 T_2 与 P_2 成正比，从空载到额定负载之间转速变化较小，即 $T_2 = f(P_2)$ 近似为一条过原点的直线。

5. 效率特性 $\eta = f(P_2)$

异步电动机的效率为

$$\eta = \frac{P_2}{P_1} = 1 - \frac{\sum p}{P_1}$$

电动机空载时，$P_2 = 0$、$\eta = 0$。随着输出功率的增加，效率也增加。在正常运行范围内，因气隙每极磁通和转速变化较小，所以铁损耗和机械损耗变化很小，称为不变损耗，定、转子铜损耗与电流二次方成正比，变化较大，称为可变损耗。可以证明，当不变损耗等于可变损耗时，电动机的效率达到最高。对中、小型异步电动机，P_2 为 $(0.75 \sim 0.85) P_N$ 时效率最高。如果负载继续增大，效率反而要降低。一般来说，电动机的容量越大，效率越高。

思 考 题

10-1 异步电动机带额定负载运行时，如果电源电压下降，对 I_2、Φ_m、T_{st}、T_{max}、s 有什么影响？若电源电压下降过多，会产生什么严重后果？为什么？

10-2 漏抗大小对异步电动机的起动电流、定子功率因数各有什么影响？

10-3 分析下列情况下异步电动机的最大转矩、起动转矩将如何变化？（1）转子电阻增加；（2）定子漏抗增加；（3）电源频率增加；（4）提高电源电压。

10-4 增大异步电动机的气隙后，I_0、X_σ、T_{st}、T_{max} 各有什么变化？

10-5 一台原来设计用在频率 $f_1 = 60Hz$ 电源上的三相异步电动机，能否用在电压相同、频率为 50Hz 的电源上？

10-6 三相异步电动机能否拖动超过额定电磁转矩的机械负载？为什么？能否在最大转矩下长期运行？为什么？

习 题

10-1 一台三相异步电动机的输入功率为 10.7kW，定子铜损耗为 450W，铁损耗为 200W，转差率为 0.029，试计算电动机的电磁功率、转子铜损耗及总机械功率。

10-2 一台三相异步电动机，额定功率为 5.5kW，频率为 50Hz，$p = 2$。在转差率为 0.03 的情况下运行，定子方面输出功率为 6.5kW，定子铜损耗为 350W，铁损耗为 170W，机械损耗为 45W，求该电动机运行时的转速、电磁功率、输出机械功率、输出机械转矩及效率。（略去附加损耗）

10-3 一台异步电动机，$P_N = 2.5kW$，过载系数 $k_m = 2.2$，$n_N = 970r/min$，$f = 50Hz$。试求：（1）产生最大电磁转矩的转差率 s_m；（2）当 $s = 0.1$ 时的电磁转矩。

10-4 一台 8 极异步电动机，$P_N = 260kW$，$U_{1N} = 380V$，$f_N = 50Hz$，$n_N = 722r/min$，过载系数 $k_m = 2.13$。试求：（1）产生最大电磁转矩时的转差率；（2）$s = 0.02$ 时的电磁转矩。

10-5 一台三相异步电动机，额定功率 $P_N = 7.5kW$，额定电压 $U_{1N} = 380V$，定子△联结，$f_N = 50Hz$，$n_N = 960r/min$。额定负载时的功率因数 $\cos \varphi_1 = 0.824$，定子铜损耗为 474W，铁损耗为 231W，机械损耗为 82.5W。试计算额定负载时的：（1）转差率；（2）转

子电流频率；（3）转子铜损耗；（4）效率；（5）定子电流。

10-6 一台异步电动机，$P_N = 10\text{kW}$，$U_{1N} = 380\text{V}$，$n_N = 1455\text{r/min}$，$R_1 = 1.375\Omega$，$X_{\sigma 1} = 2.43\Omega$，$R_2' = 1.047\Omega$，$X_{\sigma 2}' = 4.4\Omega$，$R_m = 8.34\Omega$，$X_m = 82.6\Omega$，定子△联结。在额定负载时机械损耗为205W。该电动机在额定电压下运行时，试求：（1）转速为1455r/min时的电磁转矩；（2）最大转矩T_{max}及产生最大转矩时的转差率s_m。

第十一章

异步电动机的起动、调速和制动

本章主要介绍异步电动机的起动、调速和制动。

第一节 起动电流和起动转矩

当三相异步电动机加上对称三相电压时,电动机便从静止状态过渡到稳定运行状态,此过程称为起动。

一般由下列指标衡量电动机的起动性能:

1) 起动电流倍数 $\dfrac{I_{st}}{I_N}$,该指标的值要尽可能小,以减小对电网的冲击。

2) 起动转矩倍数 $\dfrac{T_{st}}{T_N}$,该指标的值要尽可能大,以加快起动过程,缩短起动时间。

除此之外,起动设备要简易、可靠、操作方便、有良好的经济性等。

一、起动电流

三相异步电动机在额定电压下直接起动时,$s=1$、$n=0$,附加电阻 $\dfrac{1-s}{s}R_2'=0$,电动机相当于短路状态,所以定子(短路)电流很大,励磁电流较小,可忽略,设修正系数 $c_1=1$,由简化等效电路得到定子起动电流为

$$I_{st} = \frac{U_1}{\sqrt{(R_1+R_2')^2+(X_{\sigma 1}+X_{\sigma 2}')^2}} \tag{11-1}$$

此时起动电流为额定电流的 4~7 倍。

二、起动转矩

起动时,令 $s=1$、$c_1=1$,代入转矩公式,得到起动转矩为

$$T_{st} = \frac{m_1 p}{2\pi f_1} U_1^2 \frac{R_2'}{(R_1+R_2')^2+(X_{\sigma 1}+X_{\sigma 2}')^2} \tag{11-2}$$

由前面推导的转矩物理表达式 $T_{em}=C_T \Phi_m I_2 \cos\varphi_2$ 来看,由于定子电流很大,其定子阻抗压降很大,则定子电动势小,磁通 Φ_m 比正常运行时小。转子功率因数角 $\varphi_2=\arctan\dfrac{X_{\sigma 2}}{R_2}$ 较大,转子电流有功分量 $I_2\cos\varphi_2$ 较小。尽管起动电流较大,但起动转矩并不大,一般只有额定转矩的 1~2.2 倍。

第十一章 异步电动机的起动、调速和制动

由于电动机只有在起动转矩 $T_{st} \geq 1.1 T_L$ 时才能带动负载正常起动，起动过程中过大的起动电流将引起较大的线路电压降，影响同一台变压器上其他负载的正常运行。同时过大的起动电流也会使频繁起动的异步电动机内部发热过多而损坏电动机。因此，不采取措施的异步电动机在额定电压下直接起动，存在起动电流过大、起动转矩较小的缺点，需考虑完善异步电动机的起动性能的方法。

第二节 异步电动机的起动方法

一、笼型异步电动机的起动

1. 全电压直接起动

全电压直接起动是将定子绕组直接接到额定电压的电网上进行起动。此方法起动设备简单，只需一个电源开关，没有其他附加起动设备，起动操作简单，但起动电流 I_{st} 大，一般达 4~7 倍额定电流。只要直接起动时，起动电流 I_{st} 在电网中引起的电压降不超过（10% ~ 15%）U_N 时，均可采用直接起动。

2. 减压起动

当电动机起动时以低于额定电压的电压接至定子绕组，待电动机的转速上升到接近额定转速后再切换到额定电压下运行的起动方式称为减压起动。因为定子绕组的端电压低于额定电压，可以使起动电流减小，而由于转矩与电压的二次方成正比，使起动转矩也大为降低，因此这种方法适用于对起动转矩要求不高的场合，如电动机的空载或轻载起动。减压起动主要有以下几种：

1）星形—三角形联结起动，这种方法只适用于正常运行时，定子绕组接成三角形联结的电动机，起动时，定子三相绕组接成星形联结，起动完毕后，再接成三角形联结。接线原理图如图 11-1 所示。

设电网电压为 $\dot{U}$，每相阻抗为 Z，由异步电动机简化等效电路得星形（Y）联结时的起动电流为

$$I_{stY} = \frac{U}{\sqrt{3} Z} \tag{11-3}$$

三角形（△）联结时的起动电流为

$$I_{st\triangle} = \frac{\sqrt{3} U}{Z} \tag{11-4}$$

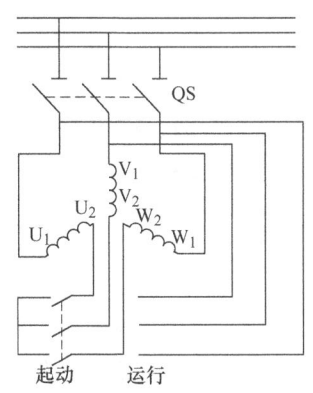

图 11-1 星形—三角形联结起动接线原理图

将式(11-3) 与式(11-4) 相比，得到起动电流减小的倍数为

$$\frac{I_{stY}}{I_{st\triangle}} = \frac{\dfrac{U}{\sqrt{3} Z}}{\dfrac{\sqrt{3} U}{Z}} = \frac{1}{3} \tag{11-5}$$

即星形联结时，电网供给的起动电流仅为三角形联结的 $\dfrac{1}{3}$。

已知起动转矩与相电压的二次方成正比，起动转矩减小的倍数为

$$\frac{T_{stY}}{T_{st\triangle}} = \frac{(U_N/\sqrt{3})^2}{U_N^2} = \frac{1}{3} \tag{11-6}$$

可见起动转矩也减小为直接起动时的 $\frac{1}{3}$。

此方法所用设备简单、操作方便、应用较为广泛，故常用在轻载或空载情况下起动。

2）自耦变压器减压起动。这种方法在起动时利用自耦变压器把电网电压降低后再加到电动机定子绕组上，待转速基本稳定时再把电动机直接接入电网。接线图如图11-2所示。

设自耦变压器电压比为 k_a，经降压后电压降低到 $\frac{U_N}{k_a}$，则起动转矩 T_{st} 减小为原来的 $\frac{1}{k_a^2}$。

减压起动后流经自耦变压器二次侧的电流为

$$I_{st2} = \frac{I_{st}}{k_a} \qquad (11\text{-}7)$$

式中　I_{st}——额定电压下直接起动时电网供给的起动电流。

则流经自耦变压器一次侧的电流为

$$I_{st1} = \frac{I_{st}}{k_a^2}$$

所以电网供给的起动电流只有直接起动时的 $\frac{1}{k_a^2}$。同时，起动转矩与电压的二次方成正比，起动转矩也减少到 $\frac{1}{k_a^2}T_{st}$。

此方法使用时 I_{st} 较小，自耦变压器有几个抽头，可灵活选择，但设备费用高。

3）定子回路串联电抗起动。起动时，将电抗串联入定子绕组，待转速基本稳定后将它切除，如图11-3所示。利用起动电流流经电抗产生的电抗压降可降低定子绕组的端电压。在电动机参数不变的情况下，设额定电压为 U_N，K 为串联电抗起动后起动电压比额定电压降低的百分数，或起动电流比额定电流降低的百分数，$K<1$。电动机在减压起动时有：

① 起动电压　　　　　　　　$U_{st} = KU_N$
② 起动电流　　　　　　　　$I_{st} = KI_{stN}$
③ 起动转矩　　　　　　　　$T_{st} = K^2 T_{stN}$

式中　I_{stN}——直接起动时的起动电流；
　　　T_{stN}——直接起动时起动转矩。

此方法只适用于对 T_{st} 大小要求不高的场合，也可用电阻代替电抗，但使用电阻会使耗电多，不经济。

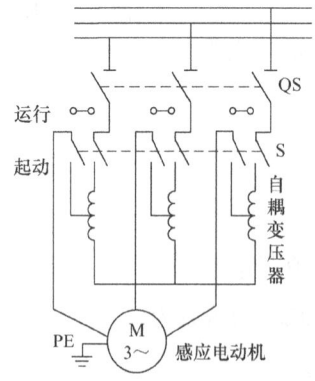

图11-2　自耦变压器起动接线图

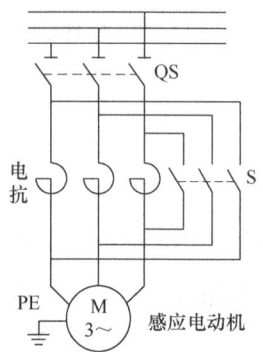

图11-3　定子回路串联电抗起动原理

二、绕线转子异步电动机的起动

绕线转子异步电动机的转子上绕有对称的三相绕组，正常运行时，三相绕组通过集电环或用专用短路装置短路，起动时，为减小起动电流，可在转子绕组中串联起动电阻或频敏电阻器以改善起动性能。

(1) 串联起动电阻　转子回路串联电阻既可以限制起动电流又可以增大起动转矩，如图 11-4 所示（T_J 为额定转矩）。电动机转动后，为缩短起动时间，可以把串联的起动电阻逐渐切除，使整个起动过程中电动机保持有较大的转矩，直到最后电阻全部切除为止。

为获得大的起动转矩，起动电阻并非越大越好，当 $s_m = 1$ 时，起动转矩等于最大转矩，设 R'_{st} 为起动电阻（已归算至定子侧），则获得最大起动转矩时转子回路所需串联的电阻为

$$R'_{st} = \frac{1}{c_1}\sqrt{R_1^2 + (X_1 + c_1 X'_2)^2} - R'_2 \tag{11-8}$$

(2) 转子回路串联频敏电阻器　频敏电阻器实际是只有一次绕组的三相心式变压器，如图 11-5 所示，它的铁心由钢板或铁板制成，所以涡流损耗大，三个铁心柱上绕有三相线圈，一个铁心线圈可以等效为一个电阻和电抗的串联电路，等效电阻主要是反映铁心的铁损耗。当线圈中通过交流电时，铁心中产生交变磁通，会产生很大的涡流损耗，反映此损耗的电阻也较大，由于涡流损耗与转子电流频率的二次方成正比，起动时，转子频率较高，等效铁损耗的电阻大，可限制起动电流、提高起动转矩，随转速升高，转子绕组中的电流频率逐渐减小，反映铁损耗的等效电阻也随之减小。起动完毕后，切除频敏电阻器。

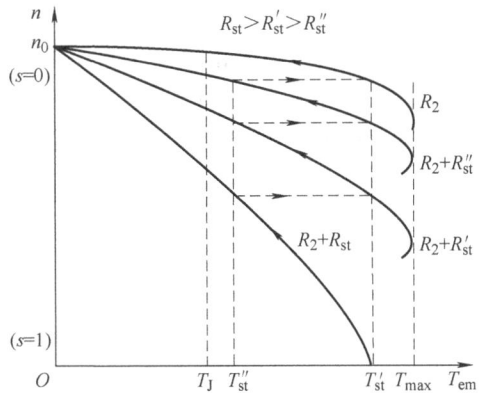

图 11-4　绕线转子异步电动机转子
回路串联电阻机械特性

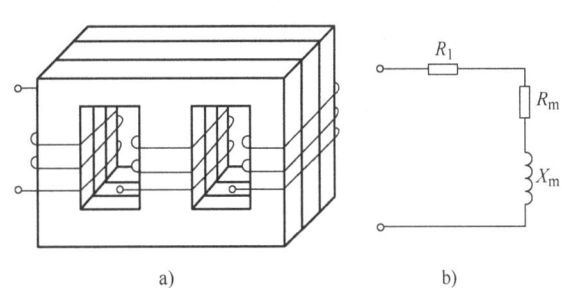

图 11-5　频敏电阻器
a) 频敏电阻器结构　b) 等效电路

第三节　异步电动机的调速方法

根据负载的要求人为或自动调节异步电动机的转速的过程称为调速。虽然从调速范围或平滑性上看，异步电动机的调速性能不及直流电动机，但随着电力电子技术、微电子技术、计算机控制技术的发展，交流调速系统的应用正变得越来越广泛。

已知异步电动机的转速公式为

$$n = n_1(1-s) = \frac{60 f_1}{p}(1-s) \tag{11-9}$$

由式(11-9)可见有三种调速方法：
1) 改变电动机所接电源频率f_1，即变频调速。
2) 改变电动机定子绕组的极对数p，即变极调速。
3) 改变电动机转差率s。

改变转差率s的方法主要有：

① 改变外加电压，称为调压调速。

② 在转子回路串联外加电阻，称为变转子电阻调速。

③ 在转子回路引入附加电动势，通过调节该电动势的大小和相位来调速，称为串级调速。

一、变频调速

1. 恒转矩调速

调速时，人们希望保持电动机的主磁通不变，因为主磁通增大将引起磁路过分饱和，励磁电流大大增加，功率因数下降，铁心损耗增加。而主磁通减小又将导致电磁转矩、最大转矩和过载能力下降。

忽略异步电动机定子阻抗压降，则 $U \approx E = 4.44 f_1 N_1 k_{N1} \Phi_1$，为保持电动机的良好运行性能，在变频调速时需保持主磁通不变。要使主磁通不变，改变频率的同时，电压也将随比例变化，即

$$\frac{U_1}{f_1} \approx 4.44 N_1 k_{N1} \Phi_1 = 常数 \tag{11-10}$$

此时，最大转矩保持不变，与频率无关。如果保持变频前后散热情况相同，这种调速方式可以保持转子电流相同，即具有相同的额定转矩，所以称为恒转矩调速。该调速方法的优点是：调速范围大、机械特性硬、可无级调速。缺点是须有一套大于电动机容量的变频电源。

2. 恒功率调速

调频前后保持输出功率不变，即 $T f_1 = T' f_1' = 常数$

有

$$\frac{T'}{T} = \frac{f_1}{f_1'} \tag{11-11}$$

则定子端电压的大小与频率之间的关系为

$$\frac{U_1'}{U_1} = \sqrt{\frac{f_1'}{f_1}} \tag{11-12}$$

即

$$\frac{U_1}{\sqrt{f_1}} = 常数 \tag{11-13}$$

恒功率调速时，随频率上升，气隙磁通及最大转矩将下降。

根据上述分析可见，改变电源频率调速时，为获得良好的调速性能，电源电压的大小也应按一定规律变化，因此实际上是变频变压调速。

工程实际应用中，异步电动机的额定频率称为基频（50Hz），从基频向下调速时通常采用恒转矩调速，从基频向上调速时，因电动机绕组不宜承受过高电压，所以只能保持额定电压，此时气隙磁通会随电源频率升高而减小，通常采用恒功率调速。

第十一章 异步电动机的起动、调速和制动

二、变极调速

变极调速是通过改变异步电动机定子绕组的接法，使绕组的极对数改变，从而达到调速的目的。异步电动机转子一般是笼型转子，这种转子极对数能自动随定子极对数的改变而改变，使定、转子磁动势的极对数总相等，从而产生平均电磁转矩，实现能量转换。因此本调速方法适用于三相笼型异步电动机。但此调速方法不能平滑调节转速，是有级调速，在调速要求较高的设备中不适用。

定子绕组变极对数的方法有两种：

1）定子绕组安装两套（或多套）绕组，各套绕组设计成不同的极对数，它们彼此独立，没有电的联系，需要哪个极对数时，就使用哪套绕组。

2）定子上只有一套绕组，用改变绕组的连接方法得到不同的极对数，用这种方法调速的电动机称为单绕组多速异步电动机，因这种电动机对绕组的利用率高，因此应用较广泛。

下面以单绕组双速异步电动机为例说明变极原理。

设定子上每相有匝数相等的两组线圈 $U_{11}U_{21}$、$U_{12}U_{22}$，每组线圈用一个集中线圈表示（以 U 相为例）

当两个线圈串联，如图 11-6a 所示。由电流方向可知将产生一个四极磁场，如图 11-6b 所示。若将接线改成图 11-7a 所示，将产生一个两极磁场。同理其他两相绕组也同样改变接线，将三相合成的磁动势由四极变成两极，使电动机同步转速提高一倍，达到变速的目的。

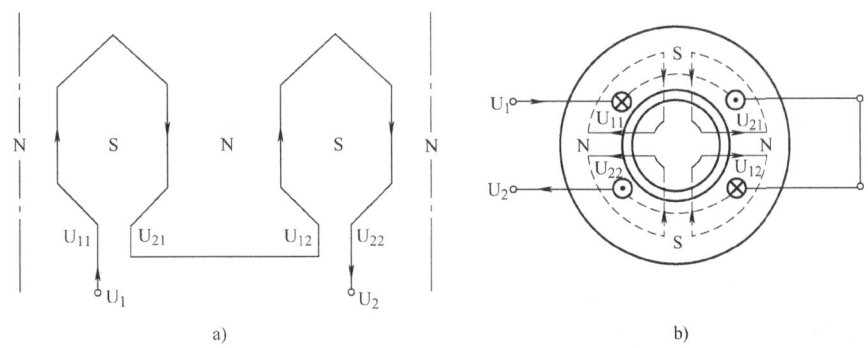

图 11-6 变极绕组四极接线法
a）接线图 b）四极磁场图

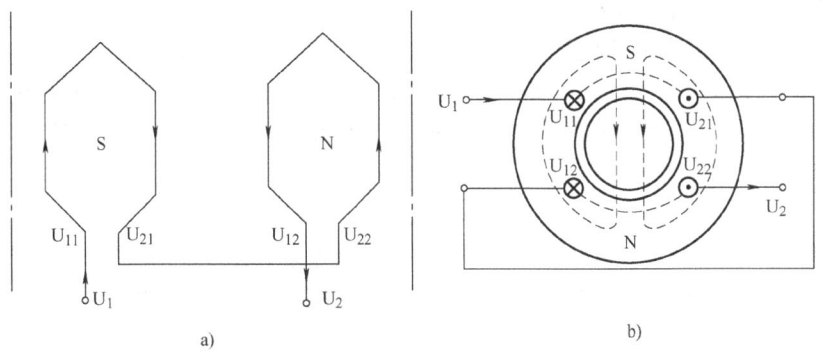

图 11-7 变极绕组两极接线法
a）接线图 b）两极磁场图

三相绕组之间的连接一般有两种方式：①Y/YY联结，低速时接成Y联结，高速时接成YY联结，如图11-8a所示；②△/YY联结，低速时接成△联结，高速时接成YY联结，从图11-8中可知，这两种接线方式均使每相的一半绕组内的电流改变方向，导致定子磁场极对数减半。

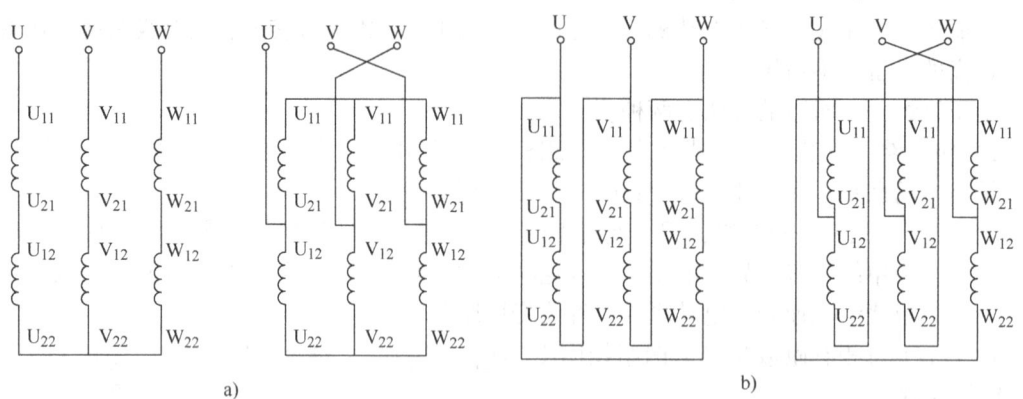

图11-8 三相变极绕组的两种接法
a) Y/YY联结 b) △/YY联结

三、改变转差率调速

1. 改变外加电压调速

已知外加电压改变时，最大转矩随 U_1 的二次方而变化，临界转差率 s_m 不变。$T-s$ 曲线变化情况如图11-9所示。从图中可以看出，当 U_1 下降时，电动机的工作点将发生变化，转差率增大、转速减小。此方法适用于转子电阻较大的笼型异步电动机，其调速范围很小，效率也较低，但调压设备比变频设备便宜。目前调压调速广泛采用交流调压器，这种调压器由晶闸管等器件组成。

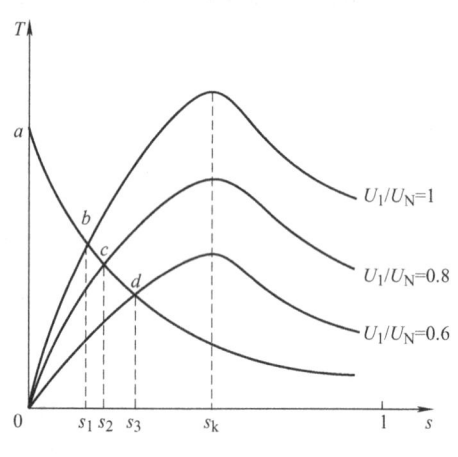

图11-9 改变外加电压调速

2. 转子回路串联电阻调速

已知，绕线转子异步电动机转子回路串联电阻，可改变异步电动机的 $T-s$ 曲线，增大转子的转差率，达到调速的目的。如图11-10所示，曲线Ⅰ是异步电动机固有机械特性，曲线Ⅱ是串联电阻后的人为机械特性，曲线Ⅲ是恒转矩的负载特性。a 点是未串联电阻的工作点，转差率为 s，对应转速为 n；b 点为串联电阻后的工作点，转差率为 s'，对应转速为 n'。

调速的物理过程如下：当转子回路串联的电阻增大时，由于机械惯性作用，电动机转速不能突变，转子电流随电阻增加而减小，电磁功率和电磁转矩又将随转子电流减小而减小，负载转矩不变，转矩平衡受到破坏，使电动机减速，转差率增加，此时转子电动势和转子电流随转差率增加而增加，直至转矩达到新的平衡。

因负载转矩调速前后保持不变，可推导出

$$\begin{cases} \dfrac{R_2'}{s} = \dfrac{R_2' + R_\Delta'}{s'} \\ s' = \dfrac{R_2' + R_\Delta'}{R_2'}s \end{cases} \quad (11\text{-}14)$$

式中 R_Δ'——串联的电阻。

由式(11-14)可求出转速与电阻之间的关系。

这种调速方法只能从空载转速向下调速，调速范围不大，转子串联电阻后使铜损耗增加，电动机效率降低，同时转子电流很大，电阻发热严重且电阻体积大，经济性差，但这种调速方法简单。

3. 串级调速

在绕线转子异步电动机转子回路串联电阻调速时，调速电阻中会消耗很多的功率，为利用这部分功率，在转子回路中接入附加电动势调速的方法称为串级调速。

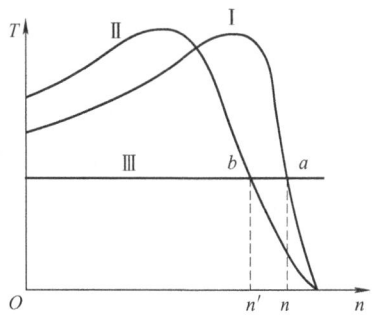

图 11-10　转子回路串联电阻调速

串级调速的物理过程如下：当转子回路接入一个附加电动势 E_f，其频率与转子电动势 sE_2 的频率相同，相位相反。转子电流 I_2 为

$$I_2 = \frac{sE_2 - E_f}{\sqrt{R_2^2 + (sX_2)^2}} \quad (11\text{-}15)$$

在附加电动势刚接入的瞬间，转子中合成电动势减小，转子电流减小，电磁转矩随 I_2 减小而减小，这样电磁转矩小于负载转矩，使电动机减速，转差率增加。由式(11-15)可知，当 s 增大时，转子电动势 sE_2 将增大，转子电流和电磁转矩随之增大，直至电磁转矩与负载转矩相等，减速过程结束。电动机在新的平衡状态运行。

目前采用串级调速的电动机大多为晶闸管串级调速，且主要用于低于同步转速的调速。这种调速方法是将转子绕组接至半导体整流装置，把转子中的转差电动势产生的电流整流为直流电流，再由晶闸管逆变器把直流电逆变为与电网同频率的交流电，通过逆变压器反馈回交流电网。逆变器的电压可看成是加在转子回路中的附加电动势，控制逆变器的移相角可改变逆变器的电压 E_f，同时逆变器把转子回路的转差功率大部分反送回交流电网。与转子回路串联电阻调速相比，这种方法提高了电动机效率，但存在调速范围不大、功率因数较低的缺点。

第四节　三相异步电动机的制动

异步电动机在生产过程中有时需要快速减速、停车和改变电动机转向，这就需要在电动机转轴上施加一个与转向相反的转矩来进行制动。电动机的制动方式有机械制动和电气制动。本节介绍几种常用的电气制动方式。电气制动是在转轴上施加与转速方向相反的电磁转矩达到制动的目的。

一、反接制动

若异步电动机原先在电动机状态下运行，转差率为 s，现将定子三相引入线中的任意两根相线（例如 V、W 相的两根相线）对调，使定子电压的相序改变，此时，气隙旋转磁场的方向将随之改变，由原来与转子转向相同变成与转子转向相反，电磁转矩的方向也将随之而改变，从驱动转矩变成制动转矩，对转子起到一定的制动作用。

反接制动时，转差率由小于1变为大于1，故定、转子电流很大，铜损耗很大。若电动机转子为绕线转子，转子应接入一定的限流电阻。另外，当电动机的转速下降到零时，应及时切断定子电源，否则电动机将进入反向旋转状态。

二、回馈制动

如果由于某种外来原因（例如当起重机下放重物时），使异步电动机的转子转速超过同步转速，此时转差率 $s<0$，于是异步电动机将进入发电机状态。此时电磁转矩 T_{em} 的方向将与转子转向相反，即电磁转矩将变成制动转矩，从而限制了转速的进一步升高，使重物在某一速度下稳定下放。此时重物下降所释出的重力势能将转化为电能由异步电动机回馈给电网，所以这种方法称为回馈制动。

三、能耗制动

把正在运行中的异步电动机从电源断开，并转接到一个直流电源上。此时从定子流出的直流电流将在电动机的气隙中形成一个静止不动的恒定磁场，旋转的转子绕组切割此磁场后，将感应出一组对称的交流电动势，此时电动机将成为一台短路状态下的旋转电枢式同步发电机。由于同步发电机的电磁转矩是制动性质的，所以它对转子将起制动作用。在旋转的过程中，转子储存的动能将逐步转化为电能，并消耗在转子的铜损耗和铁损耗中，故这种制动方法也称为能耗制动。当转速降为零时，电磁转矩也为零，电动机停转，制动过程结束。这种制动方式常用于需要电动机快速制动并准确停止的场合。

思 考 题

11-1 为什么异步电动机起动电流很大，而起动转矩却并不太大？

11-2 异步电动机起动方法有哪些？各有什么特点？

11-3 绕线转子异步电动机采用在转子回路中串联电阻起动，为什么既能降低起动电流又能增大起动转矩？串联电阻前后对起动时的 Φ_m、$\cos\varphi_2$、I_{st} 将有什么影响？串联的电阻越大，起动转矩是否也越大？为什么？

11-4 笼型异步电动机和绕线转子异步电动机各有哪些调速方法？这些方法的依据各是什么？各有什么特点？

11-5 绕线转子异步电动机转子回路中所接频敏电阻器能否用一般电感线圈代替？

11-6 变频调速时，通常为什么要求电源电压也随着变化？

11-7 绕线转子异步电动机转子回路中串联的起动用的电阻能否作为调速用的电阻？

11-8 试比较几种常用制动方法的适用范围和所需要的条件。

习 题

11-1 一台三相绕线转子异步电动机，$U_{1N}=380\text{V}$，定子绕组Y联结，$2p=8$，$f_N=50\text{Hz}$，$n_N=700\text{r/min}$，$R_1=0.08\Omega$，$R'_2=0.09\Omega$，$X_{\sigma1}=0.35\Omega$，$X'_{\sigma2}=0.35\Omega$。试求：(1) 起动电流及

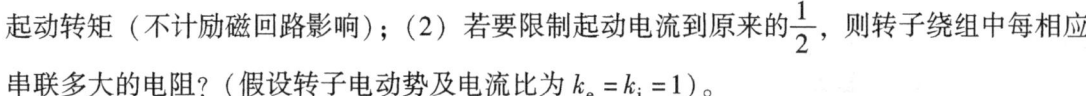

起动转矩（不计励磁回路影响）；（2）若要限制起动电流到原来的 $\frac{1}{2}$，则转子绕组中每相应串联多大的电阻？（假设转子电动势及电流比为 $k_e = k_i = 1$）。

11-2 设有一 380V、50Hz、1455r/min、△联结的三相异步电动机，其每相参数为：$R_1 = R_2' = 0.072\Omega$，$X_{\sigma 1} = X_{\sigma 2}' = 0.2\Omega$，$R_m = 0.7\Omega$，$x_m = 5\Omega$ 求：（1）在额定电压下直接起动时的转子电流、功率因数及相应的定子电流、功率因数。把求得的结果和额定运行情况下的定子电流和转子电流相比较并求其倍数。（2）额定电压下直接起动时的起动转矩以及它和额定转矩的比值。

11-3 一台三相四极绕线转子异步电动机，$f_1 = 50$Hz，转子每相电阻 $R_2' = 0.02\Omega$，额定负载时 $n_N = 1480$r/min，若负载转矩不变，要求把转速降到 1100r/min，则应在转子每相串联多大的电阻？

11-4 一台三相四极异步电动机，其额定功率为 28kW，$U_{1N} = 380$V，$\eta_N = 90\%$，$\cos\varphi_N = 0.88$，定子△联结。在额定电压下直接起动时，起动电流为额定电流的 6 倍，试求用星形-三角形联结起动时，起动电流是多少？

11-5 有一台三相四极绕线转子异步电动机，技术数据如下：30kW、50Hz、1470r/min，转子电流为 51.5A，转子开路电压为 360V，丫联结，负载转矩保持额定值不变，转子回路中串联变阻器调速，试求：（1）变阻器每相电阻为 0.4Ω 时的转速；（2）变阻器每相电阻为 4.4Ω 时的转速。

第十二章

三相异步电动机的异常运行

异步电动机运行时,一般都满足额定运行条件,但生产实际中也常会遇到一些非正常情况,如电源电压不是额定电压、电源频率不是额定频率、三相电压不对称等,都将使电动机处于非正常运行状态,即异常运行状态。

第一节 三相异步电动机在非额定电压下的运行

一、电源电压低于额定电压

如果三相异步电动机工作在电源电压低于额定电压,即 $U_1 < U_N$ 的情况下,根据 $U_1 \approx E_1 = 4.44 f_1 N_1 k_{N1} \Phi_m$ 可知,电源电压减小,则电动机中感应电动势 E_1 和主磁通 Φ_m 都将减小,励磁电流 I_0 也将减小,铁损耗也随之减小。如果负载一定,那么主磁通减小时将引起转差率增加,使转子电流和转子漏抗增大,转子铜损耗也将增加。

1. 轻载

当电源电压低于额定电压,异步电动机运行在轻载情况下,此时转子电流和转子铜损耗较小,在定子电流 I_1 的励磁分量 I_0 和负载分量 I_{1L} 中,励磁分量 I_0 起主要作用。当电源电压降低时,定子电流随励磁电流的减小而减小,定子功率因数有所提高。同时,轻载时,铁损耗和铜损耗相比起主要作用,电压减小,磁通也减小,所以铁损耗减小,那么电动机效率随铁损耗的减小而略有提高。

电动机轻载时,端电压降低对电动机运行有利,它使电动机的效率和功率因数提高。所以,实际应用中,可将正常运行时三角形联结的定子绕组在轻载时改成星形联结,以改善功率因数和效率。

2. 额定负载

若电动机工作在正常负载时,端电压降低将对电动机运行产生不利影响。电动机处于额定工作状态时,转子电流较大。当外加端电压降低,转差率和转子电流增大,定子电流的两个电流分量中,负载分量起主要作用,所以定子电流随转子电流增大而增大。由于转差率增大,转子功率因数和定子功率因数降低。而负载较大时,虽然由于磁通减小使铁损耗有所降低,但铜损耗随电流的二次方增加,起主要作用。电动机的效率也将随铜损耗的增加而降低。如果负载转矩为额定值,电压降低的结果将使定、转子电流大于额定值,引起电动机绕组发热、效率降低和功率因数变坏。

所以,异步电动机运行规程规定,在额定负载下运行时,电源电压波动范围应为额定电压的±5%。一般电动机都设有欠电压保护，当电网电压过低时，保护装置自动切除电动机电源。

二、电源电压高于额定电压

如果电动机运行在电源电压高于额定电压，即 $U_1 > U_N$ 情况下，由于端电压的升高，电动机主磁通增大。因为额定电压时，电动机磁路已处于接近饱和状态，当主磁通增加，将使磁路饱和程度大大增加，电动机的励磁电流 I_0 增加，电动机功率因数下降，同时铁损耗随主磁通增加也增大，导致电动机效率下降，温升提高。所以，当电动机在高于额定电压的电压下运行时，必须减小负载，否则将对电动机造成不利影响，严重时可能烧坏电动机。

第二节 三相异步电动机在非额定频率下运行

大多数情况下，电网频率都会保持额定值，但有时由于有功功率不足或电网发生故障，电源频率可能会发生变化。如果频率变化范围为额定值的±1%，对电动机运行不会造成严重影响。但如果频率偏差太大，则会影响电动机的正常运行。

已知在不考虑定子绕组漏阻抗压降时，可以认为 $U_1 \approx E_1 = 4.44 f_1 N_1 k_{N1} \Phi_1$，即端电压与频率和主磁通的乘积成正比，有 $U_1 \propto f_1 \Phi_1$，若保持电源电压不变，则有 $\Phi_1 \propto 1/f_1$，也就是说，主磁通与频率成反比。

当电网频率高于额定频率，即 $f_1 > f_N$ 时，主磁通 Φ_1 减小，励磁电流随之也减小。同时，定子电流也减小，转速上升，对电动机的功率因数、效率和通风冷却等都会有所改善。

当电网频率低于额定频率，即 $f_1 < f_N$ 时，主磁通 Φ_1 将增大，励磁电流增大，铁心饱和程度迅速增加，从而使定子电流也增大，电动机的铁损耗和铜损耗均增大，引起电动机的功率因数和效率降低。同时，电动机转速下降，使电动机通风条件变差，温升提高。此时，电动机必须减小负载，使电动机在轻载条件下运行，防止电动机过热。

所以，异步电动机不能在低频下带额定负载运行。当它采用变频调速时，在降低频率调速的同时必须按比例降低电压，以保持主磁通恒定。

第三节 三相异步电动机在电源断相时的运行

三相异步电动机正常运行时，由三相交流电源通入对称三相绕组产生圆形旋转磁场，当三相电源中缺少一相或三相绕组中任何一相断开时，称为三相异步电动机的断相运行或断相故障。

断相运行是不对称运行的极端情况，由于负序分量的存在使电动机的运行性能变差。若电动机在空载或轻载下断相，转速下降不多，此时的电流也不大。但当电动机在额定负载下断相时，由于断相后负序转矩的存在，将发生停机事故；此时如果电动机的最大转矩仍大于负载转矩，电动机仍可继续运行，但此时转速降低，同时定子和转子电流增大，电动机温度升高，若长时间处在这种状态则可能烧坏电动机。所以，对于三相异步电动机需设置可靠的断相保护装置。

第四节 三相异步电动机在不对称电压下运行

与变压器不对称运行分析一样，异步电动机的不对称运行分析也采用对称分量法。把不对称的三相电压分解为正序、负序和零序分量，分别计算各序系统的电流和转矩，然后叠加，便得到实际不对称运行情况下的电流和转矩。由于异步电动机定子绕组一般为星形无中性线或三角形联结，所以电动机不存在零序电压、零序电流和零序磁通，分析时只需考虑正序分量和负序分量即可。

一、不对称运行的理论分析

将不对称的三相电压分解为对称的正序和负序分量。正序电压作用于定子绕组，使其流过正序电流。对称的正序电流产生正序旋转磁动势 F_+，以同步转速 $n = 60f_1/p$ 正向旋转，转子绕组切割此磁动势，产生正序感应电流，正序转子电流与正向旋转磁场相互作用，产生正向电磁转矩 T_+，拖动转子与它同方向旋转。此时，设转子转速为 n，正序系统的转差率为

$$s_+ = s = \frac{n_1 - n}{n_1} \tag{12-1}$$

对称的负序电流产生负序旋转磁动势 F_-，也以同步转速 $n = 60f_1/p$ 旋转，但转向与正序时相反。转子绕组切割此磁动势，产生负序感应电流，负序转子电流与负序的旋转磁场相互作用，产生负序的电磁转矩 T_-。由于 T_- 的方向与转子的转向相反，所以 T_- 为制动转矩。负序系统的转差率为

$$s_- = \frac{n_1 + n}{n_1} = \frac{2n_1}{n_1} - \frac{n_1 - n}{n_1} = 2 - s \tag{12-2}$$

由于正序和负序分量产生的电磁转矩方向不同，转差率也不同，所以正序和负序阻抗的等效电路也不同。三相异步电动机在对称电压下运行时的等效电路就是正序等效电路。将正序等效电路中的转差率 s 用 $2-s$ 代替，得到负序等效电路，如图 12-1 所示。

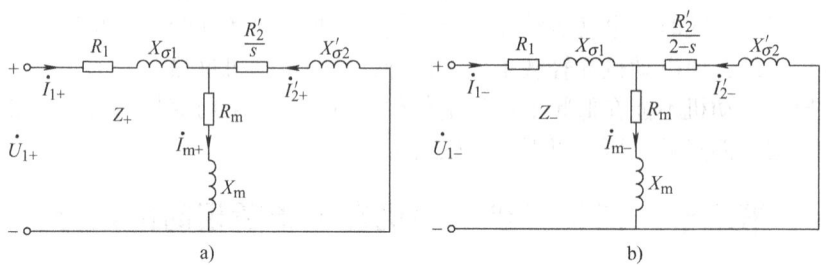

图 12-1 异步电动机正序及负序等效电路
a) 正序等效电路 b) 负序等效电路

由于正序和负序转差率不同，即 $s_+ \neq s_-$，所以 $Z_+ \neq Z_-$。根据等效电路，正序和负序阻抗分别为

$$Z_+ = Z_1 + \frac{Z_m\left(\dfrac{R_2'}{s} + jX_2'\right)}{Z_m + \left(\dfrac{R_2'}{s} + jX_2'\right)} \tag{12-3}$$

$$Z_- = Z_1 + \frac{Z_m\left(\dfrac{R_2'}{2-s} + jX_2'\right)}{Z_m + \left(\dfrac{R_2'}{2-s} + jX_2'\right)} \tag{12-4}$$

式中，$Z_1 = R_1 + jX_1$；$Z_m = R_m + jX_m$。

当外加不对称三相电压为已知，可求出电压的正序分量 $\dot{U}_{1+}$ 和负序分量 $\dot{U}_{1-}$，则定子侧正序电流 $\dot{I}_{1+}$ 和负序电流 $\dot{I}_{1-}$ 分别为

$$\dot{I}_{1+} = \frac{\dot{U}_{1+}}{Z_+} \tag{12-5}$$

$$\dot{I}_{1-} = \frac{\dot{U}_{1-}}{Z_-} \tag{12-6}$$

定子三相电流为

$$\begin{cases} \dot{I}_U = \dot{I}_{1+} + \dot{I}_{1-} \\ \dot{I}_V = a^2 \dot{I}_{1+} + a \dot{I}_{1-} \\ \dot{I}_W = a \dot{I}_{1+} + a^2 \dot{I}_{1-} \end{cases} \tag{12-7}$$

由前面的分析，可以得到转子侧的正序电流 $\dot{I}'_{2+}$ 和负序电流 $\dot{I}'_{2-}$ 分别为

$$\begin{cases} -\dot{I}'_{2+} = \dfrac{\dot{U}_{1+}}{\left(R_1 + c_1 \dfrac{R'_2}{s}\right) + j(X_1 + c_1 X'_2)} \\ -\dot{I}'_{2-} = \dfrac{\dot{U}_{1-}}{\left(R_1 + c_1 \dfrac{R'_2}{2-s}\right) + j(X_1 + c_1 X'_2)} \end{cases} \tag{12-8}$$

由此可得电动机的正序和负序电磁转矩 T_+ 和 T_- 分别为

$$\begin{cases} T_+ = 3 \dfrac{p}{\omega_1} I'^2_{2+} \dfrac{R'_2}{s} \\ T_- = -3 \dfrac{p}{\omega_1} I'^2_{2-} \dfrac{R'_2}{2-s} \end{cases} \tag{12-9}$$

可见负序电流产生的转矩方向与正序电流产生的转矩方向相反，起制动作用。

二者的合成转矩为

$$T = T_+ + T_- = 3 \frac{p}{\omega_1} \left[I'^2_{2+} \frac{R'_2}{s} - I'^2_{2-} \frac{R'_2}{2-s} \right] \tag{12-10}$$

二、电压不对称对电动机运行性能的影响

负序等效电路中，经折算后转子等效电阻为 $R'_2/(2-s)$，其值与转子电阻 R'_2 相差不大，所以负序阻抗 $Z_- \approx Z_k$，其值较小，因此即使很小的负序电压也将产生较大的负序电流 I_{2-}，$I_{2-} = U_{1-}/Z_k$。负序和正序电流叠加后会使某一相电流大大超过额定值，使铜损耗增加，效率下降，从而使定子绕组发热甚至烧坏。

同时，由于负序转矩的存在，使电动机合成转矩减小，导致电动机起动转矩、最大转矩和过载能力下降，负序旋转磁场以2倍同步转速切割转子绕组，使转子损耗大大增加，电动机效率降低，并使转子温度升高。如果电压不对称很严重，则电动机不可能正常运行。

可见，电动机在不对称电源电压下运行时性能变差。实际运行时，不允许电动机三相电压出现严重不对称。

思 考 题

12-1 为什么异步电动机轻载时，电压降低对电动机运行有利，而带额定负载时，电压过低会引起电动机发热甚至烧坏电动机？

12-2 一台额定频率为 60Hz 的异步电动机在频率为 50Hz 的电网上运行时，设电源电压、负载转矩均保持不变，问电动机的主磁通 Φ_1、励磁电流 I_0、铁损耗 p_{Fe}、转速 n、转矩 T、温升及效率将如何变化？

12-3 如果电网的三相电压显著不对称，三相异步电动机能否带额定负载长期运行？为什么？

12-4 正序电流产生的旋转磁场以什么速度切割转子导条？负序电流产生的旋转磁场以什么速度切割转子导条？

12-5 当电源电压不对称时，三相异步电动机定子绕组产生的磁动势是什么性质？当绕组是星形联结或三角形联结的三相异步电动机断相运行时，定子绕组产生的磁动势又是什么性质？

12-6 为什么异步电动机会出现断相运行？断相运行对异步电动机有什么危害？为什么？

第十三章 其他常用异步电机

在家用电器、医疗器械中常用到由单相电源供电的单相异步电动机。同时异步电动机在某些情况下可以作为发电机运行。本章简要介绍常用的单相异步电动机工作原理和类型，以及异步发电机与电网并联运行和单机运行。

第一节 单相异步电动机

单相异步电动机只需要单相电源供电，因此它被广泛用在家用电器、电动工具等设备中。单相异步电动机种类很多，一般容量较小，结构简单，除罩极式电动机外，单相异步电动机定子铁心和三相异步电动机类似。与同容量的三相异步电动机相比，单相异步电动机体积较大，运行性能较差。

由于单相异步电动机使用单相交流电，其定子上装有两个绕组：一个为工作绕组，用以建立主磁场，单相绕组产生的是脉振磁场，不能产生起动转矩，为使电动机能起动，还需安装一个起动绕组（辅助绕组），起动绕组在起动时接入，起动后退出。转子为普通的笼型转子。

一、工作原理

设定子上只有一个工作绕组，用"双旋转磁场理论"来分析工作原理。

单相异步电动机工作绕组接入电源后，建立一个脉振磁动势，这个脉振磁动势可分解为两个幅值相等，转速相同，但转向相反的旋转磁动势 F_+、F_-，从而在气隙中建立正转和反转磁场 Φ_+ 和 Φ_-，它们大小相等，转向相反，分别切割转子导体，在转子导体中分别感应电动势和电流，正向磁场与转子正向电流作用产生正序电磁转矩 T_{em+}，它企图使转子顺着正向磁场旋转的方向转动，反向磁场与反向电流作用产生负序电磁转矩 T_{em-}，它企图使转子顺着反向磁场方向转动。合成电磁转矩为 T_{em}，如图13-1所示。

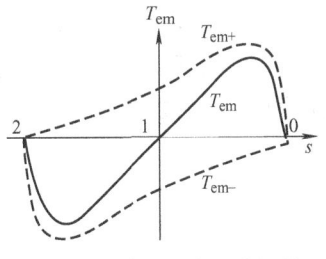

图13-1 单相异步电动机的 T_{em} 曲线

从图13-1可见，单相异步电动机有以下特点：

1) 转子不动时，设转子相对气隙正、反转磁场的转差率分别为 s_+、s_-。当 $n=0$ 时，$s_+ = s_- = 1$，$T_{em+} = T_{em-}$，合成电磁转矩 $T_{em}=0$，即起动转矩为零，电动机不能自行起动。

2) 若借助外力使转子向正向或反向磁场方向转动，此时 Φ_+、Φ_- 与转子电流相互作用，分别产生的 T_{em+}、T_{em-} 与转差率的关系跟普通的三相异步电动机相似。当 $0<s<1$ 时，$s_+ \neq 1$ 或 $s_- \neq 1$，合成电磁转矩 $T_{em} \neq 0$，此时，只要合成电磁转矩能克服电动机轴上的制动转矩，电动机就沿着该方向继续转动起来。

以上分析可以得到结论：

1) 在 $s=1$ 两边，合成转矩曲线 $T_{em}=f(s)$ 是对称的，转子静止时，$T_{em}=0$。所以单相异步电动机不能自起动。

2) 当转子以某一转速正转时，合成电磁转矩为正，驱动转子转动，当转子以某一速度反转时，合成电磁转矩为负，其方向与转子转向一致，仍为驱动转矩。所以单相异步电动机无固定转向，在两个方向都可以旋转，转向取决于起动时的转向。

二、单相异步电动机的类型

单相异步电动机不能自起动，所以为解决起动问题，须设法使起动时的电动机内部能产生一个旋转磁场。产生旋转磁场有两个条件：一是定子绕组具有在空间上相差 90° 电角度的两相绕组；二是两相绕组中通过相位差为 90° 的两相电流。

1. 单相电容起动异步电动机

这种电动机的工作绕组 M 与起动绕组 A 在空间相差 90° 电角度，起动绕组与电容器串联，如图 13-2 所示。起动时，利用电容的分相作用，使 $\dot{I}_m$ 和 $\dot{I}_a$ 在时间上有相位差，产生旋转磁动势，合理设置电容与绕组参数，起动时可以获得圆形旋转磁动势，具有较好的起动性能。

当转速上升到额定转速的 75%~80% 时，由开关 S 将起动绕组从电源断开，运行中只有主绕组通电流。由于运行中只有一个绕组工作，电动机的效率和功率因数都较低。而起动时有两个绕组工作，电动机的起动转矩较大，适用于重载起动，如电冰箱、粉碎机等使用的电动机。

2. 单相电阻起动异步电动机

这种电动机在起动绕组中串联电阻或增大起动绕组本身的电阻，起动绕组回路电阻对电抗的比值较大，所以起动绕组电流 $\dot{I}_a$ 滞后电压 $\dot{U}_1$ 的相位比较小，工作绕组回路电阻对电抗的比值较小，工作绕组电流 $\dot{I}_m$ 滞后电压 $\dot{U}_1$ 的相位比较大，使 $\dot{I}_m$ 和 $\dot{I}_a$ 在时间上产生相位差，进而产生旋转磁动势，如图 13-3 所示。但 $\dot{I}_m$ 和 $\dot{I}_a$ 的相位差总是小于 90°，只能产生椭圆形旋转磁动势，因此这种电动机的起动性能不如电容起动异步电动机。这种电动机在起动后同样应断开起动绕组。

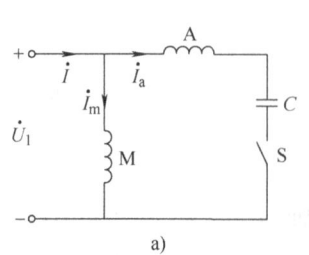
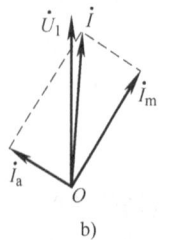
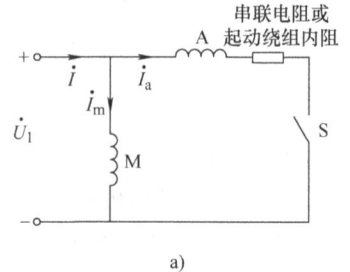
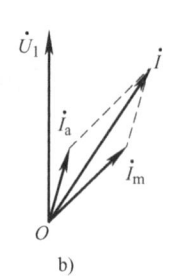

图 13-2 单相电容起动异步电动机
a) 接线图原理图　b) 相量图

图 13-3 单相电阻起动异步电动机
a) 接线图原理图　b) 相量图

3. 单相电容运转异步电动机

将图 13-2 中的起动绕组 A 及电容 C 设计成可长期工作的形式，即电动机起动后起动绕组继续参与运行，这就是单相电容运转异步电动机。适当选择起动绕组匝数和电容器，就可以得到圆形旋转磁场，这时的情况接近三相感应电动机。它的电容值以考虑满足运行性能的思路来选取，而不是起动性能，所以运行性能较好，但起动转矩较小。适用于轻载起动，如电风扇、洗衣机等家用电器中的电动机。

4. 单相电容起动与运转异步电动机

起动绕组采用两个并联电容器，可使电动机的起动和运行性能都得到提高，如图 13-4 所示。其中 C_1 称为运行电容，按长期运行选取，C_2 称为起动电容，起动后断开。这种电动机是单相异步电动机中性能最好的一种，但结构复杂，成本较高。

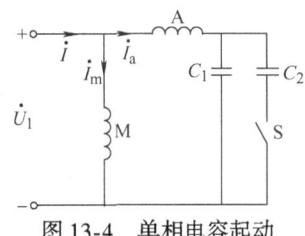

图 13-4 单相电容起动与运转异步电动机

5. 单相罩极式电动机

这种电动机的定子铁心做成凸极式，由硅钢片叠成。每极装有工作绕组（或主绕组），每个主极极靴上开一个小槽，小槽上套一个铜短路环，短路环把极面罩住一部分，故称为罩极式电动机。转子绕组为笼型绕组。

当工作绕组接入单相交流电源后，产生脉振磁通，如图 13-5 所示，$\dot{\Phi}_1$ 不穿过短路环，$\dot{\Phi}_2$ 穿过短路环 K，$\dot{\Phi}_1$ 与 $\dot{\Phi}_2$ 同相位，随工作绕组的电流而变化，$\dot{\Phi}_2$ 在短路环中感应 $\dot{E}_K$，$\dot{E}_K$ 在短路环中产生电流 $\dot{I}_K$，$\dot{E}_K$ 滞后 $\dot{\Phi}_2$ 90°，由 $\dot{I}_K$ 产生的磁通 $\dot{\Phi}_K$ 滞后 $\dot{E}_K$ 一个相位角 ψ_K。这样 $\dot{\Phi}_2 + \dot{\Phi}_K = \dot{\Phi}_3$ 便是实际穿过短路环的磁通，如图 13-5b 所示。气隙中未罩部分的磁通中 $\dot{\Phi}_1$ 和罩住部分的 $\dot{\Phi}_3$ 在空间和时间上有一定的相位差，所以 $\dot{\Phi}_3$ 和 $\dot{\Phi}_1$ 的合成磁场是个椭圆形旋转磁场，电动机便产生起动转矩，其方向是由 $\dot{\Phi}_1$ 所在的磁极的未罩部分转向 $\dot{\Phi}_3$ 所在的罩住部分。

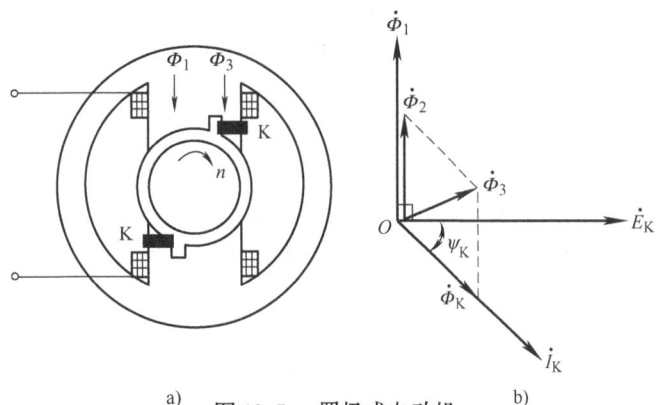

图 13-5 罩极式电动机
a) 结构简图 b) 磁通相量图

罩极式电动机结构简单，便于生产，运行可靠，但起动和运行性能较差，一般用于小型风机、电风扇和录音机等轻载起动的小功率电动设备中。罩极式电动机短路环的位置固定后，电动机的旋转方向不能改变。其他几种单相电动机可通过调换接到单相电源的两绕组中任一个的首末端改变电动机的旋转方向。

第二节　异步发电机

根据电机可逆原理，异步电机既可作为电动机运行，还可以作为发电机运行。本节讨论异步发电机与电网并联运行和单机运行两种情况。

一台异步电机只要用原动机拖动,使转子的转速 n 高于旋转磁场的同步速 n_1,即转差率 $s = (n_1 - n)/n_1$ 为负值,从异步电动机的角度来说即机械功率为负,电磁功率为负,说明电磁功率由转子向定子传递,即从原动机输入的机械功率,一部分作为转子铜损耗,另一部分作为电磁功率从转子转移到定子上,定子绕组向电网输送有功功率,便成为异步发电机。异步发电机与异步电动机一样,需要从电网上吸收无功的励磁电流,以产生旋转磁场。

一、异步发电机与电网并联运行

异步发电机与电网并联运行时,定子电压和频率取决于电网电压和频率,与发电机的转速无关。原动机输入机械功率增加,转速 n 增大,转差率 $|s|$ 增大,发电机输出有功功率增大。对于无功功率,发电机的励磁电流由电网提供,增加了电网的无功负担,这也是异步发电机的主要缺点。

与电网并联运行的异步发电机有如下特点:

1) 一般情况下,励磁电流 $I_m = (20\% \sim 30\%)I_N$,即励磁所需的无功功率为发电机容量的 20%~30%,故当异步发电机与电网并联运行后,需要从电网吸收无功励磁电流,对电网无功功率而言,仍然是电感性负载,使电网的功率因数变坏。因此,异步发电机使用较少。

2) 异步发电机投入电网的过程极其简单,只需转子转向与定子旋转磁场方向一致,再使发电机的转速略高于同步转速,即可投入电网。投入电网时无须整步,运行中也不会发生振荡与失步。

二、异步发电机单机运行

如果异步发电机不与电网并联运行而是单机运行,此时应在异步发电机定子绕组端点上并联适当的电容,如图 13-6 所示。利用电容供给发电机励磁电流,使其建立电压的过程称为异步发电机的自励。曲线 1 表示空载端电压与励磁电流关系曲线,曲线 2 为电容器端电压与电流的关系曲线。其电压建起过程如下:异步发电机最初只有很小的剩磁电压 U_r,此电压加在电容器上产生相应的电容电流,该电流流经发电机绕组,增强发电机磁场,使电压上升,电压增大,电流继续增大,磁场继续加强,直至曲线 1 和曲线 2 的交点 A,达到稳定运行点。

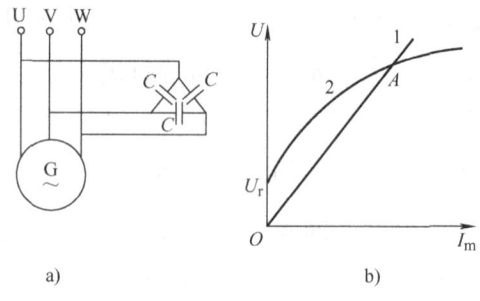

图 13-6 笼型异步发电机单机运行
a) 接线图 b) 自励电压建起

异步发电机自励的另一个条件是电容器要有足够的电容量,使曲线 1 和曲线 2 交于稳定的运行点 A。也就是说,自励时稳定的空载电压与电容的大小有关。如果电容器的电容量增大,则曲线 2 的斜率变小,发电机电压升高。

异步发电机空载时,建立额定电压所需的电容称为主电容。根据发电机的空载电流 I_0 决定主电容大小,电容器为三角形联结时,容抗为

$$X_C = \frac{\sqrt{3}\,U_N}{I_0} = \frac{1}{\omega C} \tag{13-1}$$

空载电容量可估算为

$$C = \frac{I_0}{\sqrt{3}\omega U_N} \tag{13-2}$$

自励异步发电机的频率为

$$f_1 = \frac{pn}{60(1-s)} \tag{13-3}$$

随负载的增加，转差率 s 将增加。要保持发电机输出的电压频率不变，须相应地提高转子的转速 n，否则负载增加会使频率和发电机端电压下降，电压下降又引起励磁的电容电流减小，进一步使端电压下降，为保持端电压不变，必须随负载的增加而增大电容，以增大励磁电流，这一部分增加的电容称为辅助电容。

异步发电机的转子是笼型转子，结构简单，运行可靠。但由于电容器的价格较贵，而运行中电压和频率又不稳定，故这种自励发电机仅限于供电系统无法达到，且供电质量要求不高的边远地区使用。由于小型同步发电机自励恒压系统的完善，在农村小型发电站中已很少采用异步发电机了。

三、双馈异步发电机

双馈异步发电机主要作为风力发电机应用，发电机结构与绕线转子异步电动机类似。使用时，定子绕组与电网连接，转子绕组通过集电环与双向变频器相连，变频器提供三相低频励磁电流，励磁电流的频率、幅值、相位及相序均可改变，变频器的另一端与定子绕组并联。转子三相绕组在起励磁作用的同时，还有转子功率的输入和输出功能。只要改变转子电压的幅值、频率和相位就可以实现定、转子电能的双向流动，即定、转子都能馈入和馈出能量，称为双馈。

发电机转子与风机相连，风速发生变化，使转子转速随之变化，此时通过变频器调节转子的励磁电流频率来改变转子磁场的旋转速度，使转子磁场始终与定子转速保持同步，则定子感应电动势频率可保持不变。即通过对转差频率的控制，实现发电机的变速恒频运行，并且可调节励磁电流的相位，参与电网的无功功率的调节，提高电网运行效率、电能质量与稳定性。

思 考 题

13-1 已制造好的罩极式电动机的旋转方向能否改变？为什么？

13-2 三相异步电动机起动时，若电源或绕组一相断相，电动机能否起动？运行中有一相断相，能否继续运行？为什么？

13-3 如何改变单相电容式电动机的转向？

13-4 单机运行的异步发电机的电压是如何建立的？改变电容器的电容值对空载端电压有什么影响？

第三篇小结

1) 异步电机主要由定子和转子两部分组成，定子和转子之间的气隙很小，但对电动机的性能影响很大。异步电机按照转子结构的不同，分为笼型转子和绕线转子两种。

2) 异步电动机先由定子三相绕组通入对称三相电流产生旋转磁场，转子导体切割定子旋转磁场产生感应电动势和感应电流，转子导体在定子磁场中受到电磁力作用形成电磁转矩，最终驱动转子转动。对调三相异步电动机的两根相线即可改变电动机转向。

3) 转差率 s 是标志异步电动机运行状态的重要物理量，$s = \dfrac{n_1 - n}{n_1}$。$0 < s < 1$，为电动机运行状态；$0 > s > -\infty$ 时，为发电机运行状态，$\infty > s > 1$ 时，为电磁制动状态。

4) 异步电动机转子对定子的影响是通过磁动势 F_2 来实现的，保持 F_2 的大小、相位不变，定子的电流和功率也不变。异步电动机在进行绕组折算时，还需进行频率折算。绕组折算是用相数、匝数、绕组系数与定子相同的假想转子绕组代替实际的转子绕组。频率折算是将旋转的转子等效为静止的转子，转轴上的机械功率用模拟电阻 $R_2 \dfrac{1-s}{s}$ 上的电功率表示。经折算后的基本方程式为

$$\begin{cases} \dot{U}_1 = -\dot{E}_1 + \dot{I}_1 (R_1 + jX_{\sigma 1}) \\ 0 = \dot{E}'_2 - \dot{I}'_2 \left(\dfrac{R'_2}{s} + jX'_{\sigma 2} \right) \\ \dot{I}_1 = \dot{I}_0 + (-\dot{I}'_2) \\ \dot{E}_1 = \dot{E}'_2 \\ -\dot{E}_1 = \dot{I}_0 Z_m = \dot{I}_0 (R_m + jX_m) \end{cases}$$

由基本方程式可以画出等效电路和相量图。

5) 对已制成的异步电动机，可以通过空载和堵转试验来测定参数。

6) 功率平衡方程式为

$$P_2 = P_1 - (p_{Cu1} + p_{Fe} + p_{Cu2} + p_{mec} + p_{ad}) = P_1 - \Sigma p$$

7) 转矩平衡方程式为

$$\begin{cases} T_{em} = \dfrac{P_{em}}{\Omega} = \dfrac{(1-s)P_{em}}{(1-s)\Omega_1} = \dfrac{P_{em}}{\Omega_1} \\ T_0 = \dfrac{P_0}{\Omega} = \dfrac{p_{mec} + p_{ad}}{\Omega} \\ T_2 = \dfrac{P_2}{\Omega} \end{cases}$$

8) 电磁转矩的三种表达形式分别为

① 物理表达式 $\qquad T_{em} = C_T \Phi_m I'_2 \cos \varphi_2$

② 参数表达式
$$T_{em} = \frac{m_1 p U_1^2 \frac{R_2'}{s}}{2\pi f_1 \left[\left(R_1 + \frac{R_2'}{S}\right)^2 + (X_{\sigma1} + X_{\sigma2})^2\right]}$$

③ 实用表达式
$$T_{em} = \frac{2T_{max}}{\frac{s_m}{s} + \frac{s}{s_m}}$$

电磁转矩 T_{em} 是转差率 s 的函数，称为 $T-s$ 曲线，又称为机械特性曲线。

临界转差率时，得到最大电磁转矩为

$$T_{max} \approx \pm \frac{m_1 p U_1^2}{4\pi f_1 [\pm R_1 + X_{\sigma1} + X_{\sigma2}']}$$

$s=1$ 时，得到起动转矩为

$$T_{st} = \frac{m_1 p U_1^2 R_2'}{2\pi f_1 [(R_1 + R_2')^2 + (X_{\sigma1} + X_{\sigma2}')^2]}$$

9）稳定运行区域：稳定是指外在原因引起的扰动使电动机运行点发生变化而扰动消失后，电动机能回到原工作点的运行。异步电动机稳定运行区域为 $0 < s < s_m$。

10）三相异步电动机的起动、调速和制动：三相异步电动机应具有起动电流小、起动转矩大的起动性能。不采取措施直接起动时，起动电流大、起动转矩并不大，7.5kW 以下的小容量普通笼型异步电动机可直接起动。容量较大的异步电动机采用减压起动以减小起动电流。减压起动方法主要有丫-△联结减压起动、自耦变压器减压起动。绕线转子异步电动机采用转子串联起动电阻或频敏电阻器起动。

11）三相异步电动机的调速方法有变极调速、变频调速、变转差率调速。

12）制动指电动机产生与转子旋转方向相反的电磁转矩。方法有反接制动、能耗制动和回馈制动。

13）三相异步电动机的异常运行主要有在非额定电压下的运行、在非额定频率下的运行、在电源断相时的运行和在不对称电压下的运行。三相异步电动机在不对称电压下运行时，电动机内部不仅有正序旋转磁场还有负序旋转磁场。负序磁场的存在使某一相电流大大超过额定值，使铜损耗增加、效率下降，从而使定子绕组发热甚至烧坏。因此，三相异步电动机不允许长期在不对称电压下运行。

14）单相异步电动机不能产生起动转矩，起动时定子上需要两套绕组不仅在空间上有相位差，流过两个绕组上的电流在时间上也要有相位差，以产生旋转磁场和起动转矩。常用的有电容起动单相异步电动机、电阻起动单相异步电动机、电容运转单相异步电动机、电容起动与运转单相异步电动机、罩极式电动机。

第四篇 同步电机

同步电机是交流电机的一种，与异步电机相比，二者的定子及电磁性能完全相同，区别主要体现在转子上，同步电机转子绕组通入直流电产生恒定磁场，同时转子的转速与定子旋转磁场转速相同，因此称为同步电机。同步电机主要既可作为发电机使用，也可作为电动机使用，但作为电动机使用时由于结构复杂，不如异步电动机应用广泛。同步电机可以改善电网的功率因数，这是它的优点。同步电机还可用作调相机，以改善电网的电压质量。

第十四章 同步电机概述

本章主要介绍同步发电机工作原理、性能、参数及运行特点，并对同步电机励磁系统和额定值做简单介绍。

第一节 同步发电机的基本工作原理及分类

一、同步发电机的基本工作原理

同步发电机是将机械能转换为电能的装置，它是根据导体切割磁力线感应电动势这一原理工作的。因此，同步发电机应具有产生磁力线的磁场和切割该磁场的导体，通常前者是转动的，称为转子，后者是固定的，称为定子（或称为电枢），定子与转子之间有气隙，如图 14-1 所示。定子上有 U_1U_2、V_1V_2、W_1W_2 三相定子绕组（电枢绕组），它们在空间上互差120°电角度，并在定子铁心槽中对称分布，每相的结构参数都完全相同。转子具有 p 对磁极，上面装有直流励磁的转子绕组，当直流电流通过电刷和集电环流入转子绕组后，产生的主磁通由 N 极–气隙–定子铁心–气隙–S 极构成主磁路。

当发电机的转子由原动机驱动，以转速 n 按图 14-1 所示方向匀速旋转时，定子三相绕组的导体依次切割磁力线，在三相绕组感应出各相大小相等、相位彼此相差120°电角度的三相交流电动势。若在三个出线端接对称三相负载，则可引出对称三相电流，输出电能。

1. 感应电动势的波形

据图 14-1 所示转子的转向，若把转子磁极的极弧设计制造成合适的形状，使产生的磁场沿气隙空间按正弦规律分布，则三相绕组感应电动势所对应的电压波形是如图 14-2 所示的正弦波，相序依次为 U→V→W。

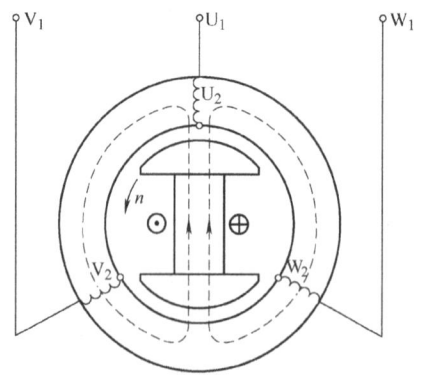

图 14-1 同步发电机的工作原理图

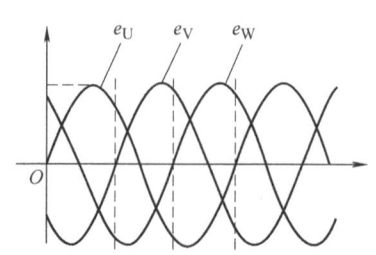

图 14-2 定子三相电动势波形

2. 感应电动势的频率

当转子为一对磁极时,转子旋转一周,定子绕组中感应电动势变化一个周期;当同步发电机具有 p 对磁极时,转子旋转一周,感应电动势就变化 p 个周期;当转子的转速为每分钟 n 转时,则每分钟内感应电动势变化 pn 个周期,所以交变电动势的频率为

$$f = \frac{pn}{60} \tag{14-1}$$

式中 n——转子的转速,单位为 r/min。

由式(14-1)可知,同步发电机定子绕组感应电动势的频率取决于它的磁极对数 p 和转子转速 n。即同步发电机磁极对数 p 一定时,转速和电枢电动势的频率 f 之间有着严格不变的关系。亦当电力系统频率一定时,发电机的转速 $n=60f/p$ 亦为恒值,这就是同步发电机的主要特点。我国标准工频为 50Hz,因此同步发电机的磁极对数和转速成反比,即 $p = \frac{3000}{n}$。

3. 三相电动势的大小

由于三相绕组对称,在三相绕组中感应的电动势亦对称。同步发电机每相绕组的感应电动势大小为

$$E_0 = 4.44 f N_1 k_{N1} \Phi_0 \tag{14-2}$$

式中 N_1——定子绕组匝数;

k_{N1}——定子绕组系数;

Φ_0——每极基波主磁通。

二、同步电机的类型

同步电机常见的分类方式有:

1) 按运行方式不同分为:发电机、电动机和调相机。
2) 按结构形式不同分为:旋转磁极式同步电机、旋转电枢式同步电机,其中旋转磁极式同步电机中按转子结构不同又分为凸极式和隐极式。
3) 按安装方式不同分为:卧式同步电机和立式同步电机。
4) 按原动机类型不同分为:汽轮发电机、水轮发电机和柴油发电机等。
5) 按冷却介质和冷却方式不同分为:空气冷却、氢气冷却和水冷却等。

同步电机主要作为发电机运行,电力系统中也以同步发电机为主。同步电机也可作为电动机运行,一般应用于不需调速的低速大功率机械中。同步电机还可以作为同步补偿机,其作用是专门向电网输送感性和容性的无功功率。

第二节 同步电机的基本结构

同步电机的基本结构由定子和转子两部分组成,下面给出简要介绍。

一、定子

同步电机的定子结构与异步电机相同,由定子铁心、电枢绕组、机座和端盖等部件组成。

1. 定子铁心

定子铁心是磁路的一部分，通常用 0.35mm 或 0.5mm 厚的硅钢片叠成，如图 14-3 所示。当定子铁心的外直径大于 1m 时，通常先将定子铁心硅钢片冲成带有开口槽的扇形片，如图 14-3b 所示。然后再拼接叠装成定子铁心。为加强散热效果，沿着轴长，定子铁心分为许多叠片段，每段长度为 30~60mm，两段之间留有宽度约 10mm 的径向通风槽。整个铁心通过拉紧螺杆和端部压板固定在机座上。

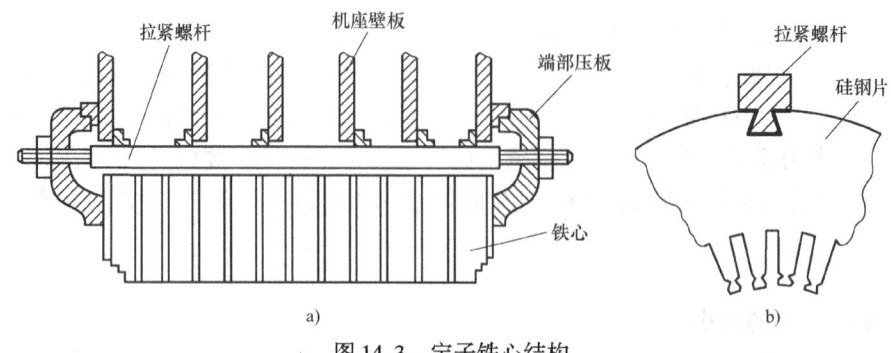

图 14-3 定子铁心结构

2. 电枢绕组

电枢绕组（定子绕组）是进行能量交换的关键部件。一般汽轮发电机的电枢绕组采用双层短距叠绕组。水轮发电机的极数较多，每极每相槽数较小，为改善电动势波形，广泛采用分数槽绕组。绕组的直线部分嵌于定子铁心槽内，端部起连接作用，槽口用绝缘材料制成槽楔径向固定，端部绑扎或用压板固定。

3. 机座和端盖

机座和端盖构成电机的外壳，主要用于固定铁心，一般由钢板焊接而成，具有足够的刚度和强度，机座和定子铁心外圆之间留有空间作为通风道。

定子还有轴承、轴承座及电刷等部件。

二、转子

同步电机的转子根据转速不同，磁极结构分为凸极式和隐极式。

1. 凸极式转子

凸极式转子由轴、转子支架、磁轭、励磁绕组、阻尼绕组等部件组成。

凸极式转子有明显凸出的成对磁极和励磁绕组。当励磁绕组中通入直流励磁电流时，每个磁极就出现一定的极性，相邻磁极交替为 N 极和 S 极。对水轮发电机来说，由于作为原动机的水轮发电机转速较低，要发出工频电能，发电机的极数就应做得比较多，多极转子做成凸极式结构在工艺上也较为简单。如图 14-4a 所示，凸极

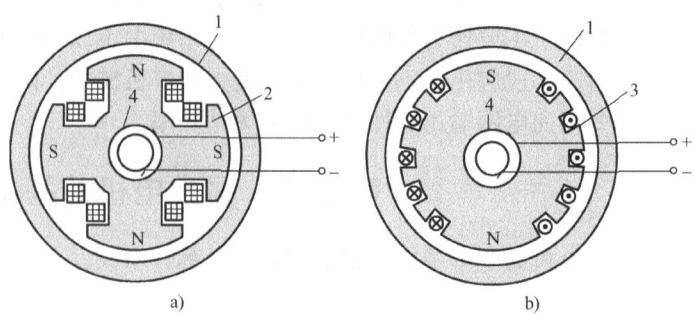

图 14-4 同步电机的基本结构
a) 凸极式同步电机　b) 隐极式同步电机
1—定子　2—凸极式转子　3—隐极式转子　4—集电环

式转子的气隙是不均匀的，极弧底下气隙较小，极间气隙较大。

轴用来传递转矩，由高强度钢制成，为减小质量和便于检查，一般做成空心的。

转子支架用于连接轴和磁轭，一般用钢板焊成。

转子磁极由 1~2mm 厚的钢片叠成，外套励磁绕组，磁极两端有磁极压板，用来压紧磁极钢片和固定励磁绕组，如图 14-5 所示。

有些发电机磁极的极靴上开有一些槽，槽内放上铜条，并用短路环将所有铜条连接在一起构成阻尼绕组，其作用是用来抑制短路电流和减弱电机振动，在电机起动时还可以作为起动绕组。磁极与转子轭部采用 T 形或鸽尾形连接。

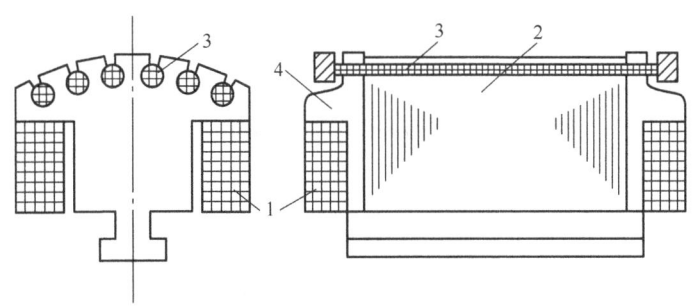

图 14-5 磁极铁心

1—励磁绕组 2—磁极铁心 3—阻尼绕组 4—磁极压板

2. 隐极式转子

隐极式转子由铁心、励磁绕组、护环、中心环、集电环和风扇等部件组成。

隐极式转子上没有突出的磁极，如图 14-4b 所示。沿着转子本体圆周表面上开有许多槽，这些槽中嵌放着励磁绕组。在转子表面还有约 1/3 的部分没有开槽，构成所谓大齿，它是磁极的中心区。励磁绕组通入励磁电流后，沿转子圆周也会出现 N 极和 S 极。隐极式同步电机转子的气隙是均匀的，转子呈圆柱形。在大容量高转速的汽轮发电机中，转子圆周线速度极高。为了减小转子本体及转子上的各部件所承受的巨大离心力，往往选用细长的隐极式圆柱体转子，如图 14-6 所示。由于转子冷却和强度方面要求较高，隐极式转子的结构与加工工艺较为复杂。

隐极式转子的励磁绕组由扁铜线绕制的同心式线圈构成，其匝间绝缘，线圈与铁心也应可靠绝缘。励磁绕组的槽内部分用硬铝或铝铁镍青铜制成的槽楔压紧，如图 14-7 所示。

图 14-6 汽轮发电机的转子

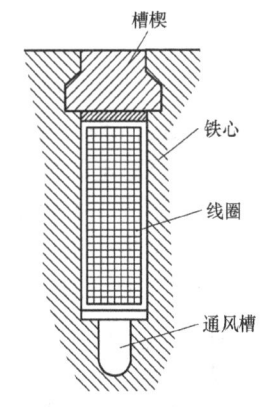

图 14-7 汽轮发电机的转子槽形

护环和中心环是用来保护和固定励磁绕组端部的，由非磁性合金钢支撑，如图14-8所示。

集电环装在转子轴上，通过引线接到励磁绕组，并借电刷与励磁装置相接，由铜或钢制成。

另外，转轴的两端安装有供电机内部通风用的风扇，以利冷却。

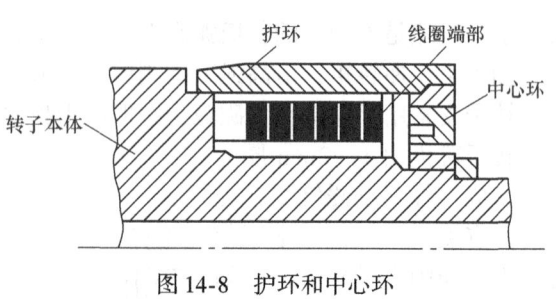

图14-8 护环和中心环

*第三节 同步电机的励磁系统

同步电机励磁绕组通入直流励磁电流建立励磁磁场，供给励磁电流的装置称为励磁系统。

一、励磁系统的作用和要求

励磁系统是同步电机的一个重要组成部分。在正常运行时，它能向发电机提供可调节的励磁电流，用以调节发电机的端电压和并联运行时机组间的无功功率分配，当发电机运行状态变化或发生故障时，能迅速供给足够大的励磁电流（即所谓强行励磁），以确保发电机端电压的稳定。人们为此对励磁系统提出下列要求：

1) 自动调压。当单机运行时，若发电机负载发生变化，励磁系统能够自动调节励磁电流，使发电机端电压保持一定的数值。

2) 无功功率分配。为了对并联运行的同步发电机组进行无功功率的合理分配，要求励磁系统操作方便、工作可靠和维护简单。

3) 强行励磁。当电力系统发生短路故障，发电机端电压下降时，励磁电流要在短时间内迅速增长，使发电机的空载励磁电动势能迅速增长，以避免发电机失步，保持电力系统的稳定，即所谓的强行励磁。

由于励磁系统（包括励磁绕组）存在电感，励磁电流的增大存在一定的滞后，因而对励磁系统的强行励磁性能一般用如下两个指标来衡量。

① 强行励磁倍数 K，即

$$K = \frac{U_{fmax}}{U_{fN}} \tag{14-3}$$

式中 U_{fN}——额定运行时励磁系统所供给的励磁电压，即为正常工作电压；

U_{fmax}——励磁系统所能提供的最大励磁电压，也称为顶值电压。

从发电机运行稳定的角度来看，K 值越大越好，但对励磁系统来说，K 值增大，励磁容量也需要增大，制造成本就随之增大。故选择 K 值需要兼顾上述两方面综合加以考虑。通常水轮发电机 K 值不小于1.8，汽轮发电机 K 值不小于2.0。

② 励磁电压增长速度 v，即当励磁系统进行强行励磁时，由于励磁回路电感的作用，电压从 U_{fN} 增加到 U_{fmax} 有一个过程，这个过程如果时间太长，励磁电压不能及时增长，发电机就有可能失去稳定。

励磁电压的平均增长速度越大，越有利于电力系统的稳定性，但对励磁系统的调节要求也会越高。通常 v 值为 1.0~1.5V/s。

一般来说，电机的冷却系统越先进，在电机容量不变的情况下，其尺寸就越小，转子的

第十四章 同步电机概述

惯量相对也越小,因而电网发生故障后,发电机的功率角增加也快,为了运行的稳定性,应选取较大的 v 值。故冷却系统越先进,对励磁系统的要求也就越高。

二、典型励磁系统简介

获得励磁电流的方法称为励磁方式。目前采用的励磁方式分为两大类:一类是用直流发电机作为励磁电源的直流励磁机励磁系统;另一类是用整流器将交流转化成直流后供给励磁的整流器励磁系统。

1. 直流励磁机励磁系统

直流励磁机通常与同步发电机同轴,采用并励或者他励接法。采用他励接法时,励磁机的励磁电流由另一台被称为副励磁机的同轴的直流发电机供给,如图 14-9 所示。

2. 静止整流器励磁系统

这种方式在同一轴上有三台交流发电机,即主发电机、交流主励磁机和交流副励磁机。交流副励磁机的励磁电流开始时由外部直流电源提供,待电压建立起来后再转为自励(有时采用永磁发电机)。交流副励磁机的输出电流经过静止晶闸管整流器整流后供给交流主励磁机,而交流主励磁机的交流输出电流经过静止的三相桥式整流器整流后供给主发电机的励磁绕组,如图 14-10 所示。

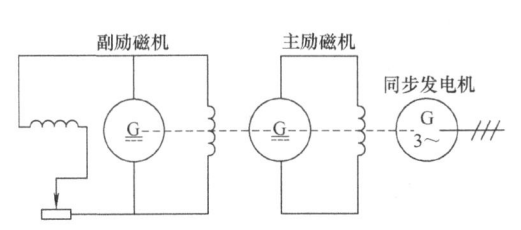

图 14-9 直流励磁机励磁系统

3. 旋转整流器励磁系统

静止整流器的直流输出必须经过电刷和集电环才能输送到旋转的励磁绕组,对于大容量的同步发电机而言,其励磁电流达到数千安培,会使得集电环严重过热。因此,在大容量的同步发电机中,常采用不需要电刷和集电环的旋转整流器励磁系统,如图 14-11 所示。主励磁机是旋转电枢式三相同步发电机,旋转电枢

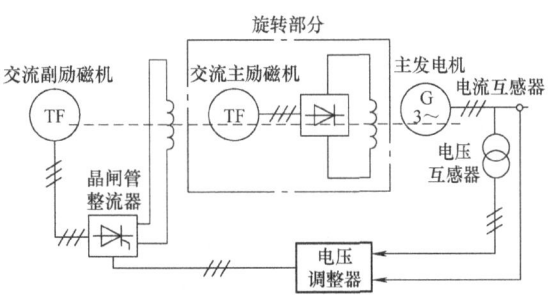

图 14-11 旋转整流器励磁系统

的交流电流经与主轴一起旋转的整流器整流后,直接送入主发电机转子励磁绕组。交流主励磁机的励磁电流由同轴的交流副励磁机经静止的晶闸管整流器整流后供给。由于这种励磁系统取消了集电环和电刷装置,又称为无刷励磁系统。

上述励磁系统从本质上而言,都属于有辅助电源提供原始励磁电流的他励式励磁方式。随着现代电力电子技术和器件的发展,可以直接利用主发电机的交流电能中的一小部分经整流以后供给主发电机的励磁绕组,即自励式励磁方式。这种方式主要有自并励励磁系统、并联式自复励励磁系统、相位补偿复励式励磁系统和三次谐波励磁系统等。

第四节 同步电机的额定值

同步电机的额定值标注在铭牌上，主要的额定值有：

（1）额定容量 S_N 或额定功率 P_N　额定容量是指发电机在额定运行时出线端的额定视在功率，以千伏安（kV·A）或兆伏安（MV·A）为单位；而额定功率是指发电机在额定运行时输出的额定有功功率，单位为千瓦（kW）或兆瓦（MW）。对同步电动机，额定功率指其转轴上输出的有效机械功率，一般以千瓦或兆瓦为单位。对于同步调相机，则用出线端的额定无功功率来表示其容量，以千乏（kvar）或兆乏（Mvar）为单位，1vra=1V·A。

$$三相交流发电机的\ P_N = \sqrt{3} U_N I_N \cos\varphi_N$$

$$三相交流电动机的\ P_N = \sqrt{3} U_N I_N \cos\varphi_N \eta_N$$

（2）额定电压 U_N　额定电压指额定运行时电枢输出端的线电压，单位为伏（V）或千伏（kV）。

（3）额定电流 I_N　额定电流指额定运行时流过电枢绕组的线电流，单位为安（A）。

（4）额定功率因数 $\cos\varphi_N$　额定功率因数指额定运行时同步发电机的功率因数。

（5）额定频率 f_N　额定频率指额定运行时发电机电枢输出端电能的频率，我国标准工业频率规定为 50Hz。

（6）额定转速 n_N　额定转速指额定运行时同步发电机的同步转速，单位为 r/min。

（7）额定效率 η_N　额定效率指同步发电机额定运行时的效率。

（8）额定励磁电压 U_{fN} 和额定励磁电流 I_{fN}　它们是同步发电机额定运行时加到励磁绕组上的直流电压和电流。

除上述额定值外，同步发电机铭牌上还常列出一些其他的运行数据，例如负载时的温升、绝缘等级、励磁电流和励磁电压等。

思 考 题

14-1　同步发电机是如何工作的？其三相电动势的基本性质有哪些？同步发电机的转速为什么必须是常数？1500r/min 的水轮发电机应该是多少极？

14-2　同步电机和异步电机在结构上有哪些异同之处？

14-3　同步电机中隐极式和凸极式转子各有什么特点？各适用于哪些场合？

14-4　同步发电机的励磁绕组流入反向的直流励磁电流，转子转向不变，定子三相交流电动势的相序是否会改变？若转子转向改变，直流励磁电流也相反，相序是否改变？

14-5　为什么水轮发电机要用阻尼绕组，而汽轮发电机可不装阻尼绕组？

习 题

14-1　如果频率为 50Hz，有两台同步电机，转速分别为 1400r/min 和 75r/min，它们各自的极数是多少？

14-2　一台氢冷汽轮机的额定功率 $P_N = 10$ 万 kW，额定电压 $U_N = 10.5$kV，额定功率因数 $\cos\varphi_N = 0.85$，试求额定电流 I_N。

第十五章
同步发电机的运行原理

本章介绍三相同步发电机稳态运行时的基本理论,分析发电机内部的电磁过程和电枢反应的性质,导出基本方程式、相量图,本章是第四篇的理论基础和重点。

第一节 同步发电机的空载运行

当同步发电机被原动机拖到同步转速,转子绕组通入直流励磁电流而定子绕组开路(定子电流为零)时的运行状态,称为空载运行。此时发电机气隙中仅有励磁电流 I_f 产生的励磁磁动势 F_f 建立的励磁磁场,如图 15-1 所示。图中主磁通 Φ_0 穿过气隙与定子和转子绕组交链,随转子以同步速度旋转,漏磁通 $\Phi_{\sigma f}$ 仅与励磁绕组交链,不参与定、转子间的能量交换。同步电机的运行特性主要由磁极磁动势的基波分量决定,在隐极式转子同步电机或凸极式转子同步电机中,磁极磁动势的波形都不是正弦波,需了解磁极磁动势分布波形,从中求出基波分量。

一、励磁磁动势及其基波分量

首先给出如下假设:
1) 定子内圆光滑,无齿槽。
2) 原定子内部三相分布式绕组等效为线径极细的整距集中绕组,位于气隙中且无限靠近定子内圆表面,其每相电阻保持不变。
3) 铁心磁导率为无穷大,铁损耗忽略不计。

1. 凸极式同步发电机的空载磁动势

空载运行时,定子电枢电流为零。当励磁绕组(转子绕组)中通以直流励磁电流后,就会在发电机中产生励磁磁场。由励磁电流产生的磁动势,称为励磁磁动势。它随转子一起转动。从定子上看,它是一个旋转磁动势。

根据假设,定子上用三个集中整距绕组来代表实际的三相分布绕组。转子磁动势波形为矩形波,如图 15-2 所示。

可通过傅里叶变换将矩形波磁动势分解为基波及谐波,其基波的磁动势为 $F_{f1} = k_f F_f$,k_f 称为励磁磁动势波形系数,则

$$k_f = \frac{F_{f1}}{F_f} \tag{15-1}$$

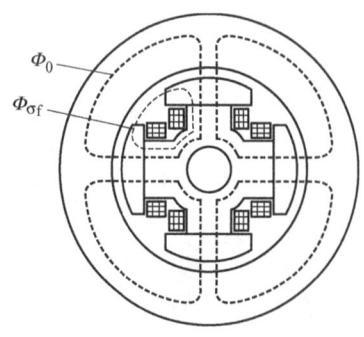

图 15-1　同步发电机的空载磁场

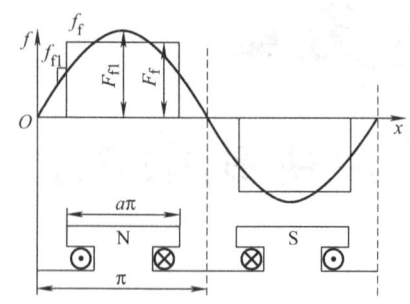

图 15-2　凸极同步发电机励磁磁动势

对于上述理想的集中式励磁绕组所形成的矩形波磁动势，$k_f = \dfrac{4}{\pi}\sin\dfrac{\alpha\pi}{2}$ 可求出基波分量的幅值为

$$F_{f1} = \dfrac{4}{\pi}F_f\sin\dfrac{\alpha\pi}{2} \tag{15-2}$$

2. 隐极式同步发电机的空载磁动势

隐极式同步发电机的励磁绕组（转子绕组）为分布绕组，每一极面有一个大齿和若干小齿。

励磁绕组通入直流电后，励磁磁动势沿发电机圆周方向的分布波形如图 15-3 所示，它是阶梯波，最大值 F_f 为

$$F_f = \dfrac{1}{2}I_fN_f \tag{15-3}$$

式中　I_f——励磁电流；

N_f——励磁绕组的每极匝数。

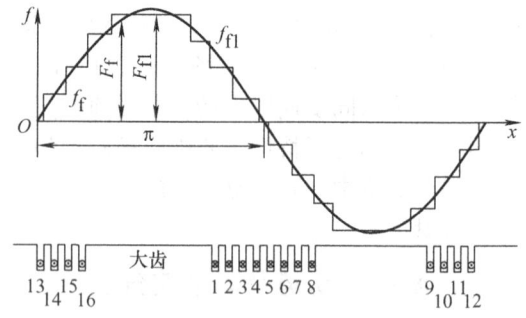

图 15-3　隐极式同步发电机的转子绕组及其磁动势

利用傅里叶级数，把这个阶梯形磁动势的基波分离出来，其幅值为 $F_{f1} = k_fF_f$。

通常每极下小齿齿距的和与极距之比用 γ 表示，其值为 $\dfrac{2}{3} \sim \dfrac{4}{5}$，励磁磁动势波形系数 k_f 的大小主要取决于比值 γ，当 γ 已知，k_f 的数值见表 15-1。

表 15-1　隐极式发电机励磁磁动势波形系数

γ	0.6	0.66	0.7	0.75	0.8
k_f	1.09	1.06	1.03	1	0.965

汽轮发电机的励磁绕组是按照 $\gamma = 0.67 \sim 0.8$ 这样的范围来设计的，则 $k_f \approx 1$，这意味着励磁磁动势的基波幅值约等于实际的励磁磁动势幅值。

二、时间相量与空间矢量

随时间按正弦规律变化的物理量称为时间相量。相量的长度等于该物理量的有效值，旋转角速度 ω 等于该物理量随时间交变的角频率，$\omega = 2\pi f$。

第十五章 同步发电机的运行原理

选取纵轴为时间参考轴，任何瞬间旋转相量的$\sqrt{2}$倍即为该物理量的瞬时值，时间参考轴简称为时轴。可用时间相量表示的物理量有正弦交流电流、正弦交流电动势、电压、磁通等。

励磁绕组在空间产生的基波磁动势F_{f1}按正弦函数分布，磁感应强度基波B_{f1}在空间也按正弦函数分布，它们在时间上随转子以同步旋转角速度旋转，空间上是同相位的，可以把它们看作是一个随时间变化的空间矢量。矢量的长度等于该正弦波的幅值，它与空间参考轴的夹角表示幅值的位置。将空间参考轴选在相绕组的轴线上，称为相轴。三相电机中三相轴线互差120°电角度，通常只画一根相轴即可。可用空间矢量表示的物理量有磁动势和磁感应强度。

励磁绕组产生的励磁磁动势基波按正弦函数分布，它随转子一起旋转，转速也是同步转速n_1，这是一个旋转磁动势，其基波可用空间矢量F_{f1}来表示。在励磁磁动势的作用下，气隙中会产生磁场。气隙中的磁感应强度沿圆周的分布随时间的变化规律就是磁感应强度波。在隐极式发电机中，气隙均匀，当铁心不饱和时，气隙磁感应强度与磁动势成正比，励磁磁动势的基波产生了正弦波的磁感应强度，在不考虑磁滞涡流效应的情况下，该磁感应强度波的相位和励磁磁动势基波的相位也相同，如图15-4a所示。该正弦分布的磁感应强度波是磁感应强度的基波，可用空间矢量B_0来表示，如图15-4b所示。

在凸极式发电机中，由于发电机气隙不均匀。即使铁心不饱和，励磁磁动势波在气隙中产生的磁感应强度波也是非正弦分布。该磁感应强度波还要分解出基波和谐波分量。分解出的基波分量，可根据其幅值大小和最大值位置用空间矢量B_0表示。但空载时，根据对称性，磁感应强度基波和磁动势基波是同相位的。

磁感应强度基波在一个极下的磁通，称为每极基波主磁通Φ_0，在时间上将按ω_1的变化周期分别在定子三相发绕组中感应电动势$\dot{E}_0$。三相发电机中，当某相电流达到正的最大值，即相电流相量与时轴重合时，三相合成磁动势基波的正幅值与该相相轴重合。把相电流的时轴与空间矢量的相轴重合，则时间相量$\dot{I}$与合成磁动势的空间矢量F_1重合。人为地将时间相量和空间矢量画在同一坐标平面上可得时-空矢量图，则有$\dot{I}$和F_1重合的关系，如图15-5所示。

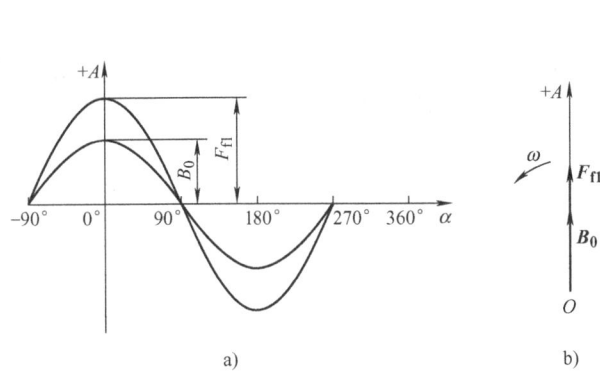

图15-4 基波磁动势和磁感应强度波形及其空间矢量
a) 基波励磁磁动势和磁感应强度波形
b) 基波磁动势和磁感应强度空间矢量

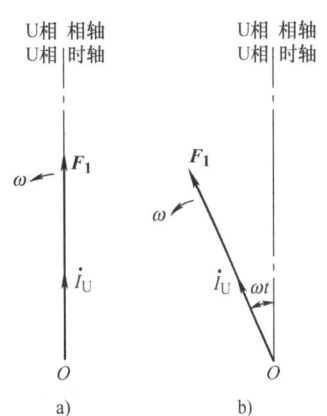

图15-5 时-空矢量图
a) $\omega t = 0$, $i_U = I_m$ b) $\omega t > 0$

三、空载特性

若基波分量的每极磁通量为 $\dot{\Phi}_0$，空载时定子绕组每相感应电动势的有效值为

$$E_0 = 4.44 f_1 N_1 k_{N1} \Phi_0 \tag{15-4}$$

改变励磁电流 I_f，就会改变 F_f，从而改变 Φ_0，进而改变 E_0，绘出同步转速下，E_0 和 I_f 的关系曲线 $E_0 = f(I_f)$，称为同步发电机的空载特性，如图 15-6 中曲线 1 所示。

在图 15-6 中可用线段的长度表示相应物理量的大小，$E_0 = U_N$ 时，空载磁动势 $F_{f0} = \overline{ac}$，气隙部分消耗的磁动势 $F_\delta = \overline{ab}$，发电机的饱和系数定义为

$$k_\mu = \frac{\overline{ac}}{\overline{ab}} = \frac{\overline{Od}}{\overline{Og}} = \frac{\overline{dh}}{\overline{dc}} = \frac{E_0'}{U_N} \tag{15-5}$$

式中 E_0'——磁路不饱和时的空载电动势。

一般同步发电机饱和系数为 1.1~1.25。

对于给定的发电机，电枢绕组有效匝数 $N_1 k_{N1}$ 和频率一定，有 $E_0 \propto \Phi_0$。励磁绕组匝数一定时，有 $I_f \propto F_f$，即将坐标改变后，空载特性曲线就是发电机的磁化曲线 $\Phi_0 = f(F_f)$。

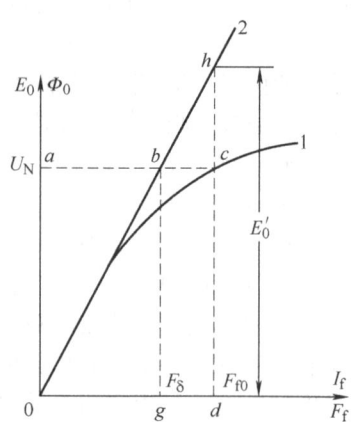

图 15-6 同步发电机的空载特性

空载特性曲线反映了发电机主磁路的饱和程度，当 Φ_0 较小时，磁路处于不饱和状态，铁心所需的磁动势与气隙所需的磁动势相比较小，可以忽略不计，磁动势主要消耗在气隙上，磁化曲线为直线，随着 Φ_0 增大，铁心开始饱和，曲线开始弯曲，该曲线直线段的延长线 2 称为气隙线，可代表不考虑磁路饱和影响的空载特性。

第二节 同步发电机带对称负载时的电枢反应

同步发电机带上负载后，定子对称三相绕组中流过的对称三相电流产生一个旋转磁动势，称电枢磁动势。只考虑基波 F_a，其转速 n_1 由定子电流频率 f 及发电机极对数 p 决定，可知 F_a 的转速与励磁磁动势基波 F_{f1} 的转速相同。F_a 的转向由电枢电流的相序决定，该相序与转子磁极转向一致，说明 F_a 与 F_{f1} 同转向，在空间相对静止。这时将由励磁磁动势和电枢磁动势合成一个总的磁动势来产生气隙磁场，进而在定子绕组中感应电动势。显然，F_a 的存在使气隙磁场与空载时不同了，对称负载时电枢磁动势基波对主极磁场基波的影响，称为电枢反应。

电枢反应的性质与负载的性质、大小及发电机的参数有关。设空载时定子一相电动势为 $\dot{E}_0$。加上负载后，电枢绕组中某一相电流为 $\dot{I}$。当发电机所加的负载性质不同，如负载为电阻、电感或电容性负载时，就会使 $\dot{E}_0$ 和 $\dot{I}$ 之间的相位差 Ψ 不同，Ψ 称为内功率因数角，它与发电机的内阻抗及外加负载的性质有关。Ψ 不同，电枢反应的性质也不同。以下分为几种情况具体进行分析。

1. $\Psi = 0°$，$\dot{E}_0$ 和 $\dot{I}$ 同相的情况

$\Psi = 0°$，$\cos\Psi = 1$，$\sin\Psi = 0$，发电机向电网输送有功功率，不发出无功功率。

第十五章 同步发电机的运行原理

图 15-7a 是 $\dot{E}_0$ 和 $\dot{I}$ 同相时的时间相量图，图 15-7b 是只画了 U 相绕组的三相同步发电机示意图。转子在此位置时，U 相绕组切割最大磁感应强度，U 相感应电动势 $\dot{E}_0$ 最大，$\dot{E}_0$ 和 $\dot{I}$ 同相，U 相电流 $\dot{I}$ 为最大值，所以三相绕组产生的磁动势 F_a 在 U 相绕组轴线上。

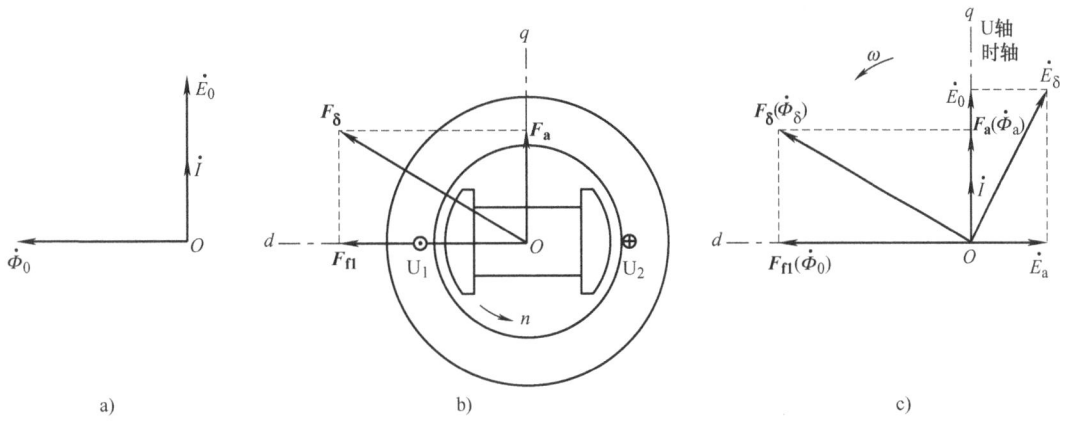

图 15-7 $\Psi = 0°$ 的电枢反应

在时-空矢量图上，三相合成旋转磁动势 F_a 和 U 相电枢电流 $\dot{I}$ 重合。F_a 滞后于励磁磁动势 F_{f1} 90°，位于转子相邻磁极间的中线上。将转子的磁极轴线称为直轴（d 轴），极间轴线称为交轴（q 轴），将 q 轴与 U 相绕组的相轴和时轴重合。$\Psi = 0°$ 时，则 F_a 作用于交轴，称为交轴电枢磁动势 F_{aq}，产生交轴电枢反应。将励磁磁动势 F_{f1} 和 F_a 合成，得到合成磁动势 F_δ，即

$$F_\delta = F_{f1} + F_a \tag{15-6}$$

若不考虑磁路饱和，有 $\dot{\Phi}_0 + \dot{\Phi}_a = \dot{\Phi}_\delta$，$\dot{E}_0 + \dot{E}_a = \dot{E}_\delta$。

可见，$\Psi = 0°$ 时，交轴电枢磁动势使气隙合成磁动势的轴线位置比空载时转过一个锐角，幅值发生一定变化。此时，发电机处于发电运行状态，向电网输送有功功率。

2. $\Psi = 90°$，$\dot{E}_0$ 对 $\dot{I}$ 有 90°超前的情况

因 $\Psi = 90°$，$\cos\Psi = 0$，$\sin\Psi = 1$，发电机仅发出电感性无功功率。

由图 15-8 可知，$\Psi = 90°$ 时，F_{f1} 与 F_a 相位差为 180°，F_{f1} 与 F_a 的方向相反，对 F_{f1} 起去磁作用。由于 F_a 位于直轴上，称为直轴电枢反应，F_{ad} 称为直轴去磁电枢反应磁动势。直轴去磁电枢反应使合成磁动势 F_δ 比空载时小，气隙磁感应强度也将比空载时小，感应电动势也相应地变小。发电机接到电网上时，由于电网要求电压保持不变，即要求气隙的合成磁场近似保持不变，而去磁电枢反应使原有的直流励磁电流不够了，需相应增大。同步发电机直流励磁电流增大后的运行状态称为过励运行状态。

3. $\Psi = -90°$，$\dot{E}_0$ 对 $\dot{I}$ 有 90°滞后的情况

此时，$\Psi = -90°$，发电机向电网输送电容性无功功率。

从图 15-9 可知，F_{f1} 与 F_a 同相位，F_a 对 F_{f1} 起助磁作用。F_a 位于直轴上，仍是直轴电枢反应，F_{ad} 称为直轴助磁电枢反应磁动势，这时合成磁动势 F_δ 比 F_{f1} 大，气隙磁感应强度也比空载时大，感应电动势也相应增大。助磁的电枢反应使原有的直流励磁过大了，必须相

应减小。同步发电机直流励磁电流减小后的运行状态称为欠励运行状态。

4. 一般情况下的电枢反应

一般情况下，Ψ 在 $-90°\sim90°$ 之间，以 $0°<\Psi<90°$ 分析，这是同步发电机带一般负载的情况。时-空矢量如图 15-10 所示，它表示 $\dot{I}$ 滞后 $\dot{E}_0$ 一个锐角 Ψ 时的情况，这时电枢反应磁动势既不在交轴，也不在直轴。

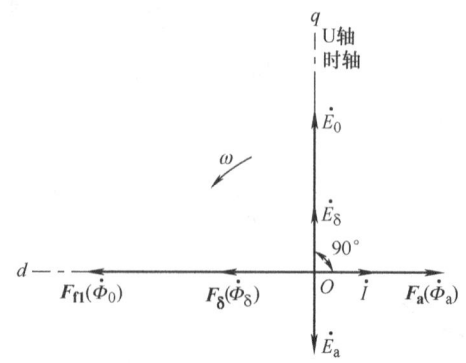

图 15-8 $\Psi=90°$ 的电枢反应

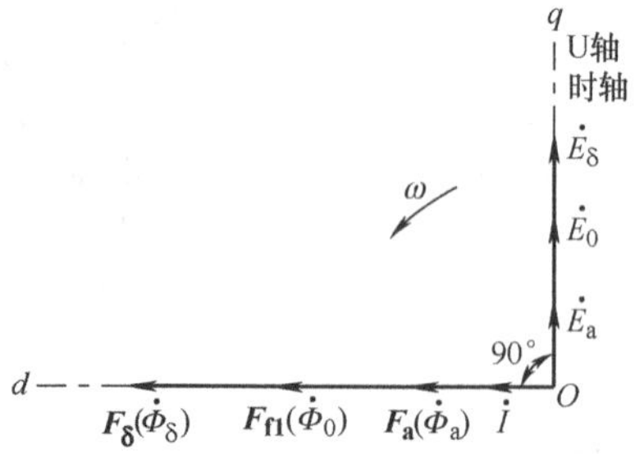

图 15-9 $\Psi=-90°$ 的电枢反应

这时的电枢反应磁动势 F_a 可以分解成两个分量：一个分量是沿直轴方向的分量 F_{ad}，即直轴电枢反应磁动势分量，对 F_{fl} 起去磁作用；另一个分量是沿交轴方向的分量 F_{aq}，即交轴电枢反应磁动势分量，对 F_{fl} 起交磁作用，即

$$\begin{cases} F_a = F_{ad} + F_{aq} \\ F_{ad} = F_a \sin\Psi \\ F_{aq} = F_a \cos\Psi \end{cases} \quad (15\text{-}7)$$

将每相电流 $\dot{I}$ 分解为直轴分量 $\dot{I}_d$ 和交轴分量 $\dot{I}_q$，即

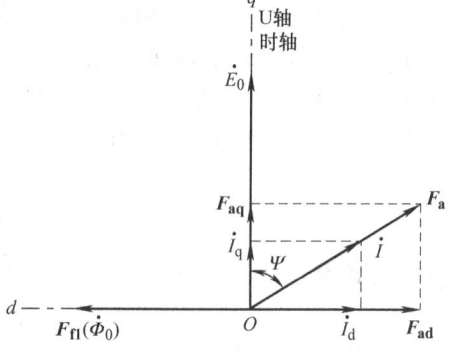

图 15-10 任意角时的电枢反应

$$\begin{aligned} \dot{I} &= \dot{I}_d + \dot{I}_q \\ I_d &= I\sin\Psi \\ I_q &= I\cos\Psi \end{aligned} \quad (15\text{-}8)$$

可见，同步发电机的运行方式可以由 Ψ 判断：发电机运行时，励磁磁场较电枢磁场超前，但励磁磁场超前的角度超过 π 电弧度时，便成为电枢磁场超前的相对位置，发电机转变为电动机运行。F_a 与 F_{fl} 间相差的角度为 $\dfrac{\pi}{2}+\Psi$，即 $0<\dfrac{\pi}{2}+\Psi<\pi$ 时作为发电机运行，$\pi<\dfrac{\pi}{2}+\Psi<2\pi$ 时作为电动机运行，也可改写成作为发电机运行时有 $-\dfrac{\pi}{2}<\Psi<\dfrac{\pi}{2}$，作为电动机运行时有 $\dfrac{\pi}{2}<\Psi<\dfrac{3\pi}{2}$。所以电枢反应改变了电枢（定子）、励磁（转子）磁动势间的夹角，而夹角的大小决定了能量的传递方向。

将同步发电机电枢反应性质归纳后见表15-2。

表15-2 同步发电机电枢反应性质

内功率因数角	电枢磁动势性质	电枢反应的作用
$\Psi = 0°$	交轴	使气隙磁场轴线逆转子转向偏移，幅值略有增大
$\Psi = 90°$	直轴去磁	使气隙磁场削弱，电枢端电压下降
$\Psi = -90°$	直轴助磁	使气隙磁场增强，电枢端电压升高
$0° < \Psi < 90°$	交轴及直轴去磁	使气隙磁场轴线偏移，电枢端电压下降
$-90° < \Psi < 0°$	交轴及直轴助磁	使气隙磁场轴线偏移，电枢端电压升高

5. 电枢反应与机电能量转换

电枢反应的存在是实现能量传递的关键。同步发电机空载时，无电枢反应，不存在机电能量的转换。同步发电机负载时，有电枢反应，图 15-11 给出了不同负载性质时电枢磁场与励磁电流产生电磁力的情况。

（1）有功电流在发电机内部产生的制动转矩 在图 15-11a 中，认为主要是有功电流分量，发电机主要输出有功功率，负载电流产生交轴电枢反应磁场，该磁场与励磁电流产生的电磁力的方向由左手定则确定，产生的电磁转矩方向与转子转向相反，企图阻止转子旋转，是制动转矩。

所以，当发电机输出有功电流（即输出有功功率）时，原动机应克服交轴电枢反应对转子的制动转矩，为使转子转速不变，相应增大汽轮机进汽量（或水轮机进水量），来克服制动转矩，可以维持发电机的转速不变。

（2）感性无功电流使发电机端电压降低 在图 15-11b 中，认为主要是感性无功电流，负载电流产生直轴电枢反应磁场，该磁场与励磁电流相互作用产生电磁力，但不产生转矩，不影响转子的旋转。这表明发电机输出纯感性无功功率时，不需要原动机增加能量。此时，电枢磁动势对转子磁场产生去磁作用，使气隙磁场削弱，发电机端电压降低，要维持电压不变，应增加转子励磁电流。

（3）容性无功电流使发电机端电压升高 在图 15-11c 中，认为主要是容性无功电流，负载电流产生直轴电枢反应，它对转子励磁磁场起助磁作用，增强了气隙磁场，使发电机端电压升高，要维持电压不变，应减少励磁电流。

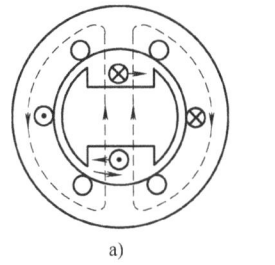 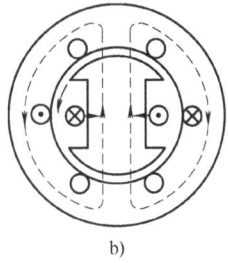 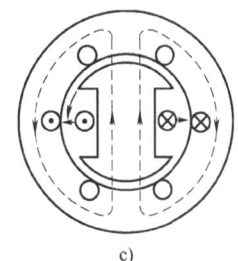

图 15-11 不同负载性质时电枢反应磁场与励磁电流的相互作用
a) $\Psi = 0$ b) $\Psi = \pi/2$ c) $\Psi = -\pi/2$

综上所述，为维持发电机转速不变，应随着有功负载的变化调节原动机的输入功率，为保持发电机的端电压不变，应随无功负载的变化调节转子的励磁电流。

第三节 隐极同步发电机的分析方法

同步发电机负载运行时,转子励磁绕组通入直流电产生直流励磁的旋转励磁磁场(又称机械旋转磁场、转子磁场),定子三相绕组流通对称三相电流,产生交流励磁的旋转磁场(即电枢磁场)。此时同步发电机气隙内存在两种不同方式产生的旋转磁场,若它们之间有相对位移,便会产生电磁力,犹如两块磁铁之间存在相互作用力一样。由于负载电流的性质不同,两个磁场有不同的相对位置,它决定着同步发电机的运行方式,见表 15-3。两个磁动势的区别见表 15-4。由于定子绕组固定不动,电枢磁场、励磁磁场以同步转速旋转,但空间存在相位差。当两个磁场切割定子绕组时,绕组中感应的电动势频率相同,但同样存在时间相位差,感应电动势间的时间相位差与相对应的磁场间的空间相位差相等。

表 15-3 两个磁场的相对位置与发电机运行方式

两个磁场相对位置	运行方式	作用到转子上的力
励磁磁场超前电枢磁场	发电机	阻力
电枢磁场超前励磁磁场	电动机	驱动力

表 15-4 电枢磁动势与励磁磁动势的区别

类型	大小	位置	转速
励磁磁动势	由励磁电流大小决定	由转子位置决定	由原动机转速决定
电枢磁动势	由电枢电流大小决定	瞬时位置由电枢电流决定,稳态位置由负载性质决定	稳态转速由原动机转速决定

一、电动势方程式

不考虑饱和时,可利用叠加定理分别求出 F_{f1} 和 F_a 单独作用在定子每一相产生的磁通和电动势,再考虑由电枢漏磁场引起的每一相的漏磁通 $\dot{\Phi}_\sigma$ 和漏电动势 $\dot{E}_\sigma$,可得

$$I_f(\text{直流}) \rightarrow F_f \rightarrow F_{f1} \rightarrow \dot{\Phi}_\sigma \rightarrow \dot{E}_0$$

$$\dot{I}(\text{三相}) \rightarrow F_a \rightarrow \dot{\Phi}_a \rightarrow \dot{E}_a$$

$$\rightarrow \dot{\Phi}_\sigma \rightarrow \dot{E}_\sigma$$

参照图 15-12 规定的参考方向,可对电枢任一相导出电动势方程式,即

$$\sum \dot{E} = \dot{E}_0 + \dot{E}_a + \dot{E}_\sigma = \dot{U} + \dot{I} R_a \quad (15\text{-}9)$$

式中 $\dot{U}$——电枢一相绕组的端电压;

$\dot{I} R_a$——电枢一相绕组的电阻压降。

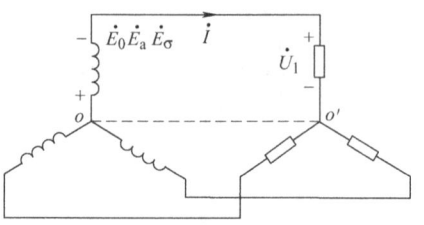

图 15-12 电动势、电流、电压参考方向的规定

由于 $E_a \propto \Phi_a$,不考虑饱和以及定子铁损耗时,$\Phi_a \propto F_a \propto I$,可见 $E_a \propto I$。时间相位上 $\dot{E}_a$ 滞后于 $\dot{\Phi}_a$ 90°电角度,$\dot{\Phi}_a$ 与 $\dot{I}$ 同相,则 $\dot{E}_a$ 在时间相位上对 $\dot{I}$ 有 90°电角度的滞后,因此可以写成负

电抗压降的形式，即

$$\dot{E}_a = -j\dot{I}X_a \tag{15-10}$$

式中的 X_a 称为电枢反应电抗，物理意义为对称负载时单位电流所产生的电枢反应磁场在一相绕组中感应的电动势，可认为是相电流所产生的一个电抗压降。电枢反应电抗对应于定子旋转磁场，定子旋转磁动势是由三相电流联合产生的，等于该磁场所感应的每相电动势和相电流之比，即为相值。在电枢电流相同的情况下，电枢反应电抗越大，电枢反应电动势越大，表示电枢磁动势所产生的电枢磁通越强，因此可以反应电枢反应的大小。它在物理本质上相当于异步电机中励磁电抗 X_m，但较小。

同样，漏电动势也可以写成负电抗压降的形式，即

$$\dot{E}_\sigma = -j\dot{I}X_\sigma \tag{15-11}$$

于是式(15-9)便可改写为

$$\begin{aligned}\dot{E}_0 &= \dot{U} + \dot{I}R_a - (\dot{E}_a + \dot{E}_\sigma) \\ &= \dot{U} + \dot{I}R_a + j\dot{I}X_\sigma + j\dot{I}X_a \\ &= \dot{U} + \dot{I}R_a + j\dot{I}X_t\end{aligned} \tag{15-12}$$

式中，X_t 称为同步发电机的同步电抗，它等于电枢反应电抗和定子漏抗之和，即

$$X_t = X_a + X_\sigma \tag{15-13}$$

同步电抗是表征对称稳态运行时电枢旋转磁场和电枢漏磁场的一个综合参数，是对称三相电枢电流所产生的全部磁通在某一相中感应的总电动势与相电流的比例常数，是相值。

电枢反应磁场与转子都以同步转速同方向旋转，即定子的电枢反应磁场不会切割转子的励磁绕组，则同步电抗就是定子方面的总电抗。励磁绕组在电路方面不起二次绕组的作用，但转子铁心却会作为主磁路的组成部分发挥作用，若把转子抽去，定子的电枢电流所遇到的电抗就不再是电枢反应电抗或同步电抗，而是接近于漏抗 X_σ。

需要注意的是，只有电枢电流为对称三相电流，产生的气隙磁场为圆形旋转磁场时，同步电抗才有意义。电枢绕组中流过不对称三相电流时，不能无条件应用同步电抗。

二、等效电路及相量图

从电路的观点来看，隐极同步发电机就相当于励磁电动势 $\dot{E}_0$ 和同步阻抗 $Z_s = R_a + jX_t$ 的串联电路，如图15-13所示。由于图15-13a中的等效电路简单，物理意义明确，故在工程分析中被广泛应用。

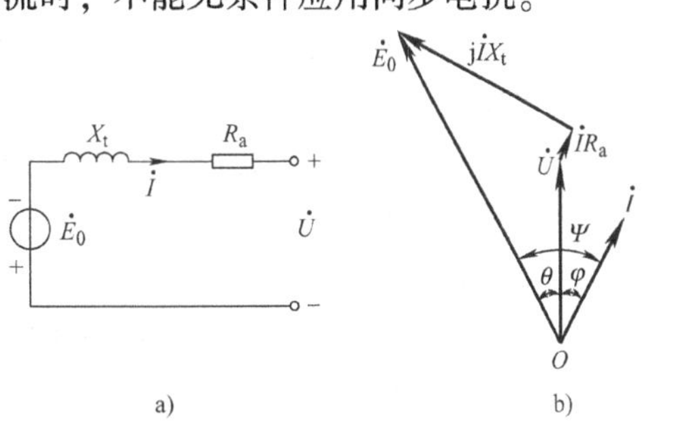

绘制相量图的步骤如下：

1）以电压 $\dot{U}$ 为参考相量。

2）根据负载功率因数角 φ 做出相量 $\dot{I}$。

图15-13 用励磁电动势和同步电抗表示隐极同步发电机的相量图和等效电路
a) 隐极同步发电机等效电路 b) 隐极同步发电机相量图

3）在 $\dot{U}$ 的末端加上平行于 $\dot{I}$ 的电阻压降 $\dot{I}R_a$，在 $\dot{I}R_a$ 的末端加上电抗压降 $j\dot{I}X_t$，它对 $\dot{I}$ 有90°超前。

4) 连接电压相量 $\dot{U}$ 的首端和 $j\dot{I}X_t$ 的末端，得到 $\dot{E}_0$。

相量图中，φ 角是发电机端电压 $\dot{U}$ 与电流 $\dot{I}$ 的夹角，由负载阻抗性质决定；θ 角空载电动势 $\dot{E}_0$ 与端电压 $\dot{U}$ 之间的夹角，称为功率角，简称功角。它们的关系为

$$\Psi = \theta + \varphi \tag{15-14}$$

根据相量图可以得到

$$\Psi = \arctan \frac{IX_t + U\sin\varphi}{IR_a + U\cos\varphi} \tag{15-15}$$

$$E_0 = \sqrt{(IR_a + U\cos\varphi)^2 + (IX_t + U\sin\varphi)^2} \tag{15-16}$$

不考虑饱和时，把励磁磁通和电枢反应磁通叠加（矢量相加），即可得到负载时气隙中的合成基波磁通，简称气隙磁通，用符号 $\dot{\Phi}_\delta$ 表示，则

$$\dot{\Phi}_\delta = \dot{\Phi}_0 + \dot{\Phi}_\sigma \tag{15-17}$$

气隙磁通在电枢绕组内感应的电动势称为气隙电动势，用符号 $\dot{E}_\delta$ 表示。有

$$\dot{E}_\delta = \dot{E}_0 + \dot{E}_\sigma = \dot{U} + \dot{I}R_a + j\dot{I}X_\sigma \tag{15-18}$$

第四节 凸极同步发电机的分析方法

一、双反应理论

图 15-14 所示是凸极同步发电机的磁路，凸极同步发电机的气隙是不均匀的，但沿直轴两侧和沿交轴两侧是对称的。直轴方向气隙较小，交轴方向气隙较大，则交轴磁阻大于直轴磁阻，同一电枢磁动势作用在不同位置时，遇到的磁阻不同，产生的电枢反应磁通不同，对应的电枢反应电抗将不一样，这给分析凸极同步发电机带来了困难。

为此人们提出了双反应理论，其基本思想是：把电枢磁动势 F_a 分解成直轴分量 F_{ad} 和交轴分量 F_{aq}，这两个分量分别固定地作用在直轴和交轴磁路上，然后分别求出直轴和交轴磁动势的电枢反应，最后再将它们的影响叠加起来。

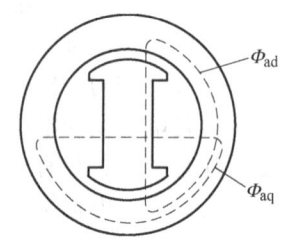

图 15-14 凸极同步发电机的磁路

双反应理论是建立在叠加定理基础上的，对于不饱和的线性系统，双反应理论完全适用，而且实践证明，不考虑饱和时，采用该理论来分析凸极同步发电机比较准确。

二、电动势方程式

利用双反应理论将电枢磁动势分解为作用在直轴磁路上的 F_{ad}，对应一个恒定不变的磁阻，产生磁通 $\dot{\Phi}_{ad}$，切割定子绕组，感应电动势 $\dot{E}_{ad}$；作用在交轴磁路上的 F_{aq}，也对应一个恒定不变的磁阻，产生磁通 $\dot{\Phi}_{aq}$，切割定子绕组，感应电动势 $\dot{E}_{aq}$，各物理量的关系为

$$I_f \rightarrow F_{f1} \rightarrow B_{f1} \rightarrow \dot{\Phi}_0 \rightarrow \dot{E}_0$$

$$\dot{I} \to \begin{cases} \boldsymbol{F}_{ad} \to \boldsymbol{B}_{ad} \to \dot{\boldsymbol{\Phi}}_{ad} \to \dot{E}_{ad} \\ \boldsymbol{F}_{aq} \to \boldsymbol{B}_{aq} \to \dot{\boldsymbol{\Phi}}_{aq} \to \dot{E}_{aq} \\ \dot{\boldsymbol{\Phi}}_{\sigma} \to \dot{E}_{\sigma} \end{cases}$$

各物理量参考方向的规定仍与隐极同步发电机的规定相同，故得电枢某一相的电动势方程式为

$$\sum \dot{E} = \dot{E}_0 + \dot{E}_{ad} + \dot{E}_{aq} + \dot{E}_\sigma = \dot{U} + \dot{I} R_a \tag{15-19}$$

和隐极发电机相似，不考虑饱和时，有 $E_{ad} \propto \Phi_{ad} \propto F_{ad} \propto I_d$ 和 $E_{aq} \propto \Phi_{aq} \propto F_{aq} \propto I_q$，即 E_{ad} 正比于 I_d，E_{aq} 正比于 I_q。从相位上来看，$\dot{E}_{ad}$ 和 $\dot{E}_{aq}$ 又分别对 $\dot{I}_d$ 和 $\dot{I}_q$ 有 90°的滞后，因此它们可用相应的负阻抗压降来表示，即

$$\dot{E}_{ad} = -j \dot{I}_d X_{ad}$$
$$\dot{E}_{aq} = -j \dot{I}_q X_{aq} \tag{15-20}$$

式中 X_{ad} 和 X_{aq}——直轴电枢反应电抗和交轴电枢反应电抗，它们表征对称负载下单位直轴或交轴三相联合的基波定子磁场在定子每一相绕组中感应的电动势。

由于凸极式发电机的直轴磁阻小于交轴磁阻，所以在发电机不饱和时，总是有 $X_{ad} > X_{aq}$。

考虑到 $\dot{E}_\sigma = -j \dot{I} X_\sigma$，则电动势方程式的形式可变为

$$\dot{E}_0 - j \dot{I}_d X_{ad} - j \dot{I}_q X_{aq} - j \dot{I} X_\sigma = \dot{U} + \dot{I} R_a$$

或

$$\dot{E}_0 = \dot{U} + \dot{I} R_a + j \dot{I}_d X_{ad} + j \dot{I}_q X_{aq} + j \dot{I} X_\sigma \tag{15-21}$$

如果把漏抗压降也分解为直轴和交轴两个分量代入式(15-21)，可得

$$\begin{aligned}\dot{E}_0 &= \dot{U} + \dot{I} R_a + j \dot{I}_d X_{ad} + j \dot{I}_q X_{aq} + j \dot{I} X_\sigma \\ &= \dot{U} + \dot{I} R_a + j \dot{I}_d (X_{ad} + X_\sigma) + j \dot{I}_q (X_{aq} + X_\sigma) \\ &= \dot{U} + \dot{I} R_a + j \dot{I}_d X_d + j \dot{I}_q X_q \end{aligned} \tag{15-22}$$

式中，X_d 和 X_q 分别称为凸极同步发电机的直轴和交轴同步电抗，有

$$X_d = X_{ad} + X_\sigma$$
$$X_q = X_{aq} + X_\sigma \tag{15-23}$$

直轴和交轴同步电抗的物理意义为在负载情况下单位直轴或交轴电流三相联合产生的电枢总磁场（包括在气隙中旋转的电枢反应磁场和漏磁场）在电枢每一相中感应的电动势。

同步电抗是同步电机的重要参数，多用标幺值表示，人们以同步电机每相额定电压作为电压的基准值，每相额定电流为电流的基准值，则阻抗的基准值为电压基准值与电流基准值之比。隐极同步电机的同步电抗标幺值在 0.9~2.5 之间；凸极同步电机的直轴同步电抗标幺值（不饱和值）在 0.65~1.6 之间，交轴同步电抗标幺值在 0.4~1.0 之间。

三、相量图

由于 Ψ 用仪表测量不出，即电流无法分解成直轴和交轴分量，导致整个相量图难以绘

制。为了解决这一困难，将方程式进行一些变换，有

$$\dot{E}_0 - j\dot{I}_d(X_d - X_q) = \dot{U} + j\dot{I}_d X_d + j\dot{I}_q X_q - j\dot{I}_d(X_d - X_q)$$
$$= \dot{U} + j\dot{I}_q X_q + j\dot{I}_d X_q$$
$$= \dot{U} + j(\dot{I}_d + \dot{I}_q)X_q$$
$$= \dot{U} + j\dot{I} X_q \tag{15-24}$$

由式(15-24)可知，$\dot{E}_0$ 与 $\dot{I}_d$ 垂直，$-j\dot{I}_d(X_d - X_q)$ 与 $\dot{E}_0$ 在同一方向，所以画出 $\dot{U} + j\dot{I}X_q$，就可以确定 $\dot{E}_0$ 的方向及 Ψ。

作图步骤如下：

1) 绘出参考相量 $\dot{U}$，根据 φ 画出 $\dot{I}$。

2) 在 $\dot{U}$ 的末端画出 $j\dot{I}X_q$，确定 $\dot{E}_0$ 的方向，得到 Ψ 角。

3) 根据得到的 Ψ，把 $\dot{I}$ 分解为 $\dot{I}_d$ 和 $\dot{I}_q$。

4) 在 $\dot{U}$ 的末端依次绘出 $j\dot{I}_q X_q$ 和 $j\dot{I}_d X_d$，即得 $\dot{E}_0$。

相量图如图 15-15 所示。

在图 15-15 中，将 $\dot{U}$ 按 φ 分解成 $U\sin\varphi$ 和 $U\cos\varphi$，故得

$$\Psi = \arctan\frac{IX_q + U\sin\varphi}{U\cos\varphi} \tag{15-25}$$

$$E_0 = U\cos(\Psi - \varphi) + I_d X_d = U\cos\theta + IX_d\sin\Psi \tag{15-26}$$

例 15-1 某凸极同步发电机，$U_N = 11\text{kV}$（丫联结），$I_N = 460\text{A}$，$\cos\varphi_N = 0.8$（滞后），$X_d = 17\Omega$，$X_q = 9\Omega$，电枢电阻忽略，试求额定运行时的 Ψ、I_d、I_q、E_0。

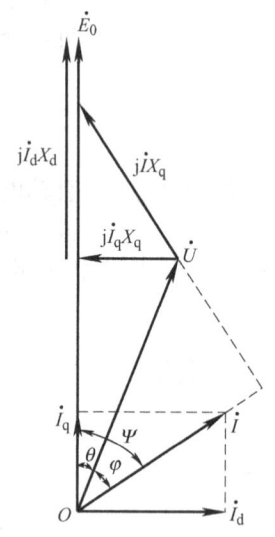

图 15-15 凸极同步发电机相量图

解： 额定相电压

$$U_{\varphi N} = \frac{11 \times 10^3}{\sqrt{3}}\text{V} = 6350\text{V}$$

$$\cos\varphi_N = 0.8,\ \varphi_N = 36.87°,\ \sin\varphi_N = 0.6$$

$$\Psi = \arctan\frac{IX_q + U\sin\varphi}{U\cos\varphi} = \arctan\frac{460 \times 9 + 6350 \times 0.6}{6350 \times 0.8} = 57.42°$$

$$I_d = I\sin\Psi = 460 \times \sin 57.42°\text{A} = 387.6\text{A}$$

$$I_q = I\cos\Psi = 460 \times \cos 57.42°\text{A} = 247.7\text{A}$$

$$E_0 = U\cos(\Psi - \varphi) + I_d X_d = 6350 \times \cos(57.42° - 36.87°)\text{V} + 387.6 \times 17\text{V} = 12535\text{V}$$

思 考 题

15-1 同步发电机在对称负载下稳定运行时，电枢电流的磁场是否与励磁绕组交链？它会在励磁绕组中感应电动势吗？

15-2 同步发电机在对称负载下稳定运行时，气隙磁场由哪些磁动势建立？它们各有什么特点？

15-3 什么是同步发电机的电枢反应？电枢反应的性质取决于什么？交轴和直轴电枢反

应对同步发电机的运行有什么影响?

15-4 一台隐极式同步发电机,忽略电枢绕组电阻,分析下列情况下电枢反应作用:(1)对称三相负载;(2)电容负载$X_c^* = 0.8$,发电机同步电抗$X_t^* = 1.0$;(3)电感负载$X_L^* = 0.7$;(4)电容负载$X_c^* = 1.2$,发电机同步电抗$X_t^* = 1.0$。

15-5 同步电抗的物理意义是什么?它和哪些因素有关?隐极式发电机和凸极式发电机的同步电抗有什么区别?说明同步电抗与每相绕组本身的励磁电抗的区别。

15-6 同步发电机对称负载运行时有哪些电抗?按从大到小的顺序将它们排列出来。

15-7 分析下列情况中同步电抗如何变化:(1)电枢绕组匝数增加;(2)铁心饱和程度提高;(3)气隙增大;(4)励磁绕组匝数增加。

15-8 为什么同步发电机带电阻、电感性负载时端电压会下降,带电容性负载时端电压会上升?

15-9 试比较变压器的励磁阻抗、异步电机的励磁阻抗和同步电机的同步阻抗的差别,说明为什么有这些差别。

习　　题

15-1 有一台三相同步发电机,$P_N = 2500\text{kW}$,$U_N = 10.5\text{kV}$,Y联结,$\cos\varphi_N = 0.8$(滞后),单机运行。已知同步电抗$X_t = 7.52\Omega$,电枢电阻不计。每相的励磁电动势$E_0 = 7520\text{V}$。求下列几种负载下的电枢电流,并说明电枢反应的性质:(1)每相7.52Ω的三相平衡纯电阻性负载;(2)每相7.52Ω的三相平衡纯电感性负载;(3)每相15.04Ω的三相平衡纯电容性负载;(4)每相$(7.52 - j7.52)\Omega$的三相平衡电阻、电容性负载。

15-2 有一台三相凸极同步发电机,电枢绕组Y联结,每相额定电压$U_N = 230\text{V}$,额定电流$I_N = 9.06\text{A}$,额定功率因数$\cos\varphi_N = 0.8$(滞后)。已知该机运行于额定状态,每相的励磁电动势$E_0 = 410\text{V}$,内功率因数角$\Psi = 60°$,不计电阻压降,试求:I_d、I_q、X_d和X_q。

15-3 有一台三相隐极同步发电机,电枢绕组Y联结,每相额定电压$U_N = 6300\text{V}$,额定电流$I_N = 6.45\text{A}$,额定功率因数$\cos\varphi_N = 0.8$(滞后)。该机在同步速下运转,励磁绕组开路,电枢绕组端点外加对称三相线电压$U = 2300\text{V}$,测得定子电流为572A。如果不计电阻压降,求在额定运行下发电机的励磁电动势E_0。

15-4 有一台三相凸极同步发电机,每相额定电压$U_N = 230\text{V}$,额定电流$I_N = 9.06\text{A}$,电枢绕组Y联结,额定功率因数$\cos\varphi_N = 0.9$(滞后)。已知同步电抗$X_d = 18.6\Omega$,$X_q = 12.8\Omega$,不计电阻压降,试求在额定状态下运行时的I_d、I_q、E_0。

15-5 有一台三相隐极同步发电机,电枢绕组Y联结,每相额定功率$P_N = 25000\text{kW}$,额定电压$U_N = 10500\text{V}$,额定转速$n_N = 3000\text{r/min}$,额定电流$I_N = 1720\text{A}$,并已知同步电抗$X_s = 2.3\Omega$,不计电阻压降,求:(1)$I_a = I_N$,$\cos\varphi_N = 0.8$(滞后)时的电动势E_0和功角θ;(2)$I_a = I_N$,$\cos\varphi_N = 0.8$(超前)时的电动势E_0和功角θ。

15-6 一台三相汽轮发电机,$P_N = 25000\text{kW}$,$U_N = 10.5\text{kV}$,Y联结,$\cos\varphi_N = 0.8$(滞后),单机运行。$X_t^* = 2.13$,忽略电枢电阻。每相空载电动势为7520V,试求以下3种情况中对称负载时的电枢电流,并说明电枢反应的性质。(1)每相7.52Ω,纯电阻性负载;(2)每相7.52Ω,纯电感性负载;(3)每相$(7.52 - j7.52)\Omega$,电阻、电容性负载。

第十六章
同步发电机的运行特性

本章主要介绍同步发电机的运行特性。同步发电机在对称负载稳定运行时,保持其转速不变,负载功率因数一定时,发电机端电压 U、负载电流 I 和励磁电流 I_f,三个量保持一个不变,另外两个量之间的关系会表示一种特性。其中空载、短路和零功率因数负载特性是基本特性,通过它们可以求出同步发电机稳态运行时的同步电抗和漏抗,并可确定同步发电机的其他特性。

第一节 同步发电机的空载特性和短路特性

一、空载特性

空载特性即同步发电机在 $n=n_N$, $I=0$ 的运行状态下,空载电动势 E_0 与励磁电流 I_f 之间的关系曲线 $E_0=f(I_f)$。空载特性可以通过实验测取。曲线在实验测定时,由于转子磁路剩磁情况的不同,当改变励磁电流 I_f,使其从零增大到某一值时让 $U_0=1.25U_N$ 左右,再由此值减小到零时,将得到上升和下降两条不重合的曲线,这反映了铁磁材料中的磁滞现象。实际应用中,可取两条曲线的平均值作为空载特性曲线。空载特性主要有两个用途,一是确定发电机的饱和系数,判断发电机磁路设计是否合理;二是与短路特性、零功率因数负载特性配合,确定同步发电机的参数。

二、短路特性

短路特性是发电机三相稳态短路时,短路电流 I_k 与励磁电流 I_f 的关系曲线 $I_k=f(I_f)$,如图 16-1a 所示。

图 16-1b 表示短路时发电机的时-空矢量图。因为 $U=0$,限制短路电流的仅是发电机的内部阻抗。同步发电机的电枢电阻远小于同步电抗,短路电流可认为是纯感性的,即 $\dot{I}_k$ 对 $\dot{E}_0$ 有 90°滞后;于是电枢磁动势基本上是一个纯去磁作用的直轴磁动势,即 $F_a=F_{ad}$,各磁动势矢量都在一条直线上,合成磁动势 $F_\delta=F_f-F_{ad}$ 很小,产生的磁通很小,发电机磁路不饱和。

由于 $U=0$,并忽略电阻,有

$$\dot{E}_\delta = \dot{U} + \dot{I}R_a + j\dot{I}X_\sigma \approx j\dot{I}X_\sigma \tag{16-1}$$

可见短路时合成电动势等于漏抗压降,因此合成磁动势 $F_\delta \propto E_\delta \propto I_k$。另一方面,电枢磁动势总是与电枢电流成正比，即 $F_{ad} \propto I_k$，于是短路电流正比于励磁电流（$I_f \propto F_{f1} \propto F_\delta - F_a \propto I_k$），故短路特性是一条过原点的直线。

三、利用空载和短路特性确定 X_d 不饱和值和短路比

利用空载特性和短路特性可以确定同步发电机的不饱和直轴同步电抗 X_d，如图 16-2 所示。

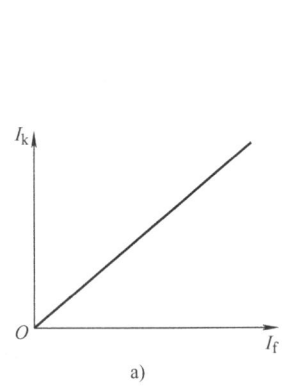 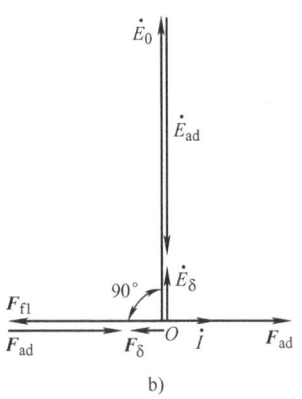 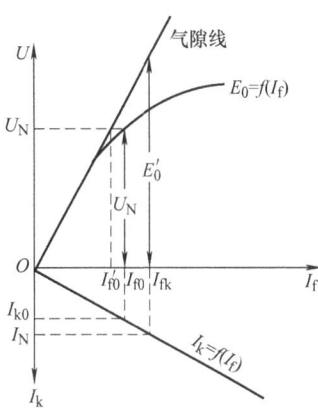

图 16-1 稳态短路分析
a）短路特性 b）短路时的时-空矢量图

图 16-2 利用空载特性和短路特性确定 X_d 和短路比

短路时，$U=0$，$I_k=I_d$，此时磁路不饱和，电动势方程式为

$$\dot{E}'_0 = j\dot{I}_k(X_\sigma + X_{ad}) = j\dot{I}_k X_d \tag{16-2}$$

式中，X_d 是 X_{ad} 不饱和值与 X_σ 之和，故称 X_d 为不饱和值。

在图 16-2 中，对应于任意励磁电流，在气隙线和短路特性曲线上查出励磁电动势 E'_0 和短路电流 I_k，而求得的 $X_d = \dfrac{E'_0}{I_k}$，即为直轴同步电抗的不饱和值。

短路比是指空载时产生额定电压的励磁电流 I_{f0} 与短路时使短路电流为额定值时的励磁电流 I_{fk} 之比，或有额定励磁电流时三相稳态短路电流 I_{k0} 与额定电流 I_N 之比。由图 16-2 所示得

$$k_c = \frac{I_{k0}}{I_N} = \frac{I_{f0}(U_0 = U_N)}{I_{fk}(I_k = I_N)} = \frac{I_{f0}}{I'_{f0}} \cdot \frac{I'_{f0}}{I_{fk}} = k_\mu \frac{U_N}{E'_0} = k_\mu \frac{U_N}{I_N X_d} = k_\mu \frac{1}{X_d^*} \tag{16-3}$$

可见短路比就是用标幺值表示的直轴同步电抗不饱和值的倒数再乘以空载额定电压时主磁路的饱和系数 k_μ。所以短路比是一个计算饱和影响的参数。

短路比的大小影响发电机的性能和成本。k_c 大说明同步电抗小，发电机负载运行时电枢反应作用弱，电压变化小，短路运行时短路电流较大，并网时稳定性较好，但此时发电机气隙较大，由于所需的励磁磁动势较大，从而使转子用铜量也增大，发电机成本增加，k_c 小则情况相反。水轮机转子散热条件较好，但水电站的输电距离较长，所以稳定性问题较严重，要求有较大的短路比。一般取 $k_\mu = 0.8 \sim 1.8$。汽轮发电机的短路比一般取 $k_\mu = 0.4 \sim 1.0$。

第二节 零功率因数负载特性和保梯电抗

同步发电机在 $n = n_N$ 时，保持负载电流 I 为常数、$\cos\varphi$ 为常数的条件下，端电压 U 与

励磁电流 I_f 的关系曲线即为负载特性曲线，即 $U=f(I_f)$。这些曲线中以零功率因数负载特性最为有用，通过零功率因数曲线和空载特性曲线可以确定发电机的电枢漏抗 X_σ 和饱和同步电抗。

一、零功率因数负载特性

零功率因数负载特性是指 $I=I_N$，带纯电感负载，$\cos\varphi=0$ 时，发电机端电压 U 与励磁电流 I_f 的关系曲线。

图 16-3a 所示为零功率因数负载的时-空矢量图。由于 $\varphi=90°$，假设发电机内部的电阻远小于同步电抗，则此时 $\dot{E}_0$ 与 $\dot{I}$ 的夹角 $\Psi\approx 90°$。换言之，零功率因数负载时电枢磁动势也是去磁的纯直轴磁动势。由图 16-3a 可见，磁动势之间和电动势之间的矢量关系均可简化为代数加减关系，即

$$\begin{cases} E_\delta = U + IX_\sigma \\ F_\delta = F_{fl} - F_a \end{cases} \quad (16\text{-}4)$$

这样一来，在图 16-3b 中，$\overline{AB}=E_\delta=I_N X_\sigma$，对应气隙磁动势的励磁电流 $I_{f\sigma}=\overline{OB}$，短路时的励磁电流 $I_{fk}=\overline{OC}$，则对应电枢反应去磁磁动势的励磁电流为 $I_{fa}=I_{fk}-I_{f\sigma}=\overline{BC}$，$\triangle ABC$ 的两个直角边分别代表漏抗压降和电枢反应去磁磁动势所对应的励磁电流，该三角形称为漏抗三角形。当 U 增大时，E_δ 增大，I_f 增大。由于 I 一定，漏抗压降和去磁磁动势也一定，漏抗三角形大小不变，当漏抗三角形的 A 点在空载特性 1 上移动，C 点的轨迹曲线 2 即是零功率因数负载特性曲线。

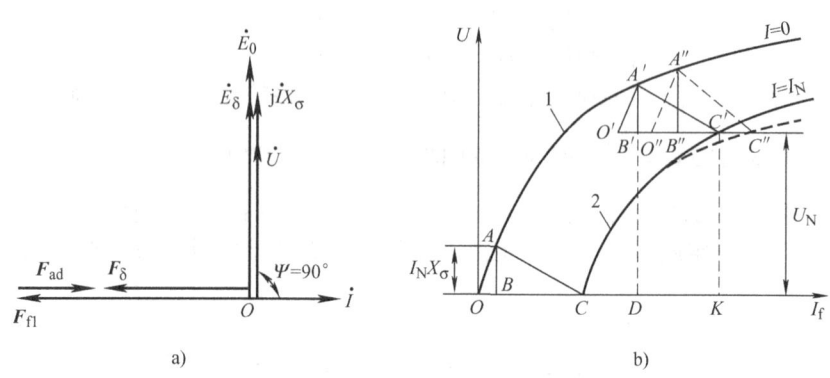

图 16-3 零功率因数负载特性的分析

可见，U 增大时，E_δ 增大，但与空载时相比，为获得同样大小的气隙电动势 $E_\delta=\overline{A'D}$，空载时需要的励磁电流 $I_{f0}=\overline{OD}$ 比负载时需要的励磁电流 $I_f=\overline{OK}$ 小，则负载时主磁极的漏磁通大，使得负载时主磁极铁心的饱和程度比空载时高，磁路的磁阻有所增大。即负载时与空载时气隙合成磁动势相同的情况下，负载时所产生的气隙磁通 Φ_δ 及 E_δ 比空载时小，所以实测的零功率因数负载特性曲线要稍弯曲一些，如图 16-3b 中弯曲虚线所示。

若知道了空载特性和零功率因数负载特性曲线，可以求出电抗三角形，并可确定漏抗 X_σ，有

$$X_\sigma = \frac{\overline{A'B'}}{I_N} \tag{16-5}$$

为求漏抗，只要找出两个特定的点即可，一是图 16-3b 中对应短路电流额定值的励磁电流的 C 点，该点的位置可由短路试验求得。调节发电机的励磁电流，使它的三相稳态短路电流为额定值，此时的励磁电流就是 C 点处的电流。二是对应额定电压时的 C′点，将发电机接到额定电压的电网，同时调节原动机和励磁电流，使发电机处于过励状态，电枢电流为额定值，输出的有功功率为零，此时的励磁电流和额定电压决定了 C′的坐标。

测定漏抗的另一种方法为抽出转子法，把发电机的转子抽出，电枢绕组上加额定电压 10%～25% 的三相额定频率的低电压，所加电压的大小应使流入定子上电枢绕组的电流为额定值，忽略电枢电阻，每相外加电压与额定电流之比为所求的漏抗。采用这种方法测得的漏抗略大于实际值，转子取出后，电枢绕组所产生的漏磁通包括应计入实际漏抗中的各种漏磁通和一小部分位于转子所占有的空间中的漏磁通，而后一部分的漏磁通在实际中是不存在的，故测得的漏抗偏大。

二、保梯电抗

在图 16-3b 所示实测的零功率因数负载特性曲线上，过对应着额定电压的点 C″作 $\overline{O''C''} = \overline{OC}$，过 O″点作 $\overline{OA}$ 的平行线 $\overline{O''A''}$ 与空载特性相较于 A″，作 $\overline{A''B''}$ 垂直 $\overline{O''C''}$，得到代表漏抗压降的 $\overline{A''B''}$，有 $\overline{A''B''} > \overline{A'B'}$，得到三角形 △A″B″C″ 称为保梯三角形，由 $\overline{A''B''}$ 求得的电抗称为保梯电抗 X_p，即

$$X_p = \frac{\overline{A''B''}}{I_N} \tag{16-6}$$

在隐极同步发电机中，$X_p = (1.05 \sim 1.10) X_\sigma$，凸极同步发电机中 $X_p = (1.1 \sim 1.3) X_\sigma$。

第三节　同步发电机的稳态运行特性

一、外特性

外特性表示发电机在 $n = n_N$、I_f 为常数、$\cos\varphi$ 为常数的条件下，端电压 U 和负载电流 I 的关系曲线，即 $U = f(I)$ 曲线。外特性既可用直接负载法测定，也可用作图法间接求出。

图 16-4 所示为不同功率因数时同步发电机的外特性。在电感性负载和电阻性负载时，外特性都是下降的。因为这时电枢反应均具有去磁作用，此外电枢电阻压降和漏抗压降也引起一定的端电压降低。在电容性负载时，电枢反应的助磁作用和容性电流的漏抗压降使端电压上升，外特性一般是上升的。

由图 16-4 可见，为了使不同功率因数下 $I = I_N$ 均能得到 $U = U_N$，在电感性负载下要供给较大的励磁电流，此时为发电机在过励状态下运行，而在电容性负载下，可供给较小的励磁电流，此时为发电机在欠励

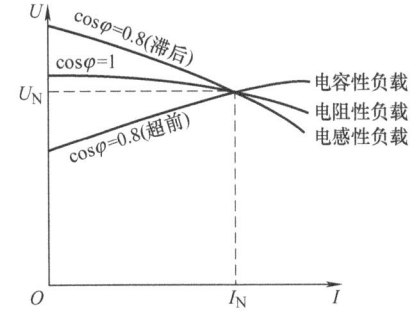

图 16-4　同步发电机的外特性曲线

状态下运行。

发电机的额定功率因数一般规定为 0.8 左右（滞后），表示向电网提供滞后的无功电流。在大型发电机中可以规定为 0.85 甚至 0.9，这是按电力系统的需要情况决定的，因为电力系统中异步电动机占很大的比例，它们会从电网中吸收一定的滞后无功励磁电流。

二、电压变化率

从外特性可以求出发电机的电压变化率。发电机在额定负载（$I = I_N$、$\cos\varphi = \cos\varphi_N$、$U = U_N$）运行时的励磁电流称为额定励磁电流 I_{fN}。保持此额定励磁电流和转速不变，卸去负载（定子出线端开路），读取空载电动势 E_0，即得同步发电机的电压变化率为

$$\Delta U = \frac{E_0 - U_N}{U_N} \times 100\% \tag{16-7}$$

电压变化率是表征同步发电机运行的重要数据之一。过去发电机的端电压需要值班人员手动操作进行调整，因此对 ΔU 要求很严，以免电网电压波动太大。现在的同步发电机装有快速的自动调压装置，自动调整励磁电流，使其维持端电压基本不变，所以对 ΔU 要求已经放宽，但为了防止短路故障导致突然跳闸切去负载时的电压上升幅度过大，ΔU 最好小于 50%。现代凸极同步发电机的 $\Delta U = 18\% \sim 30\%$，隐极发电机的 $\Delta U = 30\% \sim 48\%$（$\cos\varphi_N = 0.8$ 滞后时）。

三、调整特性

当发电机负载电流发生变化时，为保持端电压不变，必须同时调节发电机的励磁电流。当 $n = n_N$、I_f 为常数、$\cos\varphi$ 为常数时，关系曲线 $I_f = f(I)$ 就称为同步发电机的调整特性。如图 16-5 所示，曲线 1 为 $\cos\varphi_N = 0.8$（滞后），曲线 2 为 $\cos\varphi_N = 1$，曲线 3 为 $\cos\varphi_N = 0.8$（超前）。与外特性相反，电感性和电阻性负载时，它是上升的；而电容性负载时，它可能下降。

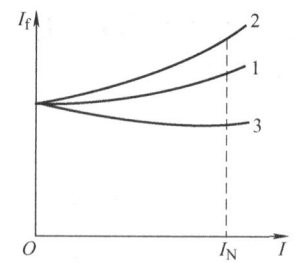

图 16-5 同步发电机的调整特性

四、效率特性

转速为同步转速、端电压为额定电压、功率因数为额定功率因数时，发电机效率与输出功率的关系即为效率特性 $\eta = f(P_2)$。发电机的效率可通过直接负载法或损耗分析法求出。

同步发电机的损耗包括基本损耗和附加损耗，其中基本损耗有电枢基本铁损耗 p_{Fe}、电枢基本铜损耗 p_{Cu1}、励磁损耗 p_f 和机械损耗 p_{mec}。杂散损耗有电枢漏磁通在电枢绕组和其他金属构件中引起的涡流损耗，高次谐波磁场掠过定、转子表面所引起的表面损耗等。杂散损耗不易准确计算，可用实验法测取。因此，效率特性为

$$\eta = \left(1 - \frac{\sum p}{P_2 + \sum p}\right) \times 100\% \tag{16-8}$$

式中 $\sum p$——总损耗。

额定效率是同步发电机的性能指标之一，现代空气冷却的大型水轮发电机额定效率在 96%~98.5% 之间。

第十六章 同步发电机的运行特性

思 考 题

16-1 测量同步发电机特性时，如果发电机转速由额定值降为原来的一半，对测量结果有什么影响？

16-2 为什么同步发电机稳态对称短路电流不太大，而变压器的稳态对称短路电流却很大？

16-3 为什么从空载特性和短路特性不能测定同步发电机的交轴同步电抗？为什么从空载特性和短路特性不能准确地测定同步电抗的饱和值？

16-4 为什么同步发电机的短路特性为一条直线？如果允许不加限制地增大励磁电流。短路特性是否仍保持为直线？

16-5 什么是短路比？它和发电机的性能与成本的关系是怎样的？短路比与同步电抗的关系是怎样的？为什么汽轮发电机的短路比允许比水轮发电机小一些？

16-6 增大同步发电机的气隙长度，X_d 和 ΔU 将如何变化？

习 题

16-1 并联于无穷大电网的某汽轮发电机，$S_N = 31250 \text{kV} \cdot \text{A}$，额定电压 $U_N = 10.5 \text{kV}$，$X_s = 7\Omega$，定子绕组为星形联结，额定功率因数 $\cos\varphi_N = 0.8$（滞后）。忽略电枢电阻和铁心饱和。试求电压变化率 ΔU。

16-2 一台三相水轮发电机，$P_N = 1500 \text{kW}$，$U_N = 6300 \text{V}$，星形联结，$\cos\varphi = 0.8$（滞后），$X_d = 21.2\Omega$，$X_q = 13.7\Omega$，忽略电枢电阻。求额定运行时的电压变化率 ΔU。

16-3 一台三相 72500kW 水轮发电机，$U_N = 10.5 \text{kV}$，星形联结，$\cos\varphi = 0.8$（滞后），$X_q^* = 0.554$。发电机的空载特性见表 16-1

表 16-1 空载特性

U_0^*	0.55	1.0	1.21	1.27	1.33
I_f^*	0.52	1.0	1.51	1.76	2.09

短路和零功率因数负载特性如下：

短路特性为通过原点的直线，当 $I_k^* = 1.0$ 时，$I_f^* = 0.9$。由额定电流时的零功率因数负载特性试验得知，当 $U^* = 1.0$ 时，$I_f^* = 2.115$。设 $X_\sigma = 0.9 X_p$。试求：（1）X_d^*（铁心不饱和时的值）；（2）短路比；（3）X_q^*。

第十七章
同步发电机的并联运行

发电机单机供电的缺点是明显的，它既不能保证供电质量（电压和频率的稳定性）和可靠性（发生故障就得停电），又无法实现供电的灵活性与经济性。这些缺点可以通过多机并联运行来改善。通过并联运行可以将几台发电机或几个发电厂并入一个电网。现代发电厂中都是把几台同步发电机并联起来接在共同的汇流排上，一个地区总是有好几个发电厂并联起来组成一个强大的电力系统（电网）。电网供电相比单机供电有许多优点：

1）提高了供电的可靠性，一台发电机发生故障或定期检修不会引起停电。
2）提高了供电的经济性和灵活性，例如水力发电厂与火力发电厂并联时，在枯水期和丰水期，两种发电厂可以调配发电，使得水资源得到合理使用。在用电高峰期和低谷期，可以灵活地决定投入电网的发电机数量，提高发电效率和供电灵活性。
3）提高了供电质量，电网的容量巨大（相对于单台发电机或者个别负载可视为无穷大），单台发电机的投入与停机和个别负载的变化对电网的影响甚微，衡量供电质量的重要指标，即电压和频率可视为恒定不变的常数。

同步发电机并联到电网后，它的运行情况要受到电网的制约，也就是说它的电压、频率要和电网一致而不能单独变化。可见发电机并联运行与单机运行时的分析方法将会有所不同，本章将主要介绍同步发电机与电网并联运行的条件、方法及并联运行时调节发电机向电网输送功率的方法。

第一节 并联运行条件及并联方法

一、投入并联运行的条件

把同步发电机并联至电网的过程称为投入并联，或称为并列、并车、整步。在投入并联时为了避免产生巨大的冲击电流，并防止同步发电机受到损坏、电网遭受干扰，在投入并联前必须检查发电机和电网是否满足以下条件：

1）待并联发电机端电压与电网电压大小相等。
2）待并联发电机端电压的相位与电网电压的相位相同。
3）待并联发电机的频率与电网频率相等。
4）待并联发电机的相序与电网相序相同。
5）待并联发电机端电压的波形与电网电压的波形相同。

上述5个条件中，条件4）决定发电机的旋转方向，制造厂在生产时已有明确规定，同时在发电机的出线端标明了相序，只要安装时符合规定要求，条件4）也就满足了。条件

5）在发电机设计制造时已解决。因此对于运行人员来说，在将发电机并联时，要调节发电机使之满足前三个条件。下面分别讨论这三个条件中有一个不满足而进行并联时对发电机所造成的不良后果。这里以隐极发电机为例进行说明。

1）待并联发电机电压 U_g 与电力系统电压 U_C 大小不相等：如图 17-1 所示，当 $\dot{U}_g \neq \dot{U}_C$，则在断路器两端存在着电压差 $\Delta \dot{U} = \dot{U}_g - \dot{U}_C$，在 $\Delta \dot{U}$ 作用下，发电机与电力系统组成的回路中将产生冲击电流。假设电力系统为无穷大容量（指 U_C = 常数，f = 常数，综合阻抗为零）当忽略待并联发电机的电枢电阻，根据图中所示的电压正方向，断路器合闸的冲击电流为

$$\dot{I}_{sh} = \frac{\Delta \dot{U}}{jX} = \frac{\dot{U}_g - \dot{U}_C}{jX} \tag{17-1}$$

式中　X——发电机并联合闸过程中的电抗，$X \ll X_t$。

从图 17-1b 所示相量图可知，由于发电机电抗属于瞬变性质，其值很小，即使较小的电压，也会产生很大的冲击电流，该电流将会对发电机的电枢绕组产生巨大的电磁力，进而损坏发电机。

2）待并联发电机电压 U_g 与电力系统电压 U_C 相位不同：此时在发电机与电力系统所组成的回路中，将因相位不同而产生电压差，因而断路器合闸时，也将产生冲击电流，如图 17-2 所示，当 $\dot{U}_g$ 与 $\dot{U}_C$ 的相位差达 180°时，冲击电流为最大值，可达到额定电流的 20~30 倍，其产生的巨大的电磁力将损坏发电机。

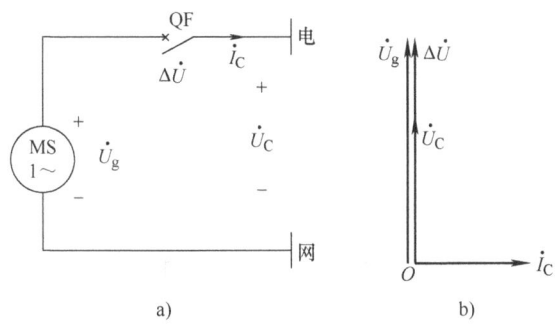

图 17-1　$U_g \neq U_C$ 时的并联情况
a）同步发电机并联运行　b）相量图

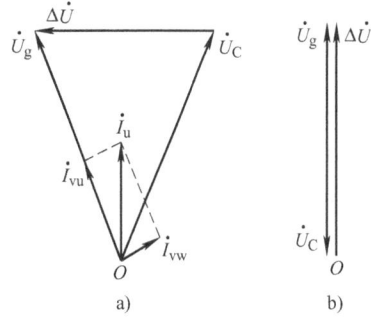

图 17-2　U_g 与 U_C 相位不同的并联情况
a）相位差 α < 180°　b）相量图 α = 180°

3）待并联发电机的频率 f_g 与电力系统频率 f 不等：由于频率不相等，$\dot{U}_g$ 与 $\dot{U}_C$ 两个量的旋转角速度也不相等，两相量之间会出现相对运动。若以 $\dot{U}_C$ 作为参考相量，则 $\dot{U}_g$ 相量将以角速度 $\omega_g - \omega$ 旋转。两相量之间的相位差 α 在 0°~360°之间变化，电压差 $\Delta \dot{U}$ 的值忽大忽小，其值在 0~2U_N 之间变化，这个变化的电压称为拍振电压。在拍振电压的作用下将产生大小和相位都不断变化的拍振电流 $\dot{I}_{sh}$，$\dot{I}_{sh}$ 滞后 $\Delta \dot{U}$ 近 90°，拍振电流的有功分量 $\dot{I}_{shp}$ 和励磁磁场相互作用所产生的转矩也时大时小，导致发电机产生振动。

二、投入并联运行的方法

发电机投入并联运行的方法有两种，一种准确同步法，一种是自同步法。

1. 准确同步法

把发电机调整到基本符合理想并联条件后投入电网，常用的方法有同步表法、灯光法等。

(1) 同步表法　该方法原理接线图如图17-3所示。图中两个电压表分别监测电网和发电机的电压，调节发电机的励磁电流即可调节电压。两个频率表分别用来监测电网和发电机的频率，调节频率可通过调节发电机的原动机转速实现。并联运行的前3个条件都可以用同步表监测，若同步表的指针向"快"的方向摆，表明发电机的频率高于电网频率，应减小原动机转速；若同步表的指针向"慢"的方向摆，表明发电机的频率低于电网的频率，应增大原动机转速。通过调节发电机励磁电流和原动机转速，当两个电压表和两个频率表的读数基本相同时，同步表的指针开始向表盘中部的红线缓慢移动，当同步表指针接近刻度上红线并稳定重合时，迅速合闸，将发电机投入并联运行。

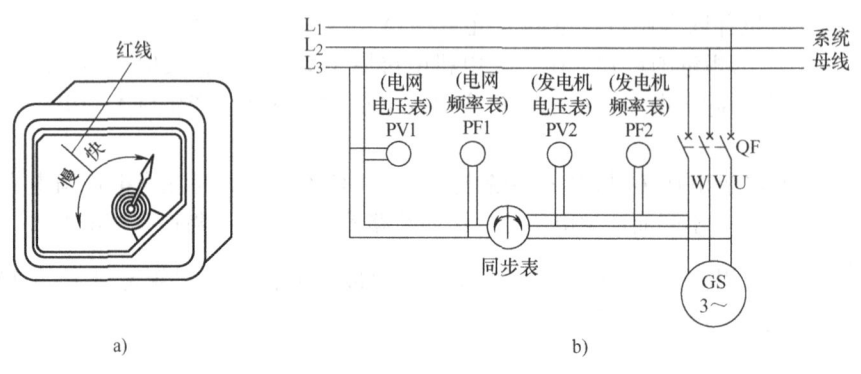

图17-3　同步表法
a) 同步表　b) 原理接线图

(2) 灯光法　灯光法又分为灯光熄灭法和灯光旋转法。该方法的电压大小用电压表监测，频率和相位用三个同步指示灯监测。

灯光熄灭法接线如图17-4a所示，将三只灯泡直接跨接于电网与发电机间的对应相之间，灯泡两端的电压即为发电机端电压与电网电压的差值 $\Delta \dot{U}$。在图17-5中，用相量 $\dot{U}_{U1}$、$\dot{U}_{V1}$、$\dot{U}_{W1}$ 表示电网的电压相量，$\dot{U}_{U2}$、$\dot{U}_{V2}$、$\dot{U}_{W2}$ 代表发电机的电压相量。如果发电机和电网的电压相等，相序一致，而频率略有差异，则两组相量之间将存在一定的相对角速度 $\Delta\omega = \omega_1 - \omega_2$ (ω_1 为电网角速度，固定不变；ω_2 为发电机角速度，可以调节发电机转速进行调节)，其相位差在0°~180°之间变化，对应相之间的差值在0~2倍发电机端电压之间变化，三只灯泡的灯光呈现出明暗交替变化。调整发电机的转速，使得 ω_2 十分接近 ω_1，待两组相量完全重合时，说明两组相量的相位相同了，灯泡熄灭，$\Delta U=0$，此时刻是合闸投入并联运行的最佳时刻。

综上所述，灯光熄灭法投入并联运行为：

1) 通过调节发电机励磁电流的大小使电压相等。

2) 电压调整好后，如果相序一致，灯光应表现为明暗交替。如果灯光不是明暗交替，则说明相序不一致，应调整发电机的出线相序或电网的引线相序，严格保证相序一致。

3) 通过调节发电机的转速改变 ω_2，直到灯光明暗交替十分缓慢时，说明 ω_2 和 ω_1 已十分接近，这时等待灯光完全变暗的瞬间（相位相同），即可合闸投入并联运行。

第十七章 同步发电机的并联运行

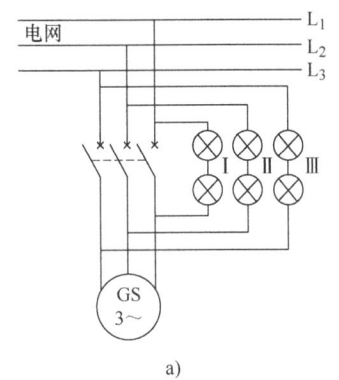
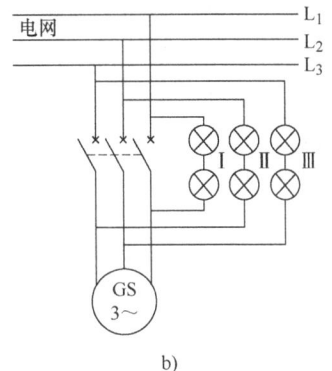
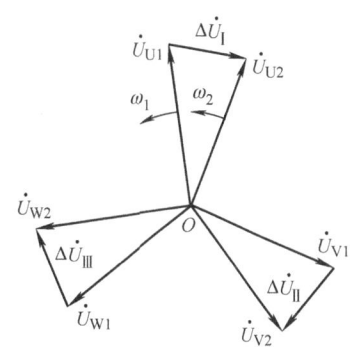

图 17-4 三相同步发电机整步
a) 灯光熄灭法 b) 灯光旋转法

图 17-5 灯光熄灭法电压相量图

灯光旋转法中，若发电机电压频率与电网频率不相等，则三个指示灯将交替亮暗，形成灯光旋转现象。如图 17-4b 和图 17-6 所示，灯 I 跨接于 U_{U1} 和 U_{U2}，灯 II 跨接于 U_{V1} 和 U_{W2}，灯 III 跨接于 U_{W1} 和 U_{V2}，该方法分析如下：如果两两相量大小相等、相序一致、频率接近，则加于三只指示灯的电压 ΔU_{I}、ΔU_{II}、ΔU_{III} 的大小将交替变化。假设 ω_2 快于 ω_1，即发电机电压频率大于电网频率，并认为 U_{U1} U_{V1} U_{W1} 不动，$\dot{U}_{U2}$ $\dot{U}_{V2}$ $\dot{U}_{W2}$ 以角速度（$\omega_2 - \omega_1$）旋转，当 $\dot{U}_{U1}$ 和 $\dot{U}_{U2}$ 重合时，$\Delta \dot{U}_{\text{I}} = 0$，灯 I 熄灭，灯 II

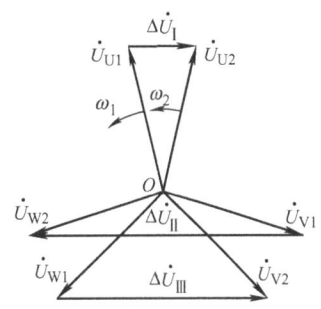

图 17-6 灯光旋转法电压相量图

和灯 III 亮度一致；当相量 $\dot{U}_{U2}$、$\dot{U}_{V2}$、$\dot{U}_{W2}$ 转过 120°时，则 $\dot{U}_{W2}$ 和 $\dot{U}_{V1}$ 重合，灯 II 熄灭，灯 I 和灯 III 同亮；当相量 $\dot{U}_{U2}$、$\dot{U}_{V2}$、$\dot{U}_{W2}$ 再转过 120°时，$\dot{U}_{V2}$ 和 $\dot{U}_{W1}$ 重合，灯 III 熄灭，灯 I 和灯 II 同亮。可见灯光熄灭的顺序为：I→II→III，在圆形的指示器上，相当于灯光顺时针旋转。同理，如果发电机电压频率小于电网频率，则灯光逆时针旋转。调整发电机转速，直到灯光旋转十分缓慢，等待灯 I 完全熄灭，灯 II 和灯 III 亮度相同时，合闸投入并联运行。

综上所述，灯光旋转法投入并联运行为：

1）通过调节发电机励磁电流的大小使发电机和电网电压相等。

2）电压调整好后，如果相序一致，则灯光旋转，如灯光同步则说明相序不一致。

3）通过调节发电机的转速改变其电压的频率，直到灯光旋转十分缓慢时，说明其电压的频率和电网电压的频率十分接近，这时等待灯 I 完全熄灭的瞬间到来，即可合闸投入并联运行。

2. 自同步法

准确同步法对投入并联运行的每一个条件都严格检查，操作正确则在投入并联运行过程中基本上不会产生冲击电流。由于它对投入并联运行条件逐一检查和调整，所以费时较多。当电网发生故障要求迅速投入备用发电机时，电网的电压和频率都在变化，此时可采用自同步法将发电机投入并联运行。自同步法操作步骤为：在相序相同的情况下将励磁绕组通过适当的电阻短接，再用原动机把发电机拖动到接近同步（相差 2%~5%），在没有接通励磁电流的情况下将发电机投入电网并联运行，再立即加上励磁电流并调节励磁强弱，依靠定子上的电枢磁场和转子上的励磁磁场之间的电磁转矩将转子拉入同步转速，投入并联运行过程即告结束。需要注意的是，励磁绕组必须通过一个限流电阻短接，因为直接开路将在其中感应出危险的高压，而直接短路将在电枢、励磁绕组中产生很大的冲击电流。自同步法的优点是操作简单，方便快捷；缺点是合闸时有冲击电流。

第二节 同步发电机的功角特性

一、功率及转矩平衡方程式

同步发电机通过电磁感应作用将转轴上输入的机械功率转换成电功率。在发电机对称稳定运行时，原动机输入到发电机的机械功率为 P_1，扣除了发电机的机械损耗 p_{mec}，铁损耗 p_{Fe} 和附加损耗 p_{ad} 后，得到电磁功率 P_{em}，即

$$P_1 - (p_{mec} + p_{Fe} + p_{ad}) = P_{em} \tag{17-2}$$

电磁功率 P_{em} 是从转子方面通过气隙合成磁场传递到定子的功率。发电机带负载时，电枢电流通过定子上的电枢绕组还要扣除定子铜损耗 $p_{Cu1} = 3I^2R_a$，余下的才是输出功率 P_2，即

$$P_2 = P_{em} - p_{Cu1} \tag{17-3}$$

$$\text{或 } P_2 = P_1 - (p_{mec} + p_{Fe} + p_{ad} + p_{Cu1}) = P_1 - \sum p \tag{17-4}$$

式中 $\sum p = p_{mec} + p_{Fe} + p_{ad} + p_{Cu1}$——总损耗。

对大、中型的同步发电机，定子绕组铜损耗不超过额定功率的1%，可忽略。有 $P_{em} \approx P_2 = mUI\cos\varphi$。

与 P_1、p_{mec}、p_{Fe}、p_{ad} 和 P_{em} 相对应，在发电机轴上有驱动转矩 T_1 和四个制动转矩 T_{mec}、T_{Fe}、T_{ad} 和 T_{em}（电磁转矩），各功率与转矩间的关系都是 $P = T\Omega$，式中，Ω 是发电机转子的机械角速度，且 $\Omega = \dfrac{2\pi n}{60}$，这里 n 是转速。得转矩平衡方程式

$$T_1 - (T_{mec} + T_{Fe} + T_{ad}) = T_{em} \tag{17-5}$$

或
$$T_1 = T_{em} + T_0$$

式中 $T_0 = T_{mec} + T_{Fe} + T_{ad}$——空载损耗转矩。

式(17-5) 表明，发电机稳定运行时，驱动转矩 T_1 与制动转矩 T_{em} 和 T_0 相平衡。

二、同步发电机的稳态功角特性

电磁功率 P_{em} 用同步发电机内部参数表示时，P_{em} 与 θ 之间的关系，即 $P_{em} = f(\theta)$ 称为同步发电机的功角特性。由图17-7a可见，功率角 θ（简称为功角）为 $\dot{E}_0$ 和 $\dot{U}$ 的夹角，而 $\dot{E}_0$ 与 $\dot{E}_\delta$ 的夹角为 θ_i（可称为内功角），同时它也是空间矢量 $\boldsymbol{F}_f$ 与 $\boldsymbol{B}_\delta$ 的夹角。由于发电机的漏阻抗远远小于同步电抗，所以 $\theta \approx \theta_i$，因此功角可以近似认为是 $\boldsymbol{F}_f$ 与 $\boldsymbol{B}_\delta$ 的空间相位差。所以功角具有双重物理意义，它既是相量 $\dot{E}_0$ 和 $\dot{U}$ 的夹角，又是空间矢量 $\boldsymbol{F}_f$ 与 $\boldsymbol{B}_\delta$ 的夹角。由图17-7b可见，由于转子主极轴线超前于定子合成磁场，转子上将受到一个制动的电磁转矩；在发电机旋转过程中，原动机的驱动转矩克服了制动的电磁转矩，而将机械能转换为电能。

第十七章 同步发电机的并联运行

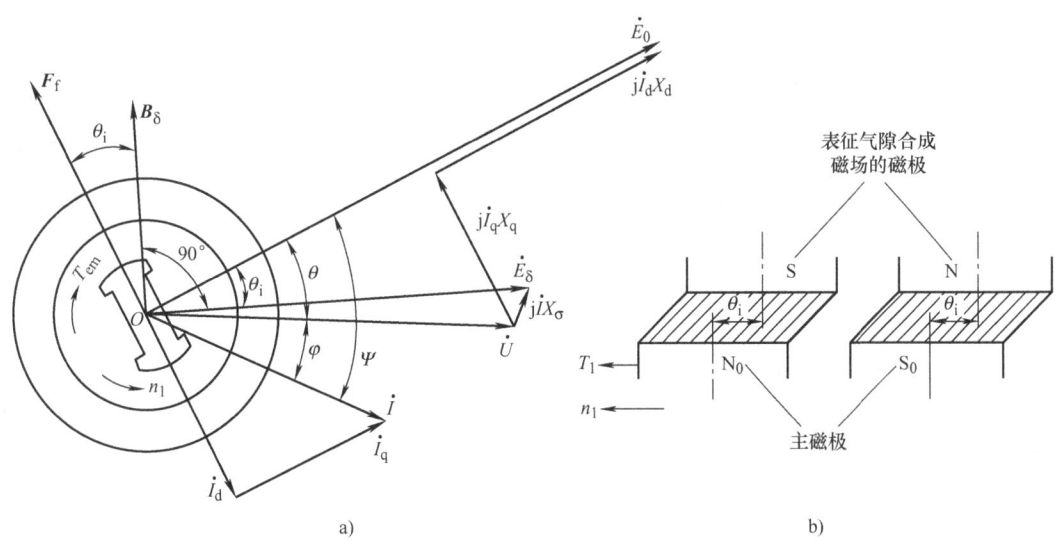

图 17-7 同步发电机的功角和电磁转矩

a) 同步发电机的相量图　b) 同步发电机电磁转矩与功角关系简化表达

由于电枢电阻远小于同步电抗，可忽略不计，则电磁功率就等于输出功率，即

$$P_{em} \approx P_2 = mUI\cos\varphi = mUI\cos(\Psi - \theta)$$
$$= mUI(\cos\Psi\cos\theta + \sin\Psi\sin\theta)$$
$$= mUI_q\cos\theta + mUI_d\sin\theta$$

(17-6)

不计铁心饱和时，由图 17-7a 有

$$I_q X_q = U\sin\theta; \quad I_d X_d = E_0 - U\cos\theta$$

$$I_q = \frac{U\sin\theta}{X_q} \quad I_d = \frac{E_0 - U\cos\theta}{X_d} \quad (17\text{-}7)$$

式(17-7) 中的电磁功率可以写成

$$P_{em} = m\frac{E_0 U}{X_d}\sin\theta + m\frac{U^2}{2}\left(\frac{1}{X_q} - \frac{1}{X_d}\right)\sin 2\theta \quad (17\text{-}8)$$

式中　$m\dfrac{E_0 U}{X_d}\sin\theta$——基本电磁功率；

$m\dfrac{U^2}{2}\left(\dfrac{1}{X_q} - \dfrac{1}{X_d}\right)\sin 2\theta$——附加电磁功率。

附加电磁功率主要由交、直轴磁路磁阻不等引起，即 $X_d \neq X_q$，它与 E_0 无关，又称为磁阻功率。由式(17-8) 可见，附加电磁功率与 E_0 的大小无关，换言之，即使转子没有励磁，只要 $U \neq 0$，$\theta \neq 0$，就会产生附加电磁功率。计及附加电磁功率时，凸极发电机的最大电磁功率比具有同样的 E_0、U 和 X_d 值的隐极发电机略大，且发生在 $\theta < 90°$ 处。

式(17-8) 说明，在恒定励磁和恒定电网电压（即 E_0 为常数，U 为常数）时，电磁功率的大小只取决于 θ，凸极发电机功角特性如图 17-8 所示。

对于隐极发电机，$X_d = X_q = X_t$，此时附加电磁功率为 0，所以 P_{em} 正比于 $\sin\theta$，即

$$P_{em} = m\frac{E_0 U}{X_t}\sin\theta \tag{17-9}$$

当 $\theta = 90°$ 时，发电机将发出最大的电磁功率，即

$$P_{emmax} = m\frac{E_0 U}{X_t} \tag{17-10}$$

式（17-8）、式（17-9）中忽略了电枢电阻，如果考虑电枢电阻的影响，功角特性仍为正弦函数，电枢电阻的存在不会改变功角特性的形状，仅使坐标原点产生一个位移。即电枢电阻的存在，将使最大功率的数值减小，且使最大功率在 θ 角的绝对值小于 $90°$ 时出现。

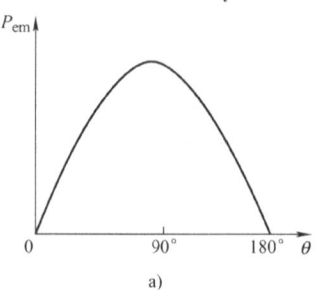
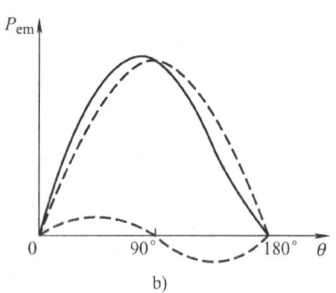

图 17-8 同步发电机的功角特性
a) 隐极发电机　b) 凸极发电机

第三节　并网运行时有功功率的调节与静态稳定

为了简化分析，这里以隐极式发电机为例，忽略饱和影响和电枢电阻，电网则看成"无穷大电网"，于是有 U 为常数，且 f 为常数。

一、有功功率的调节

当发电机用准确同步法并联投入电网后，不发出有功功率，由原动机输入的机械功率恰好补偿各种损耗，没有多余的部分转化为电磁功率（忽略定子铜损耗时），因此 $\theta = 0$，$P_{em} = 0$，如图 17-9a 所示，此时虽然可能有 $E_0 > U$ 且有电流输出，但它是无功电流。

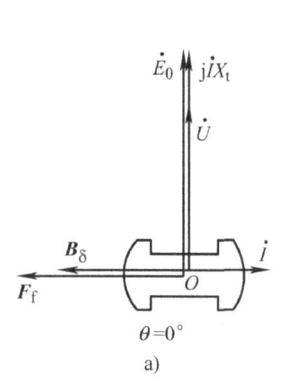
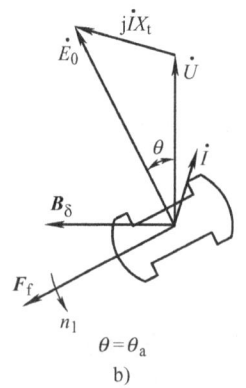
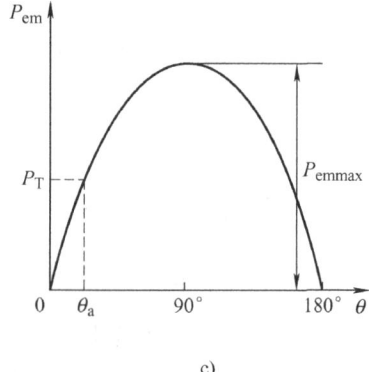

图 17-9 与无穷大电网并联时同步发电机有功功率的调节

当增加原动机的输入功率 P_1，即增大输入转矩 T_1，使 $T_1 > T_0$，这里 $T_0 = T_{mec} + T_{Fe} + T_{ad}$，称为损耗转矩。这时便出现了剩余转矩 $(T_1 - T_0)$，它使转子加速，发电机的转子磁动势 F_f 和 d 轴便开始超前于磁感应强度 B_δ（磁感应强度受到频率不变的限制，转速仍保持不

变)。相应地,电动势相量 $\dot{E}_0$ 超前于端电压相量 $\dot{U}$ 一个相位,使 $\theta>0$,且 $P_{em}>0$,发电机开始向外输出有功电流,并同时出现与电磁功率 P_{em} 相对应的制动电磁转矩 T_{em}。当 θ 增到某一数值,使电磁转矩与剩余电磁转矩 (T_1-T_0) 正好相等时,发电机转子就不再加速,而平衡在这个 θ 值处,如图17-9b、c所示。此时原动机的有效驱动转矩为 $(T_T=T_1-T_0)$,其对应的有效功率为 $P_T=P_1-(p_{mec}+p_{Fe}+p_{ad})$。发电机运行的功角 θ 就由 $P_T=P_{em}$ 的条件来确定,有

$$P_{em}=P_T=\frac{mE_0U}{X_t}\sin\theta$$

以上分析表明,想要增加发电机的输出功率,就必须增加原动机的输入功率,而随着输出功率的增大,当励磁不做调节时,发电机的功角 θ 就必然增大。

当功角达到90°,即达到电磁功率的极限值 P_{emmax} 时,原动机供给的输入功率如果再增加,则无法建立新的平衡,而发电机转速将连续上升而失步,故把 $P_{emmax}=\dfrac{mE_0U}{X_t}$ 称为发电机的极限功率。

二、静态稳定

在电网或原动机发生偶然干扰时,并联在电网上运行的同步发电机运行状态将发生变化,当扰动消失后,发电机能复原到原先的状态下稳定运行,就称发电机是静态稳定的,反之就是不稳定的。

以图17-10为例,设最初原动机的有效功率为 P_T,这时似乎有两个功率平衡点:A 点和 C 点,但实际上只有 A 点是稳定的。设最初原动机的有效输入功率为 $P_T=P_1-p_0$。如果在 A 点运行,当由于某种微小扰动使原动机的有效功率增加了 ΔP_T,则功角将由 θ 逐步增大到 $\theta+\Delta\theta$ 而平衡于 B 点,相应的将电磁功率也增加了 ΔP,且 $\Delta P=\Delta P_T$,但一旦扰动消失,发电机发出的电磁功率 $P_{em}+\Delta P$ 便将大于输入的 P_T,使转子立即减速回到 A 点稳定运行。

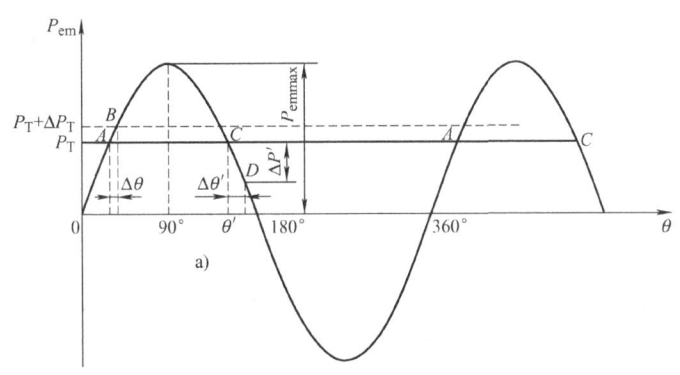

图17-10 和无穷大电网并联运行时同步发电机的静态稳定

反之,如果最初发电机在 C 点运行,其功角为 θ',且 $P_T=P_{em}$,则当发生扰动使原动机的有效功率增加了 ΔP_T 时,功角也将增加,当功角增加到某一数值 $\theta'+\Delta\theta'$,即图中的 D 点时,输入有效功率将更加大于输出的电磁功率而无法达到新的平衡,假定此时扰动突然消失,尽管输入有效功率已经恢复到原来数值,但在 D 点处的电磁功率已经变为 $(P_T-\Delta P')$,仍使 θ 继续增大。当 $\theta=180°$ 以后,电磁功率变为负值,意味着发电机开始从电网吸收电功率,在电动机状态下运行,这将使发电机产生更大的加速,于是 θ 很快冲到360°处,重新进入发电机状态。当 θ 第二次来到 A 点位置时,虽然再次出现了功率平衡,但是由于前面累加的加速使转子的瞬时速度已显著高于同步转速,因此 θ 仍将继续增大,又冲到 C 点。

由 A 点到 C 点虽然是减速的过程,但是它并不足以使 A 点处转子所得到的高转速下降到同步转速,所以还要增大,由此可见,发电机始终达不到平衡,转速将一直增高下去,直到发电机失去同步,机组的过速保护装置动作将把原动机关掉。所以 C 点是静态不稳定点。

以上分析说明:虽然理论上得出的功角特性对发电机来说是对应于 $\theta=0°\sim180°$ 的正半波正弦曲线,但是它的实际范围只是在 $0°\sim90°$ 的这一段,在 $90°\sim180°$ 的这一段,发电机无法稳定运行。

由以上分析还得到,发电机稳定运行的判据为:当外界的扰动使得发电机的功角增大时,电磁功率的增量也大于 0,即

$$\lim_{\Delta\theta\to 0}\frac{\Delta P_{em}}{\Delta\theta}>0 \text{ 或} \frac{dP_{em}}{d\theta}>0 \tag{17-11}$$

这样一旦扰动消失,ΔP_{em} 就起减速作用,使功角返回到扰动前的值,而使发电机运行稳定。显然可见,当 $\frac{dP_{em}}{d\theta}$ 越大,保持同步的能力就越大,发电机的稳定性也越高。反之如果

$$\frac{dP_{em}}{d\theta}<0 \tag{17-12}$$

则功角增大时,电磁功率和相应的制动电磁转矩反而将减小,因此发电机的转速和功角将继续增加而更偏离原先的值,发电机就不能稳定。在

$$\frac{dP_{em}}{d\theta}=0 \tag{17-13}$$

处,保持同步的能力恰好等于零,所以该点就是同步发电机的静态稳定极限。

导数 $\frac{dP_{em}}{d\theta}$ 称为同步发电机的整步功率系数或比整步功率 P_{syn}。对于隐极同步发电机,有

$$P_{syn}=\frac{dP_{em}}{d\theta}=m\frac{E_0 U}{X_t}\cos\theta \tag{17-14}$$

而对凸极同步发电机为

$$P_{syn}=\frac{dP_{em}}{d\theta}=m\frac{E_0 U}{X_d}\cos\theta+mU^2\left(\frac{1}{X_q}-\frac{1}{X_d}\right)\cos 2\theta \tag{17-15}$$

隐极同步发电机的稳定运行区是 $0°\leq\theta\leq90°$,而 $\theta=90°$ 是静态稳定极限,这时的电磁功率正好是极限功率。此外,在稳定运行区,θ 值越小,则 P_{syn} 的数值越大,发电机的稳定性越好。

在实际运行中,为了供电的可靠性,发电机额定运行点应当离稳定极限有一定的距离,使发电机的极限功率比额定功率大一定的倍数,称为静态过载倍数(过载能力),当电枢电阻忽略不计时,$P_{emN}=P_N$,于是

$$k_T=\frac{P_{emmax}}{P_{emN}} \tag{17-16}$$

对于隐极同步发电机,有

$$k_T=\frac{m\dfrac{E_0 U}{X_t}}{m\dfrac{E_0 U}{X_t}\sin\theta_N}=\frac{1}{\sin\theta_N} \tag{17-17}$$

式中 θ_N——额定运行时的功角。

由式(17-17)可见，θ_N 越小，过载能力 k_T 越大。从相量图（图15-13b）可见，在一定的负载情况下，要减小 θ_N，应减小同步电抗，即具有较大短路比的发电机有较大的过载能力。但增大短路比会增加发电机的成本，故过载能力也不应过大。

一般要求 $k_T > 1.7$，因此最大允许的功角约为35°，所以同步发电机一般设计 θ_N 为 25°~35°。

第四节 并网运行时无功功率的调节与 V 形曲线

当发电机带电感性负载时，电枢反应具有去磁性质，这时为了维持发电机端电压不变，必须增大励磁电流，即调节励磁电流可以改变无功功率。

一、无功功率的功角特性

以隐极同步发电机为例，忽略电枢电阻和磁路饱和的影响。

同步发电机输出的无功功率为

$$Q = mUI\sin\varphi \tag{17-18}$$

由图 17-11a 所示相量图有

$$E_0\cos\theta = U + IX_t\sin\varphi$$

则

$$I\sin\varphi = \frac{E_0\cos\theta - U}{X_t}$$

代入式(17-18)，有

$$Q = \frac{mE_0U}{X_t}\cos\theta - \frac{mU^2}{X_t} \tag{17-19}$$

式(17-19)表示无功功率的功角特性，当励磁电流不变时，无功功率 Q 与功角 θ 的关系为余弦函数。

二、无功功率的调节

下面在假定发电机输出一定的有功功率 P_2 的条件下，讨论调节励磁电流 I_f 时，无功功率和定子电流变化的情况。

考虑到电压 U 是恒定的，且电枢电阻 R_a 略去不计，有

$$P_{em} = \frac{mE_0U}{X_t}\sin\theta = 常数$$

即

$$E_0\sin\theta = 常数 \tag{17-20}$$

$$P_2 = mUI\cos\varphi = 常数$$

即

$$I\cos\varphi = 常数 \tag{17-21}$$

当励磁电流发生变化时，功角也随之变化。从图 17-11a 所示的相量图可见，由于有功电流 $I\cos\varphi = 常数$，电枢电流 $\dot{I}$ 相量末端的变化轨迹是一条与电压相量 $\dot{U}$ 垂直的水平线 AB。又由 $E_0\sin\theta = 常数$，可得相量 $\dot{E}_0$ 末端的变化轨迹为一条与电压相量相平行的垂直线 CD。

根据上述条件，可在图 17-11b 中画出四种不同励磁情况下的相量图。

第一种情况，励磁电流较大，E_{01} 较大，电枢电流 $\dot{I}_1$ 滞后于端电压，发电机除输出有功功率外，还向电网输出电感性（滞后）无功功率，发电机处于"过励"状态。

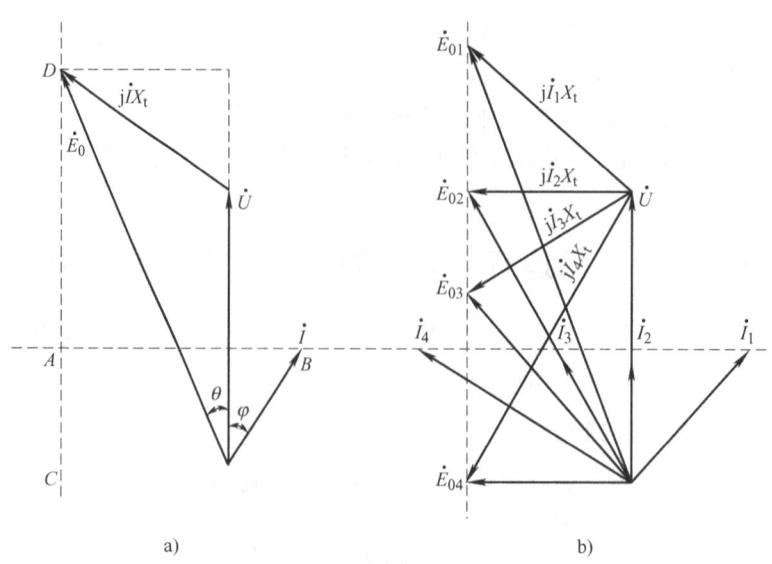

图 17-11 当 U = 常数时和不同励磁电流时的同步发电机的相量图
a) 过励时同步发电机的相量图 b) 四种不同励磁情况下同步发电机的相量图

第二种情况，逐渐减小励磁电流时，则 E_0 也逐渐减小，功角 θ 和功率因数 $\cos\varphi$ 提高，而发电机的电枢电流将随着无功电流减少而减小。当励磁电动势减至 $\dot{E}_{02}$ 时，$\cos\varphi = 1$，输出功率全部为有功功率，发电机处于"正常励磁"状态，此时的励磁电流称为正常励磁电流。

第三种情况，继续减小励磁电流时，电枢电流又开始增大，电动势减小为 $\dot{E}_{03}$，电枢电流超前于端电压，发电机向电网发出有功功率外，还向电网输出电容性（超前）的无功功率（从系统中吸收滞后的无功功率）。此时发电机处于"欠励"状态，依靠助磁的电枢反应来保持气隙磁场恒定，以满足 U = 常数的要求。

第四种情况，进一步减少励磁电流，电动势变得更加小，并且功角 θ 和超前的功率因数角 φ 也将继续增大，使电枢电流值更大。但是这种变化是有限度的。当 $\theta = 90°$ 时，发电机已达稳定运行的极限状态，进一步减少励磁电流，发电机将失去同步，不能继续稳定运行。

根据上述分析，与无穷大电网并联的同步发电机，原动机输入功率不变时即保持有功功率不变，改变励磁电流则发电机输出的无功功率大小和性质都将发生变化，电枢电流 I 也将随之改变。当励磁电流为"正常励磁"状态时，电枢电流 I 数值最小。这时无论增大或减小励磁电流，都将使电枢电流 I 增大。当过励运行时，电枢电流是滞后电流，发电机输出电感性无功功率。当欠励运行时，电枢电流是超前电流，发电机输出电容性无功功率。

需要注意的是，调节励磁电流来调节无功功率时，不会影响有功功率。减小励磁电流时，会影响发电机的静态稳定性能；改变原动机的输入功率来调节有功功率时，由于功角改变，在有功功率发生变化的同时，无功功率也会发生变化，即调有功，无功也变；调无功，有功不变。

三、V 形曲线

发电机保持输出有功功率不变的前提下，调节励磁电流改变无功功率时，正常励磁点 $\cos\varphi = 1$，电枢电流最小，此基础上增大或减小励磁电流，电枢电流均增大。

通过实验，与无穷大电网并联的发电机，在保持电网电压 U 和发电机输出有功功率不

第十七章 同步发电机的并联运行

变的条件下,改变励磁电流,测定对应的电枢电流 I,得出两者之间的关系曲线为 $I=f(I_f)$。由于这条曲线形状与字母"V"很像,所以称为同步发电机的 V 形曲线。对于每一个有功功率值,都可以画出一条 V 形曲线与之对应。功率值越大,曲线越上移,如图 17-12 所示。每条曲线的最低点,表示 $\cos\varphi=1$,这点的电枢电流最小,发电机发出的全部是有功功率。将各曲线最低点连接起来得到一条 $\cos\varphi=1$ 曲线,在这条曲线的右方,发电机处于过励运行状态,功率因数是滞后的,发电机向电网输出滞后的无功功率,而在其左方,发电机处于欠励运行状态,功率因数是超前的,发电机从电网吸收滞后的无功功率。

由图 17-12 可见,V 形曲线有一个不稳定区域(对应于 $\theta>90°$)。由于欠励区域更靠近且极易进入不稳定区域,因此,发电机一般不宜在欠励严重的状态下运行。

一般情况下,发电机都运行在过励状态下,功率因数为 0.8~0.85(滞后),大容量同步发电机的功率因数可达 0.9。

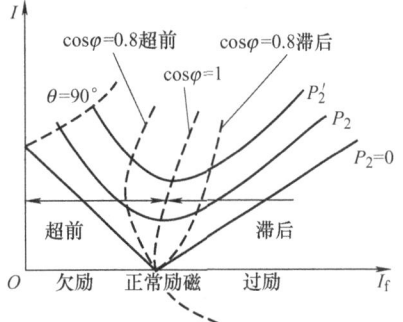

图 17-12 同步发电机的 V 形曲线

例 17-1 一台汽轮发电机,$S_N=353$ MV·A,$I_N=11320$ A,$U_N=18000$ V,星形联结,$\cos\varphi_N=0.8$(滞后),$X_t^*=2.26$(不饱和值),电枢电阻忽略。并联在无穷大电网运行,求发电机运行在额定状况时:(1)不饱和的空载电动势 E_0;(2)功角 θ_N;(3)电磁功率 P_{em}^*;(4)过载能力 k_T。

解:因在额定运行情况,有 $U^*=1$,$I^*=1$,故

$$E_0^*=\sqrt{(U^*\sin\varphi_N+I^*X_t^*)^2+(U^*\cos\varphi_N)^2}=\sqrt{(1\times0.527+1\times2.26)^2+(1\times0.85)^2}=2.91$$

$$E_0=E_0^*\frac{U_N}{\sqrt{3}}=2.91\times\frac{18000}{\sqrt{3}}\text{V}=30345\text{V}$$

$$\Psi_N=\arctan\left(\frac{U^*\sin\varphi_N+I^*X_t^*}{U^*\cos\varphi_N}\right)=\arctan\left(\frac{0.527+2.26}{0.85}\right)=73°$$

则

$$\theta_N=\Psi_N-\varphi_N=73°-31.8°=41.2°$$

$$P_{em}^*=\frac{U^*E_0^*}{X_t^*}\sin\theta_N=\frac{1\times2.91}{2.26}\sin 41.2°=0.85$$

$$k_T=\frac{1}{\sin\theta_N}=\frac{1}{\sin 41.2°}=1.52$$

思 考 题

17-1 三相同步发电机投入并联运行时应满足哪些条件?怎样检查发电机是否已经满足并网条件?如不满足某一条件,会发生什么现象?

17-2 同步发电机单独运行时和并网运行时性能上有哪些区别,为什么?

17-3 功角 θ 在时间上和空间上各表示什么含义?功角改变时,有功功率如何变化?无功功率会不会变化?为什么?

17-4 同步发电机单独向一组对称负载供电且保持转速不变,电枢电流的功率因数由什

么决定？发电机并联于大电网，电枢电流的功率因数又由什么决定？

17-5 怎样从同步电机的相量图分析同步电机的运行状态？以凸极同步电机为例说明。

17-6 并联于无穷大电网的隐极同步发电机，保持励磁电流不变，调节有功功率时，输出的无功功率是否改变？画出 $\dot{E}_0$ 的变化轨迹。

17-7 一台并联于无穷大电网运行的同步发电机，其电流滞后于电压，若逐渐减小励磁电流，画出电枢电流的变化轨迹。

17-8 比较变压器并联运行和同步发电机并联运行的条件的异同点。

17-9 为什么 V 形曲线的最低点随有功功率增大而向右偏移？

习 题

17-1 有一台汽轮发电机，$P_N = 12000\text{kW}$，$U_N = 6300\text{V}$，定子上的电枢绕组为星形联结，$m = 3$，$\cos\varphi_N = 0.8$（滞后），$X_t = 4.5\Omega$，发电机并网运行，输出额定频率 $f_N = 50\text{Hz}$ 时，求：（1）每相空载电动势 E_0；（2）额定运行时的功角 θ_N；（3）最大电磁功率 P_{emmax}；（4）静态过载倍数（过载能力）k_T。

17-2 一台三相凸极同步发电机，$U_N = 400\text{V}$，每相空载电动势 $E_0 = 370\text{V}$，定子上的电枢绕组为星形联结，每相直轴同步电抗 $X_d = 3.5\Omega$，交轴同步电抗 $X_q = 2.4\Omega$。该发电机并网运行时，求：（1）额定功角 $\theta_N = 24°$ 时，输向电网的有功功率是多少？（2）能向电网输送的最大电磁功率是多少？（3）过载能力为多大？

17-3 一台汽轮发电机额定运行时的功率因数为 0.8（滞后），同步电抗 $X_t^* = 1.0$，该发电机并联在大电网上。试求：（1）在 90% 额定电流且有额定功率因数时，发电机输出的有功功率和无功功率，以及发电机的空载电动势和功角。（2）调节原动机的功率输入，使该发电机输出有功功率为额定运行时的 110%，励磁保持不变，此时功角是多少？输出的无功功率如何变化？想要保持输出的无功功率不变，试求此时的空载电动势 E_0 和功角 θ。（3）保持原动机的功率输入不变，并调节该发电机的励磁电流，使输出的电感性无功功率为额定运行情况下的 110%，试求此时的空载电动势和功角。

17-4 有一台三相凸极同步发电机并网运行，额定数据为：$S_N = 8750\text{kV}\cdot\text{A}$，$U_N = 11\text{kV}$，定子上的电枢绕组为Y联结，$\cos\varphi_N = 0.8$（滞后），每相直轴同步电抗 $X_d = 18.2\Omega$，交轴同步电抗 $X_q = 9.6\Omega$，电阻不计，求：（1）额定状态运行时，发电机的功角 θ_N 和每相励磁电动势 E_0；（2）最大电磁功率 P_{emmax}。

17-5 有一台三相隐极同步发电机并网运行，额定数据为：$S_N = 7500\text{kV}\cdot\text{A}$，$U_N = 3150\text{V}$，定子上的电枢绕组为Y联结，2 极，50Hz，$\cos\varphi_N = 0.8$（滞后），同步电抗 $X_t = 1.6\Omega$，电阻压降不计，求：（1）额定状态运行时，发电机的功角 θ_N 和电磁转矩 T；（2）在不调节励磁的情况下，将发电机的输出功率减到额定值的一半时的功角 θ 和功率因数 $\cos\varphi$。

17-6 并联在大电网上的凸极同步发电机，若转子失去励磁（$E_0 = 0$），但保持 $n = n_N$，试画出此时的电动势相量图，推导其功角特性。

17-7 一台并联运行于大电网的汽轮发电机，额定负载时功角为 $\theta_N = 20°$。现因电网发生故障，电网电压下降 $60\% U_N$，为使功角 θ 不超过 $25°$，应加大励磁电流使 E_0 上升为原来的多少倍？

第十八章 同步电动机及同步调相机

同步电机与其他旋转电机一样,既可作为发电机运行,又可作为电动机运行。作为发电机运行时,除向电力系统输送有功功率外,还可以向电力系统输送或者吸收感性无功功率;作为电动机运行时,可从电力系统吸收有功功率,还可以从电力系统吸收或者输送感性无功功率。在恒速大功率拖动的场合,同步电动机的经济性能和技术性能均比异步电动机优越。同步电动机具有转子转速与负载大小无关,可以始终保持为同步转速,且功率因数可以调节的特点。因此,在恒速负载及需要改善功率因数的场合应优先考虑选用同步电动机。

同步电动机不带任何机械负载地空载运行时,调节电动机的励磁电流可使该电动机向电网发出容性或者感性的无功功率,用以维持电网电压的稳定和改善电力系统的功率因数。运行在上述状态的同步电动机称为同步调相机。其维持(空载)转动和补偿各种损耗的功率都取自电力系统。

第一节 同步电动机的基本电磁关系、方程式、相量图

一、从发电机状态过渡到电动机状态

下面讨论已投入电网并联运行的隐极同步发电机过渡到电动机状态的物理过程以及其内部各物理量之间关系的变化。

设一台并联在大电网的隐极同步电机作为发电机运行,从图 18-1a 所示的相量可见,此时 $\dot{E}_0$ 超前 $\dot{U}$,θ 和相应的电磁功率 $P_{em} = \dfrac{m E_0 U}{X_t}\sin\theta$ 都是正值。这时 $\theta_i \approx \theta$ 也是正值,即转子主磁极轴线沿转向超前于气隙合成磁场的磁极轴线 $\theta_i \approx \theta$,因而作用于转子上的电磁转矩为制动转矩。原动机驱动转矩主要用来克服此制动转矩,将机械能转变成电能。

逐步减少原动机的输入功率,转子将减速,θ 和电磁功率也将减少;当 $\theta = 0$ 时,发电机变为空载,其输入功率只能抵偿空载损耗($P_1 = P_0$),如图 18-1b 所示。

继续减少原动机的输入功率,则 θ 和 P_{em} 变为负值,电机从电网吸取功率,和原动机输入功率 P_1 一起提供驱动转矩来克服空载制动转矩,该部分功率转化为空载损耗。如果再移去原动机,就变成空载的同步电动机,则空载损耗全部由电网提供。如在电机轴上再加上机械负载,则负值的 θ 和电磁功率 P_{em} 都将变大,$\theta_i \approx \theta$ 也变为负值,主极磁场将落后于气隙合成磁场,故电磁转矩变成驱动转矩,电机作为电动机带负载运行,如图 18-1c 所示。

从上分析可知:当同步发电机变为同步电动机时,功角和相应的电磁转矩、电磁功率均

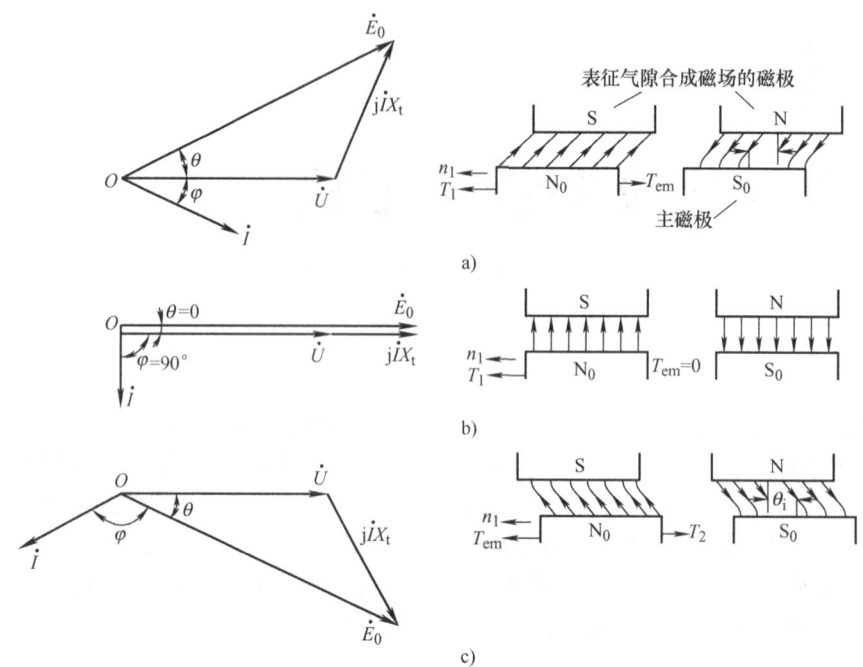

图 18-1 同步发电机过渡到同步电动机的过程
a) 发电机 b) 过渡过程 c) 电动机

由正值变为负值，电磁转矩由制动的变为驱动的，即电机将电能转变为机械能输出。

因此，同步电机的三种运行状态可以用 θ 来判断。当 $\theta>0$ 时，为发电机运行状态，电机向电网输出有功功率；$\theta<0$ 时，为电动机状态，电机从电网吸收有功功率；$\theta\approx 0$ 时，为电动机空载运行状态，即调相运行。三种状态中电机均可向电网发送或吸收无功功率。

二、同步电动机的电动势方程式和相量图

用发电机观点来表达同步电动机的电动势方程式和绘制相量图时，其相量图如图 18-1c 所示。图中，功率因数角 $\varphi>90°$，表示电动机向电网输出负的有功功率，即从电网吸收有功功率。所以在同步电动机中，规定电流 $\dot{I}$ 参考方向与同步发电机中的参考方向相反，如图 18-2b 所示。这时 $\dot{U}$ 为外加电压，$\dot{I}$ 为由外加电压所产生的输入电流，而 $\dot{E}_0$ 为反电动势。这样 φ 即由滞后于 $\dot{U}$ 变为超前于 $\dot{U}$，且 $\varphi<90°$，于是功率因数 $\cos\varphi$、输入电功率 $mUI\cos\varphi$ 以及扣除定子铜损耗后的电磁功率为正值。这是用电动机观点来表达同步电动机的电动势方程式和绘制相量图。

因此，隐极同步电动机的电动势方程式变为

$$\dot{U} = \dot{E}_0 + \dot{I}R_a + j\dot{I}X_t \tag{18-1}$$

对凸极同步电动机，有

$$\dot{U} = \dot{E}_0 + \dot{I}R_a + j\dot{I}_d X_d + j\dot{I}_q X_q \tag{18-2}$$

相应的相量图如图 18-2a 和图 18-3 所示。

第十八章 同步电动机及同步调相机

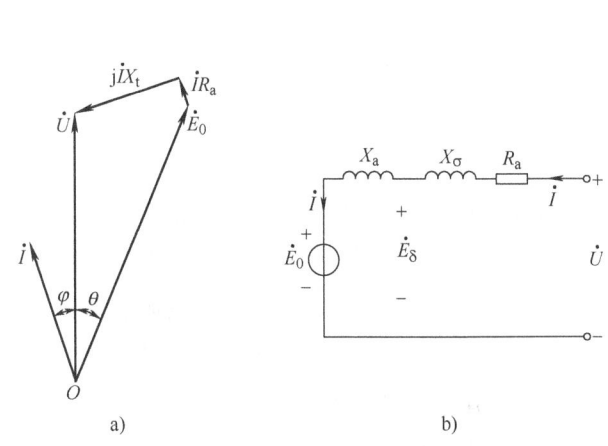

图 18-2 隐极同步电动机的相量图和等效电路
a) 隐极同步电动机的相量图 b) 隐极同步电动机的等效电路

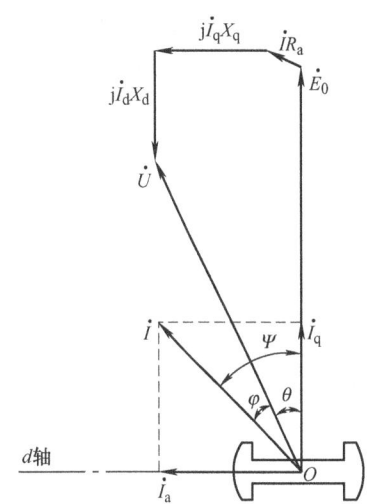

图 18-3 凸极同步电动机相量图

三、功率平衡关系和功角特性

电动机中，由电网输入的电功率 P_1 减去定子绕组的铜损耗 p_{Cu1}，得到通过旋转磁场从定子传送到转子的电磁功率 P_{em}，再扣除铁损耗 p_{Fe}、机械损耗 p_{mec} 和附加损耗 p_{ad}，即为输出的机械功率 P_2，功率方程式为

$$P_1 = p_{Cu1} + P_{em}$$
$$P_{em} = P_2 + p_{Fe} + p_{mec} + p_{ad}$$

功角特性表达式如用于电动机，则功角 θ 和电磁功率 P_{em} 均为负值，重新定义 $\dot{E}_0$ 滞后 $\dot{U}$ 时，θ 为正值。这时电动机的电磁功率为正值，凸极同步电动机表达式为

$$P_{em} = \frac{mE_0 U}{X_d}\sin\theta + \frac{mU^2}{2}\left(\frac{1}{X_q} - \frac{1}{X_d}\right)\sin 2\theta \tag{18-3}$$

式 (18-3) 除以转子角速度 Ω_1，便得电动机的电磁转矩为

$$T_{em} = \frac{m}{\Omega_1}\frac{E_0 U}{X_d}\sin\theta + \frac{m}{2}\frac{U^2}{\Omega_1}\left(\frac{1}{X_q} - \frac{1}{X_d}\right)\sin 2\theta \tag{18-4}$$

第二节 同步电动机的无功功率调节

同步电动机运行时，从电网吸收的有功功率的大小基本上由负载的制动转矩 T_2 来决定。

当励磁电流不变时，与发电机相似，有功功率的改变将引起功角改变。由图 18-3 可知，此时也必将引起电动机无功功率的变化。从图 18-3 还可以看出，当改变电动机的励磁电流时，可以调节无功电流和无功功率的大小和性质。

图 18-4 所示为接到无穷大电网的隐极同步电动机，当输出功率恒定而改变励磁电流时的电动势相量图。

由于忽略了电动机定子电阻，可认为 $P_1 = P_{em}$，故当电动机的负载转矩不变，即输出功

率P_2不变时，如不计改变励磁时定子铁损耗和附加损耗的微弱变化，则电磁功率也保持不变。经过上述简化，可得

$$P_{em} = \frac{mE_0U}{X_t}\sin\theta = mUI\cos\varphi = 常数$$

即

$$E_0\sin\theta = 常数; I\cos\varphi = 常数$$

于是励磁变化时，$\dot{E}_0$ 的端点将落在与 $\dot{U}$ 平行的垂直线 AB 上，$\dot{I}$ 的端点将落在水平线 CD 上。从图 18-4 可见，"正常" 励磁时，电动机的功率因数等于 1，电枢电流全部为有功电流，且数值最小。当励磁电流小于正常值（欠励）时，$\dot{E}_0'' < \dot{E}_0$，为保持气隙合成磁通近似不变，除有功电流外，电枢电流还将出现增磁的滞后的无功电流分量（从电网吸收滞后的无功电流）。反之，当励磁电流大于正常励磁电流（过励）时，$\dot{E}_0' > \dot{E}_0$，电枢电流中将出现一个超前的无功电流分量（向电网输出滞后的无功电流）。

由以上分析可知，同步电动机在功率恒定而励磁电流变化时，曲线 $I = f(I_f)$ 仍然类似 V 形，与发电机类似，称为同步电动机的 V 形曲线，如图 18-5 所示，该图表示对应四个不同电磁功率时的 V 形曲线，其中 $P_{em} = 0$ 的一条曲线对应于同步调相机的运行状态。

由于同步电动机最大电磁功率 P_{emmax} 与 E_0 成正比，当减少励磁电流时，它的过载能力也要降低，而对应的功角 θ 则增大。这样一来，当励磁电流减小到一定数值，θ 将增为 90°，隐极同步电动机就不能稳定运行，进而失去同步。图 18-5 中的靠近纵坐标的虚线表示电动机不稳定区的界限。

改变励磁可以调节电动机的功率因数，这是同步电动机重要的特性。因为在电网上主要的负载往往是功率因数滞后的异步电动机和变压器，如果令运行在电网上的同步电动机工作在过励状态，使它们向电网中输出电感性（滞后）无功功率，即可提高电网的功率因数。因此为了改善电网的功率因数和提高电动机的过载能力，现代同步电动机的额定功率因数一般设计为 0.8~1（超前）。

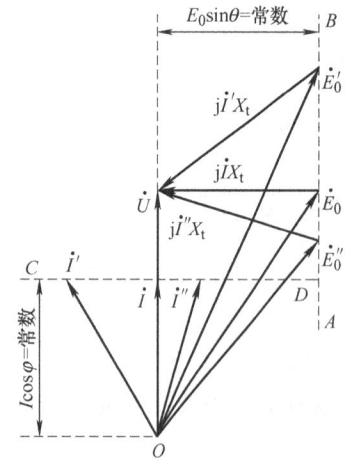

图 18-4 功率恒定、变励磁电流时隐极同步电动机的电动势相量图

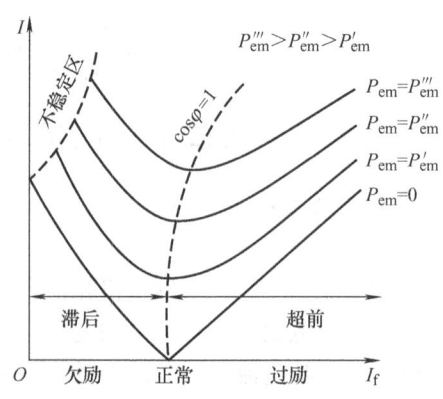

图 18-5 同步电动机的 V 形曲线

第三节 同步电动机的起动

一、同步电动机不能自起动

同步电动机起动时，定子三相绕组通入对称三相电流，在气隙中产生一个同步速度旋转的磁场。在起动瞬间，转子（已经加励磁）处于如图 18-6 所示的位置，图 18-6a 中的转子受到逆时针方向的转矩，因惯性尚未转动起来，定子磁场已转过 180°，变为图 18-6b 所示状态，转子上又受到顺时针方向的转矩，由于定子磁场以同步转速旋转，作用于转子上的转矩随时间以 $f=50\mathrm{Hz}$ 交变，即起动时，转子受到的平均转矩为零，所以同步电动机不能自起动。

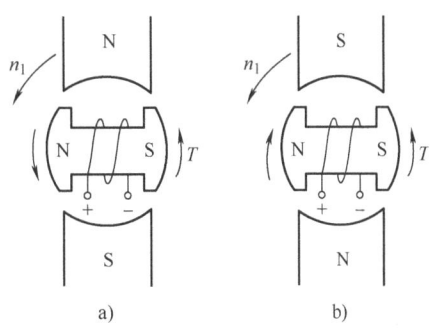

图 18-6 起动时同步电动机的电磁转矩

二、同步电动机的起动方法

同步电动机常用的起动方法有下列三种。

1. 辅助电动机起动法

通常选用和同步电动机极数相同的异步电动机（容量为同步电动机额定容量的 5%~15%）作为辅助电动机。先用辅助电动机将主电动机拖到接近于同步转速，然后用自整步法将其投入电网，再切断辅助电动机电源。也可采用比同步电动机少一对极数的异步电动机作为辅助电动机，将主电动机拖到超过同步转速，然后切断辅助电动机电源使转速下降，当降到等于同步转速时，再将同步电动机立即投入电网，这样可获得更大的整步转矩。这种方法需要的设备多，操作也复杂，只适合空载起动。

2. 变频起动法

变频起动法实质上是设法改变定子旋转磁场的转速，利用同步转矩来起动。在开始起动时，转子绕组加励磁电流建立磁场，定子绕组接变频电源，先把电源的频率调得很低，然后逐步增加到额定频率，于是转子的转速也将随着定子旋转磁场的转速而同步地上升，直到额定转速。采用此方法起动必须有变频电源，因为可以轻载起动，所以变频电源的容量一般只需等于同步电动机的容量即可。

3. 异步起动法

多数同步电动机在转子磁极表面装有类似于异步电动机笼型转子的短路绕组，称为起动绕组（即阻尼绕组）。为了得到较大的起动转矩，起动绕组常用电阻较大的黄铜条做成。

异步起动法的原理为：起动时，转子不加励磁电流。交流电压加于定子绕组后，在气隙中产生磁场，这个旋转磁场将在转子起动绕组中感应电流，此电流和旋转磁场相互作用产生异步转矩，这样同步电动机就按照异步电动机的原理转动起来。在转速上升到接近同步转速时，再给励磁绕组中通入直流励磁电流，使得转子产生磁场，此时它和气隙磁场的转速已经十分接近，依靠这两个磁场间的相互吸引力产生转矩（称为同步转矩），将转子磁极拉入同步，这个过程称为拉入同步过程。异步起动法应用较普遍，如图 18-7 所示。

拉入同步是一个很复杂的过程，如果条件不合适，不一定能够成功。一般来说，在加入直流励磁电流使得转子拉入同步的瞬间，同步电动机的转差越小、惯性越小、负载越轻，拉入同步就越容易。

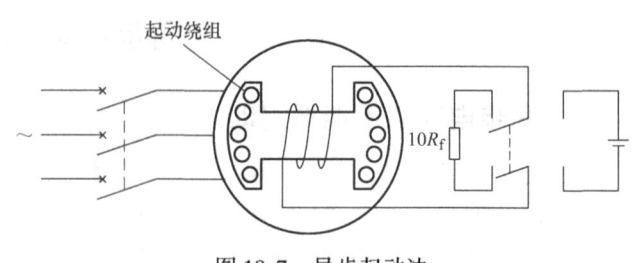

图 18-7　异步起动法

综上，同步电动机的起动过程大多分为两个阶段：①首先是异步起动，使得转子转速接近于同步转速；②加入直流励磁电流，使得转子拉入同步。由于磁阻转矩的作用，凸极同步电动机较容易拉入同步，甚至在未加励磁电流的情况下，有时转子也能拉入同步。因此为了改善起动性能，同步电动机大多采用凸极转子结构。

需要注意，同步电动机在异步起动时，励磁绕组不能开路，因为励磁绕组的匝数较多，旋转磁场切割励磁绕组时会在其中感应出一个危险的高电压，容易使得励磁绕组绝缘击穿或引起人身事故。在起动时，励磁绕组必须短路。为了避免在励磁绕组中产生过大的短路电流，励磁绕组短路时必须串联比本身电阻大 5~10 倍的外加电阻。

第四节　同步调相机

电网的负载往往是异步电动机和变压器，它们都从电网吸取感性无功功率，使电网的功率因数降低，线路损耗和压降增大，让电力设备利用率和效率降低。如能在适当地点装上同步调相机，就近供应负载所需的感性无功功率，就能显著地调高电力系统的经济性，较好地解决上述问题。

一、同步调相机的原理

同步调相机又称同步补偿机，可以看作不带机械负载的同步电动机。除供应本身损耗外，它并不从电网吸收更多的有功功率，因此同步调相机总是在接近于零的电磁功率和零功率因数的情况下运行，其相量图如图 18-8 所示。

1）调节励磁电流，使 $\dot{E}_0 = \dot{U}$，此时为正常励磁状态，定子电流 $I = 0$，调相机不发出无功功率。

2）增加励磁电流，使 $E_0 > U$，假如忽略调相机的全部损耗，则定子电流全是无功分量，其电动势方程为 $\dot{U} = \dot{E}_0 + j\dot{I}X_t$。此时为过励状态，电流 $\dot{I}$ 相对电压 $\dot{U}$ 有90°超前，调相机向电网发送电感性无功功率，或者说调相机从电网吸收电容性无功功率，所以过励运行的调相机可以看作是电力系统的一个电容性无功负载，相当于一个电容器。

3）减小励磁电流，使 $E_0 < U$，为欠励状态，电流 $\dot{I}$ 相对电压 $\dot{U}$ 有90°滞后，调相机向电网发送电容性无功功率，或调相机从电网吸收电感性无功功率，可看成是电力系统的一个电感性无功负载，相当于一个电抗器。

从以上分析可见，只要调节励磁电流，就能灵活地

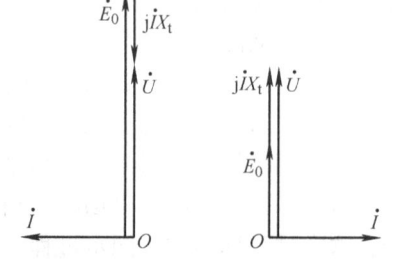

图 18-8　同步调相机的相量图

调节调相机的无功功率的性质和大小。由于电力系统大多数情况下带电感性无功功率，调相机通常都是在过励状态下运行，它的额定容量也指过励运行时的容量。只在电网基本空载，由于长输电线自身电容影响，使受电端电压偏高时，才让调相机在欠励状态下运行，以保持电网电压的稳定。

二、同步调相机的特点

1）同步调相机的额定容量通常是指它在过励时的视在功率，这时的励磁电流称为额定励磁电流。一般调相机欠励时的容量只有额定容量的 50%～65%。这是因为欠励时可能使调相机失去同步。

2）由于调相机不拖动机械负载，其转轴较细，静态过载倍数可以小些，相应地可以减少气隙和励磁绕组的用铜量，因此使它的直轴同步电抗较大，其标幺值往往可达 2 以上。

3）为了提高材料利用率，调相机多采用氢冷或双水内冷方式进行冷却。

4）调相机的转子装有笼型绕组，用于异步起动。

例 18-1 有一组电感性负载，功率为 1000kW，$\cos\varphi = 0.5$，原本由一台同步发电机单独供电，为改善功率因数，在用电的负载端并联一台调相机，试求：（1）发电机单独供电的视在功率；（2）如果添设的调相机完全补偿负载所需的无功功率，则调相机的容量和发电机的功率各为多少？（3）如果只将发电机的 $\cos\varphi$ 提高到 0.8，成为 $\cos\varphi'$，则调相机的容量和发电机的视在功率各为多少？

解：（1）发电机单独供电所需视在功率为

$$S = \frac{P}{\cos\varphi} = \frac{1000}{0.5}\text{kV}\cdot\text{A} = 2000\text{kV}\cdot\text{A}$$

（2）调相机要完全补偿负载所需的无功功率，也就是发电机单独供给负载时的无功功率，则调相机的容量为

$$Q = S\sin\varphi = 2000 \times \sin 60°\text{kvar} = 1732\text{kvar}$$

发电机的功率为

$$S' = P = \sqrt{S^2 - Q^2} = \sqrt{2000^2 - 1732^2}\text{kW} = 1000\text{kW}$$

（3）如果只将发电机的 $\cos\varphi$ 提高到 0.8，发电机的视在功率应为

$$S' = \frac{P}{\cos\varphi'} = \frac{1000}{0.8}\text{kV}\cdot\text{A} = 1250\text{kV}\cdot\text{A}$$

则发电机所承担的无功功率为

$$S'\sin\varphi' = 1250 \times 0.6\text{kvar} = 750\text{kvar}$$

故调相机应承担的无功功率，即调相机的容量为

$$Q = S\sin\varphi - S'\sin\varphi' = (1732 - 750)\text{kvar} = 982\text{kvar}$$

思 考 题

18-1 比较同步电动机和异步电动机的优缺点。

18-2 为什么同步电动机不能自起动？

18-3 同步电机运行过程中，是否存在异步转矩？为什么？

18-4 怎样使得同步电机从发电机运行方式过渡到电动机运行方式？其功角、电流、电

磁转矩如何变化？

18-5　增加或减少同步电动机的励磁电流时，对电动机内的磁场会产生什么效应？

18-6　同步调相机的原理和作用是什么？

习　　题

18-1　一台三相凸极Y联结同步电动机，额定线电压 $U_N = 6000\text{V}$，频率 $f_N = 50\text{Hz}$，额定转速 $n_N = 300\text{r/min}$，额定电流 $I_N = 57.87\text{A}$，额定功率因数 $\cos\varphi_N = 0.8$（超前），同步电抗 $X_d = 64.2\Omega$，$X_q = 40.8\Omega$，不计电阻压降，求：(1) 额定负载时的励磁感应电动势 E_0；(2) 额定负载下的电磁功率 P_{em} 和电磁转矩 T_{em}。

18-2　某企业电源电压为 6000V，内部使用了多台异步电动机，其总输出功率为 1500kW，平均效率 70%，功率因数为 0.8（滞后）。企业新增一台 400kW 设备，计划采用运行于过励状态的同步电动机拖动，补偿企业的功率因数到 1，（不计发电机本身损耗）求：(1) 同步电动机的容量；(2) 同步电动机的功率因数。

18-3　一台三相隐极Y联结同步电动机，额定线电压 $U_N = 380\text{V}$，额定电流 $I_N = 23.6\text{A}$，额定功率因数 $\cos\varphi_N = 0.8$（超前），同步电抗 $X_t = 5.8\Omega$，不计电阻压降，当输入功率为 15kW 时，求：(1) 功率因数 $\cos\varphi = 1$ 时的功角 θ；(2) 每相电动势 $E_0 = 250\text{V}$ 时的功率因数 $\cos\varphi$ 和功角 θ。

18-4　某变电站的容量为 2000kV·A，变电站本身的负载为 1200kW，功率因数 $\cos\varphi_N = 0.8$（超前），效率 $\eta_N = 95\%$。当同步电动机额定运行时，全站功率因数是多少？变电站是否过载？

第十九章
同步发电机的异常运行和突然短路

通常三相电力负载都是对称负载，即使有少许的不对称，一般仍可以按照对称运行来分析。随着工业的发展，出现了大容量的单相负载，如冶金用的单相电炉，单相电供电的电气铁道干线等，它们作为三相电网的负载就会使同步发电机处于不对称运行状态。此外输电线路中出现一相断相等不对称故障时，也会使同步发电机处于不对称运行状态。

稳态对称运行时，发电机的输入功率总与输出功率相平衡，发电机端电压和励磁电动势之间有着固定的相位差。但实际工作着的发电机常常会由于某些原因而使运行状态受到干扰或改变。从一个稳定运行状态变至另一个稳定运行状态所经历的过程称为瞬变过程。研究同步发电机不对称运行和瞬变过程具有重大的实际意义。

第一节　同步发电机的不对称运行

当负载不对称时，发电机的三相端电压及电流都将不对称。由于流过电枢各相的电流有效值各不相同，它们所产生的合成电枢磁动势不再是一个幅值不变的圆形旋转磁动势，其电枢反应情况较对称运行时复杂得多，所以不能直接用分析对称运行的简单方法来分析不对称运行的情况。

分析不对称运行的最简单方法是对称分量法，即把不对称的三相电流（或电压）分解成三组对称分量，即正序分量、负序分量和零序分量。各个对称分量可视为相互独立，在分析时先分别研究它们独立作用的效果，然后叠加起来得到最后结果。使用这个方法时应假设电路是线性的，并忽略磁路饱和现象。

在具体计算不对称运行时，由于每组对称分量对各相绕组均对称，故可以只按一相的情况来分析。

按叠加定理，每相都可以列出三个相序的电动势平衡方程及画出它们的等效电路。各相序电流流过电枢绕组时的电枢反应情况，反映在等效电路和方程中是各相序电流遇到不同的电抗（略去了电阻）。设各相序电流遇到的电抗分别为正序电抗X_+、负序电抗X_-和零序电抗X_0，以 U 相为例，设$\dot{E}_{U+}$、$\dot{E}_{U-}$、$\dot{E}_{U0}$分别表示 U 相的正序、负序和零序空载电动势。

同步发电机的转向由原动机固定，励磁磁场只能在电枢绕组中感应相序为 U、V、W 的正序电动势，不会感应负序或零序电动势，即

$$\begin{cases} \dot{E}_{U+} = \dot{E}_{0U} \\ \dot{E}_{U-} = \dot{E}_{U0} = 0 \end{cases} \tag{19-1}$$

得到各相序的电动势平衡方程式为

$$\begin{cases} \dot{E}_{0U} = \dot{U}_{U+} + \dot{I}_{U+} X_+ \\ 0 = \dot{U}_{U-} + \dot{I}_{U-} X_- \\ 0 = \dot{U}_{U0} + \dot{I}_{U0} X_0 \end{cases} \quad (19\text{-}2)$$

其对应的各相序等效电路如图 19-1 所示。式(19-2) 又称为相序方程式。

式(19-2) 适合任何不对称负载或短路情况。根据这三个方程式，对于给定参数的发电机，若知道不对称电流的情况，就可以解出不对称的电压，反之亦然。下面对各相序电流遇到的电抗加以说明。

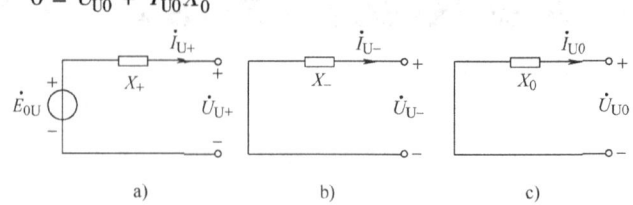

图 19-1 U 相各相序的等效电路
a) 正序 b) 负序 c) 零序

一、正序电抗 X_+

正序电流流过电枢绕组所遇到的电抗就是正序电抗。正序电抗就是对称运行时的同步电抗，即 $X_+ = X_t$。对于凸极同步发电机，如果发电机短路，则正序电枢反应只作用在直轴上，且为去磁效应，使得发电机不饱和，正序电抗应采用 X_d 的不饱和值。

二、负序电抗 X_-

负序电抗为负序电流所遇到的电抗。负序电流流过对称三相电枢绕组时产生反转的基波旋转磁场，这一磁场以两倍同步速度掠过转子绕组（包括励磁绕组和阻尼绕组），并在其中感应出两倍频率的电动势和电流。对于负序磁场而言，转子绕组的作用与一个短路绕组的作用相当。负序电流和负序电压之间的关系可以用转差率 $s = 2$ 的异步电动机的等效电路来分析。

同步发电机转子直轴和交轴方向的气隙大小和绕组数目不同，负序磁场以 $2n_1$ 相对转子旋转，交替掠过直轴和交轴，负序阻抗是变化的。忽略铁损耗，得到直轴和交轴的负序等效电路如

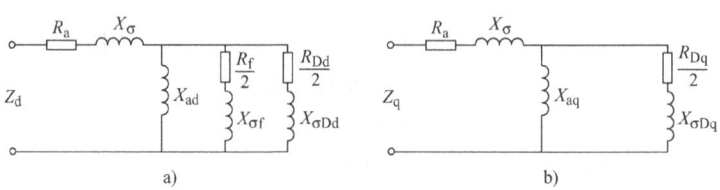

图 19-2 同步发电机负序等效电抗
a) 直轴电抗 b) 交轴电抗

图 19-2 所示。其中 X_σ 为定子漏抗，$X_{\sigma f}$ 为励磁绕组漏抗，$X_{\sigma Dd}$ 和 $X_{\sigma Dq}$ 为直轴、交轴阻尼绕组漏抗，R_f、R_{Dd}、R_{Dq} 分别为上述相应绕组的电阻折算值，由于励磁绕组仅放置在直轴磁路上，所以交轴电抗中不出现励磁漏抗，X_{d-} 为直轴等效电抗，X_{q-} 为交轴等效电抗，有

$$X_{d-} = X_\sigma + \frac{1}{\dfrac{1}{X_{ad}} + \dfrac{1}{X_{\sigma f}} + \dfrac{1}{X_{\sigma Dd}}} \quad (19\text{-}3)$$

$$X_{q-} = X_\sigma + \frac{1}{\dfrac{1}{X_{aq}} + \dfrac{1}{X_{\sigma Dq}}} \quad (19\text{-}4)$$

凸极发电机直轴磁路与交轴磁路的磁阻是不同的，负序磁场相对于转子转动时，负序电

抗 X_- 的数值将在 X_{d-} 和 X_{q-} 之间连续地周期性变化，利用对称分量法无法计及负序电抗的变化，计算时应取两个轴上电抗的平均值作为负序电抗的近似值，即

$$X_- = \frac{X_{d-} + X_{q-}}{2} \tag{19-5}$$

三、零序电抗 X_0

零序电抗为零序电流所遇到的电抗。零序电流大小相等，相位相同，所产生的三相脉振磁动势在时间上同向。因为三相绕组在空间上相隔 120°，所以发电机气隙中的三相合成基波磁动势互相抵消，即零序电流在气隙中不产生基波旋转磁通（主磁通），只产生漏磁通，相应的零序电抗具有漏抗的性质。如果电枢绕组为整距绕组，同一定子槽内上、下导体的零序电流方向相同，零序电流对应的漏电抗与正序电流对应的漏电抗相同；双层短距绕组中，某些槽内的上、下导体不属于同一相绕组，上下导体的零序电流方向相反，漏磁通互相抵消，此时零序漏电抗小于正序漏电抗，即 $X_0 < X_\sigma$。

零序电抗的数值范围如下：汽轮发电机零序电抗标幺值的平均值为 0.056，水轮发电机零序电抗标幺值的平均值为 0.085。

第二节 稳态不对称短路分析

用对称分量法分析同步发电机不对称短路是很方便的。不对称短路是不对称运行的特殊情况。电力系统遇到的短路故障通常是不对称短路，例如一相对中性点短路或两相短路。电力系统中的短路故障一般分为两个阶段，第一阶段称为突然短路，是一个暂态过程，指短路故障开始瞬间到所出现的巨大冲击电流衰减完毕为止，时间很短，一般只有零点几秒到几秒；第二阶段为稳态短路，即冲击电流衰减完后的阶段。

在下面分析中，假设短路发生在发电机一侧，而且短路前发电机为空载运行。

一、一相对中性点短路

如图 19-3 所示，设 U 相对中性点短路，其端点方程为

$$\begin{cases} \dot{I}_U = \dot{I}_{k1} \\ \dot{I}_V = \dot{I}_W = 0 \\ \dot{U}_U = 0 \end{cases} \tag{19-6}$$

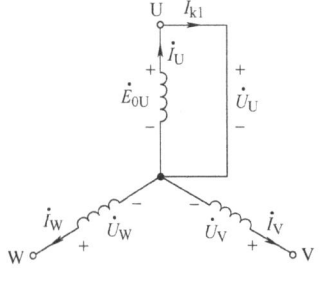

图 19-3 U 相对中性点短路

对 U 相利用对称分量法得

$$\begin{cases} \dot{I}_{U+} = \frac{1}{3}(\dot{I}_U + a\dot{I}_V + a^2\dot{I}_W) = \frac{1}{3}\dot{I}_{k1} \\ \dot{I}_{U-} = \frac{1}{3}(\dot{I}_U + a^2\dot{I}_V + a\dot{I}_W) = \frac{1}{3}\dot{I}_{k1} \\ \dot{I}_{U0} = \frac{1}{3}(\dot{I}_U + \dot{I}_V + \dot{I}_W) = \frac{1}{3}\dot{I}_{k1} \end{cases} \tag{19-7}$$

式中 $a = e^{j120°} = -\frac{1}{2} + j\frac{\sqrt{3}}{2}$；

$$a^2 = e^{j240°} = -\frac{1}{2} - j\frac{\sqrt{3}}{2}。$$

根据各相序的电流，求出各相序的电压为

$$\begin{cases} \dot{U}_{U+} = \dot{E}_{0U} - jX_+ \dot{I}_{U+} = \dot{E}_{0U} - j\frac{1}{3}X_+ \dot{I}_{k1} \\ \dot{U}_{U-} = 0 - jX_- \dot{I}_{U-} = -j\frac{1}{3}X_- \dot{I}_{k1} \\ \dot{U}_{U0} = 0 - jX_0 \dot{I}_{U0} = -j\frac{1}{3}X_0 \dot{I}_{k1} \end{cases} \quad (19\text{-}8)$$

由于 U 相为对中性点短路，有

$$\dot{U}_{U+} + \dot{U}_{U-} + \dot{U}_{U0} = \dot{E}_0 - j\frac{1}{3}(X_+ + X_- + X_0)\dot{I}_{k1} = 0$$

即

$$\dot{I}_{k1} = -j\frac{3\dot{E}_{0U}}{X_+ + X_- + X_0} \quad (19\text{-}9)$$

由于负序电抗和零序电抗比正序电抗小得多，故一相短路电流比三相稳态短路电流大，二者的比值接近 3。

二、两相短路

如图 19-4 所示，设 V、W 两相短路，其端点方程为

$$\begin{cases} \dot{I}_U = 0 \\ \dot{I}_V = -\dot{I}_W = \dot{I}_{k2} \\ \dot{U}_V = \dot{U}_W \end{cases} \quad (19\text{-}10)$$

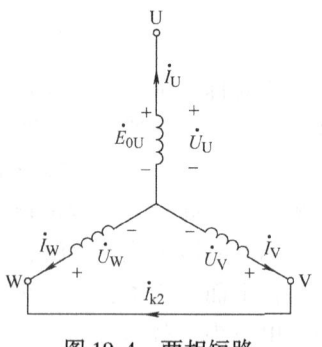

图 19-4 两相短路

对 U 相利用对称分量法得

$$\begin{cases} \dot{I}_{U+} = \frac{1}{3}(\dot{I}_U + a\dot{I}_V + a^2\dot{I}_W) = \frac{1}{3}(a\dot{I}_V - a^2\dot{I}_V) = j\frac{\sqrt{3}}{3}\dot{I}_V = j\frac{\dot{I}_{k2}}{\sqrt{3}} \\ \dot{I}_{U-} = \frac{1}{3}(\dot{I}_U + a^2\dot{I}_V + a\dot{I}_W) = \frac{1}{3}(a^2\dot{I}_V - a\dot{I}_V) = -j\frac{\sqrt{3}}{3}\dot{I}_V = -j\frac{\dot{I}_{k2}}{\sqrt{3}} \\ \dot{I}_{U0} = \frac{1}{3}(\dot{I}_U + \dot{I}_V + \dot{I}_W) = 0 \end{cases} \quad (19\text{-}11)$$

$$\begin{cases} \dot{U}_{U+} = \frac{1}{3}(\dot{U}_U + a\dot{U}_V + a^2\dot{U}_W) = \frac{1}{3}(\dot{U}_U - \dot{U}_V) = \dot{E}_{0U} - jX_+\dot{I}_{U+} = \dot{E}_{0U} + \frac{\sqrt{3}}{3}X_+\dot{I}_V \\ \dot{U}_{U-} = \frac{1}{3}(\dot{U}_U + a^2\dot{U}_V + a\dot{U}_W) = \frac{1}{3}(\dot{U}_U - \dot{U}_V) = 0 - jX_-\dot{I}_{U-} = -\frac{\sqrt{3}}{3}X_-\dot{I}_V \\ \dot{U}_{U0} = \frac{1}{3}(\dot{U}_U + \dot{U}_V + \dot{U}_W) = 0 - jX_0\dot{I}_{U0} = 0 \end{cases}$$

$$(19\text{-}12)$$

第十九章 同步发电机的异常运行和突然短路

由于 $\dot{U}_{U+} = \dot{U}_{U-}$，故

$$\dot{E}_{0U} + \frac{\sqrt{3}}{3}X_+ \dot{I}_V = -\frac{\sqrt{3}}{3}X_- \dot{I}_V \tag{19-13}$$

得到

$$\dot{I}_{k2} = \dot{I}_V = -\dot{I}_W = -\frac{\sqrt{3}\dot{E}_{0U}}{X_+ + X_-} \tag{19-14}$$

而三相稳态短路电流为

$$\dot{I}_{k3} = -j\frac{\dot{E}_0}{X_d} = -j\frac{\dot{E}_0}{X_+} \tag{19-15}$$

可见，在励磁电流一定条件下，一相对中性点短路稳态电流最大，三相稳态短路电流最小，三种稳态短路电流之比为

$$I_{k1} : I_{k2} : I_{k3} = 3 : \sqrt{3} : 1$$

三、不对称运行对发电机的影响

1. 引起转子表面发热

负序旋转磁场与转子转向相反，并以 2 倍同步转速切割转子，在励磁绕组、阻尼绕组、转子铁心表面及转子的其他金属部件中均会感应 2 倍工频的电流，并在励磁绕组和阻尼绕组中产生额外的铜损耗，在铁心中感应涡流并引起附加损耗，使转子过热。尤其是汽轮发电机的转子散热条件差，负序磁场在整个转子表面感应的电流经护环形成回路，护环与本体搭接处接触电阻大，发热更严重，可能烧毁此部分引起转子绕组接地事故。

2. 引起发电机振动

负序旋转磁场以 2 倍同步转度与转子磁场相互作用，产生 100Hz 的交变电磁转矩，同时作用在转轴和定子铁心上引起 100Hz 的振动。

上述分析可知，不对称短路对发电机造成不良影响的根本原因是负序磁场。在发电机转子上装设阻尼绕组，能够起到削弱负序磁场的作用，减少不对称运行带来的不良影响。

第三节 同步发电机的失磁运行

同步发电机在运行中，由于某种原因失去励磁电流，导致转子磁场消失或部分消失的现象，称为失磁运行。同步发电机的失磁故障是电力系统的常见故障之一，其主要有以下原因：励磁绕组开路、励磁绕组短路、灭磁开关误动作、磁场变阻器接触不良、换向器严重打火等。同步发电机失磁后，还能向电网输送一定的有功功率，因此一般不必立刻使同步发电机与电网脱离，应争取短时间查明失磁的原因，排除故障。

一、失磁运行时的物理过程

当同步发电机失去励磁后，励磁电流的迅速减小，使 E_0 减小，根据功角特性 $P_{em} = \frac{mE_0U}{X_d}\sin\theta$，同步发电机的电磁功率减小。此时原动机调速系统未来得及动作，即驱动转矩还未变化，转矩平衡破坏，驱动转矩大于制动性质的电磁转矩，转子将加速，使功角增大。当功角 $\theta > 90°$ 时，同步发电机失去同步，进入异步运行状态。此时转子与定子旋转磁场有相对运动，转子转速 n 大于同步转速 n_1，出现负的转差率，则定子旋转磁场以转差的速度

切割转子绕组,在其中感应出转差频率的交变电流,即失磁后转子中产生交流励磁电流。该电流与定子磁场作用产生制动性质的异步电磁转矩。此时由于调速系统开始动作,原动机输入的功率 P_1 开始减小,当 $P_1 = P_{em}$ 时,转矩重新达到平衡,同步发电机进入异步稳定运行状态。原动机驱动转矩克服异步制动转矩做功,把机械能转变成电能,同步发电机向电网输出比正常同步运行时减小了的有功功率,相当于一台异步发电机。同时同步发电机输出的无功功率随励磁电流的减小而减小至不足以维持电压所需的值时,同步发电机从电网吸取感性无功功率来励磁,定子电流超前端电压,使电网电压趋于下降。

二、失磁运行的不良影响

同步发电机失磁运行时会在励磁绕组、阻尼绕组及转子铁心中感应出交流电流,产生附加损耗,引起转子各绕组和铁心发热,危及转子的安全。

同步发电机异步运行,在定子绕组中将出现脉振电流并产生交变的转矩,使机组产生振动,影响同步发电机安全。同时定子电流增大,可能使定子绕组温度升高。

同步发电机失磁前向电网输出无功功率,失磁后从电网吸取无功功率,将造成电力系统无功功率不足。

失磁运行时,由于电力系统仍向同步发电机输入很大的感性无功电流,这将引起线路压降增大,导致同步发电机端电压的降低。

实际运行中,由于大多数汽轮发电机能在很小的转差率下产生较大的异步转矩,转子电流不会过大,所以过热危险很小。同时发电厂装设的自动励磁调节装置及强行励磁装置会在由于某台发电机发生失磁导致电网电压下降时,对其他发电机自动增大励磁,供给失磁发电机所需的感性无功功率,允许汽轮发电机失磁运行一段时间。水轮发电机在较小的转差率下,不能稳定运行在异步状态,所以一般不允许失磁运行。

三、失磁运行时各表计的变化

了解失磁后的物理量的变化情况,在实际工作中,便可以从表计指示中判断同步发电机是否失去励磁,从而采取必要的措施。

(1) 转子电流表指示接近于零或等于零　当同步发电机失去励磁后,转子电流依指数规律快速减小。当励磁回路开路时,电流表指示为零。当励磁回路短路或经灭磁电阻闭合时,转子回路有交流电流,直流电流指示值很小。

(2) 定子电流表指示升高并摆动　失磁后同步发电机进入异步运行状态,向电网输出有功功率的同时又从电网吸收无功功率,所以定子电流增大。摆动的原因是由于转子回路中由差频脉振电流引起的变化磁场在定子绕组中产生变化的电动势,引起电流脉振,进而引起电流表指示发生摆动。

(3) 有功功率的指示表减小并摆动　同步发电机失磁后,转子电流迅速减小,由励磁电流建立的转子磁场也很快消失,制动性质的电磁转矩也消失,则转子转速在原动机的作用下快速升高。自动调速系统将原动机的输入功率减小,因此有功功率输出也将减小。有功功率表摆动的原因同 (2) 中所述。

(4) 同步发电机端电压显著下降并摆动　因定子电流增大,线路压降增大,导致端电压下降并随定子电流的摆动而摆动。

(5) 无功功率表指示负值,功率因数表指示进相　同步发电机失磁后从原来的向电网

第十九章 同步发电机的异常运行和突然短路

输送感性无功功率变成吸取感性无功功率，故无功功率表指示负值。同步发电机变为定子电流超前电压的进相运行状态。

对于允许无励磁运行的同步发电机，当其失磁后，应当立即减少该同步发电机的负载，使定子电流的平均值降到允许值以下，然后检查故障情况，若在 30min 内无法恢复励磁，则必须停机处理。

第四节 同步发电机的突然短路

当稳态运行的发电机出线端突然发生短路时，发电机便处于突然变化的过渡过程中，这个过程虽然很短暂，但短路电流的峰值可达到额定电流的 10~20 倍，因而在发电机内产生很大的电磁力和电磁转矩，如果设计中没有考虑到这些问题，就可能损坏定子绕组端部的绝缘，或者使转轴、机座发生有害的变形或者损坏。这个过渡过程结束后，发电机进入稳定的短路状态。即突然短路是指发电机从短路瞬间到稳定短路时的电磁过渡过程。

突然短路后的过渡过程和最后的稳定短路有很大的差别。在三相对称稳定短路时，定子绕组的电枢磁场不会在转子绕组中感应出电动势和电流。但是在突然短路过程中，电枢电流发生突然变化，使定子、转子之间出现变压器作用，转子绕组中就感应出了电动势和电流，此时转子绕组相当于变压器的二次绕组，使从定子方测得的等效电抗变小，定子电流激增。这就使突然短路后的过渡过程变得十分复杂。

一、超导闭合线圈磁链守恒原理

如图 19-5 所示，有一个 N 匝超导闭合线圈和一个永磁体。超导闭合线圈是没有外加电源，完全闭合，且电阻率为零的线圈。设与超导闭合线圈交链的磁链为 Ψ_0。当永磁体被移离超导闭合线圈时，由于 Ψ_0 发生了变化，便在线圈中感应出电动势 e_0，即

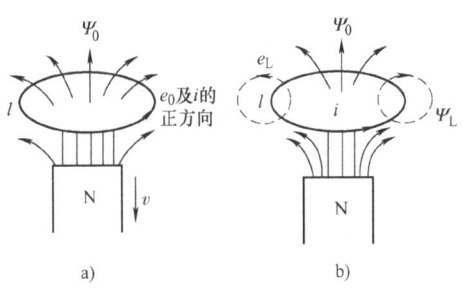

图 19-5 超导闭合线圈磁链守恒原理
a) 磁极原来位置 b) 磁极移动后

$$e_0 = -\frac{\mathrm{d}\Psi_0}{\mathrm{d}t} \quad (19\text{-}16)$$

如图 19-5 所示，电动势的参考方向、电流的参考方向相同，并且它们和磁链的参考方向符合右手螺旋定则。

由于线圈是闭合的，感应电动势便在该线圈中产生一个感应电流 i，若回路的电感为 L，则自感磁链和自感电动势的值分别为

$$\Psi_L = Li \quad (19\text{-}17)$$

$$e_L = -\frac{\mathrm{d}\Psi_L}{\mathrm{d}t} \quad (19\text{-}18)$$

由于线圈的电阻为零，故得此时线圈的电动势方程为

$$\sum e = e_0 + e_L = -\frac{\mathrm{d}\Psi_0}{\mathrm{d}t} - \frac{\mathrm{d}\Psi_L}{\mathrm{d}t} = iR = 0 \quad (19\text{-}19)$$

即

$$\frac{\mathrm{d}}{\mathrm{d}t}(\Psi_0 + \Psi_L) = 0 \quad (19\text{-}20)$$

因此
$$\Psi_0 + \Psi_L = 常数$$

式(19-20)说明,无论外磁场交链线圈的磁链如何变化,由感应电流所产生的磁链恰好抵消这种变化,超导闭合线圈的总磁链总是保持不变。这就是超导闭合线圈磁链守恒原理。

在实际的闭合回路中,由于电阻的影响,磁链会发生变化。但是在最初瞬间仍然会遵循超导闭合线圈磁链守恒原理,因此可以认为磁链是不会改变的,分析突然短路的基本方法是先由超导闭合线圈磁链守恒原理求出突然短路瞬间的电流,然后把电阻的作用考虑进去。在绕组电阻的作用下,瞬变时出现的电流最终将衰减为稳态时的短路电流。

二、对称突然短路时的物理过程

为简便起见,在本节的分析中,假设:
1) 发电机发生三相对称的突然短路。
2) 在过渡过程期间,发电机的转速保持为同步转速不变。
3) 发电机的磁路不饱和,可以用叠加定理。
4) 突然短路前发电机为空载运行,突然短路发生在发电机的出线端。
5) 发生短路后,励磁系统所提供的励磁电流始终保持不变。

1. 定子上各相电枢绕组的磁链

同步发电机三相突然短路示意图如图19-6所示,设短路瞬间正好发生在U相轴线与转子轴线垂直而其磁链初始值为 $\Psi_U(0) = 0$ 时,并取此瞬间作为 $t = 0$,则励磁电流 I_{f0} 产生的主磁通 Φ_0 在三相绕组引起随时间按正弦规律变化的磁链 Ψ_{U0}、Ψ_{V0}、Ψ_{W0},其瞬时表达式为

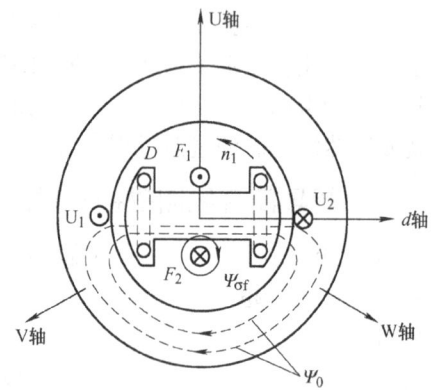

图19-6 三相突然短路

$$\begin{cases} \Psi_{U0} = \Psi_0 \sin\omega t \\ \Psi_{V0} = \Psi_0 \sin(\omega t - 120°) \\ \Psi_{W0} = \Psi_0 \sin(\omega t - 240°) \end{cases} \quad (19-21)$$

刚短路瞬间($t = 0$),三相磁链初始值分别为

$$\begin{cases} \Psi_{U0}(0) = \Psi_0 \sin 0 = 0 \\ \Psi_{V0}(0) = \Psi_0 \sin(-120°) = -0.866\Psi_0 \\ \Psi_{W0}(0) = \Psi_0 \sin(-240°) = 0.866\Psi_0 \end{cases} \quad (19-22)$$

而励磁绕组磁链的初始值为

$$\Psi_f(0) = \Psi_0 + \Psi_{\sigma f} \quad (19-23)$$

式中 $\Psi_{\sigma f}$——励磁绕组的漏磁链。

阻尼绕组的磁链初始值为

$$\Psi_D(0) = \Psi_0 \quad (19-24)$$

发生短路后,由于转子旋转,励磁磁场对定子(电枢)绕组交链的磁链为 Ψ_{U0}、Ψ_{V0}、Ψ_{W0},若电枢电流产生的磁场对它交链的磁链为 Ψ_{Ui}、Ψ_{Vi}、Ψ_{Wi},不计电枢绕组的电阻,绕

第十九章 同步发电机的异常运行和突然短路

组的总磁链保持不变，即

$$\begin{cases} \Psi_{U0} + \Psi_{Ui} = 0 \\ \Psi_{V0} + \Psi_{Vi} = -0.866\,\Psi_0 \\ \Psi_{W0} + \Psi_{Wi} = 0.866\,\Psi_0 \end{cases} \quad (19\text{-}25)$$

有

$$\begin{cases} \Psi_{Ui} = -\Psi_{U0} = -\Psi_0 \sin\omega t \\ \Psi_{Vi} = -\Psi_{V0} - 0.866\,\Psi_0 = -\Psi_0 \sin(\omega t - 120°) - 0.866\,\Psi_0 \\ \Psi_{Wi} = -\Psi_{W0} + 0.866\,\Psi_0 = -\Psi_0 \sin(\omega t - 240°) + 0.866\,\Psi_0 \end{cases} \quad (19\text{-}26)$$

2. 定子上各相电枢绕组的电流

突然短路时，电枢电流必须包含两个分量，分别产生两个磁场：一个是旋转磁场，在三相绕组中建立交变磁链 $\Psi_{U\sim}$、$\Psi_{V\sim}$、$\Psi_{W\sim}$，与励磁磁场建立的对称三相磁链 Ψ_{U0}、Ψ_{V0}、Ψ_{W0} 互相平衡（大小相等、方向相反）；另一个是静止磁场，在三相绕组中建立恒定磁链 Ψ_{Uz}、Ψ_{Vz}、Ψ_{Wz}，用以维持绕组的磁链。有

$$\begin{cases} \Psi_{U\sim} = -\Psi_0 \sin\omega t \\ \Psi_{V\sim} = -\Psi_0 \sin(\omega t - 120°) \\ \Psi_{W\sim} = -\Psi_0 \sin(\omega t - 240°) \end{cases} \quad (19\text{-}27)$$

$$\begin{cases} \Psi_{Uz} = 0 \\ \Psi_{Vz} = -0.866\,\Psi_0 \\ \Psi_{Wz} = 0.866\,\Psi_0 \end{cases} \quad (19\text{-}28)$$

即电枢绕组中磁链为

$$\begin{cases} \Psi_{Ui} = \Psi_{U\sim} + \Psi_{Uz} \\ \Psi_{Vi} = \Psi_{V\sim} + \Psi_{Vz} \\ \Psi_{Wi} = \Psi_{W\sim} + \Psi_{Wz} \end{cases} \quad (19\text{-}29)$$

故 $\Psi_{U\sim}$、$\Psi_{V\sim}$、$\Psi_{W\sim}$ 也必须是三相对称系统，所以它们产生的电枢电流是一个三相对称的交流电流，称为电枢电流的交流分量或者周期性分量，用 $i_{U\sim}$、$i_{V\sim}$、$i_{W\sim}$ 表示。同理，由于磁链 Ψ_{Uz}、Ψ_{Vz}、Ψ_{Wz} 恒定不变，产生它们的电枢电流是一组方向不变的直流电流，称为电枢电流的直流分量或非周期分量，用 i_{Uz}、i_{Vz}、i_{Wz} 表示。

显然，由对称三相交流电流所产生的合成旋转磁场交链某一相的磁链的瞬时值，与该相电流周期分量的瞬时值成正比。

而三相非周期性电流 i_{Uz}、i_{Vz} 和 i_{Wz} 满足了短路后瞬间（$t=0^+$）各相绕组电流不能突变的原则和磁链守恒原则，而且每相电流非周期分量的数值应分别与该相周期性分量在（$t=0^+$）时刻的瞬时值相等而方向相反，它们所建立的三相合成磁场（静止磁场）及每相漏磁场也应与该时刻周期性电流系统所建立的磁场的瞬时值相等而方向相反。所以可推导出：静止磁场和某一相交链的恒定磁链也与该相电流的非周期性分量成正比。

虽然 $\Psi_{U\sim}$、$\Psi_{V\sim}$、$\Psi_{W\sim}$ 这一对称三相系统与 Ψ_{U0}、Ψ_{V0}、Ψ_{W0} 系统相互抵消，但由于三相非周期性电流建立了静止的气隙磁场和每相漏磁场作为补偿，才使每相绕组的总磁链保持突然短路初始瞬间的数值，实现了磁链守恒。

综上所述，磁链 $\Psi_{U\sim}$、$\Psi_{V\sim}$、$\Psi_{W\sim}$、Ψ_{Uz}、Ψ_{Vz}、Ψ_{Wz} 乘以某个比例因子后即分别代表

突然短路时定子各相电流的周期性分量$i_{U\sim}$、$i_{V\sim}$、$i_{W\sim}$和非周期分量i_{Uz}、i_{Vz}和i_{Wz}。Ψ_{Ui}、Ψ_{Vi}、Ψ_{Wi}，则可分别正比于三相中的每相合成电流i_U、i_V和i_W。

设备相周期分量的幅值为I_m''，可得

$$\begin{cases} i_{U\sim} = -I_m''\sin\omega t \\ i_{V\sim} = -I_m''\sin(\omega t - 120°) \\ i_{W\sim} = -I_m''\sin(\omega t - 240°) \end{cases} \quad (19\text{-}30)$$

和

$$\begin{cases} i_{Uz} = -i_{U\sim}(0) = I_m''\sin 0 = 0 \\ i_{Vz} = -i_{V\sim}(0) = I_m''\sin(-120°) = -0.866I_m'' \\ i_{Wz} = -i_{W\sim}(0) = I_m''\sin(-240°) = +0.866I_m'' \end{cases} \quad (19\text{-}31)$$

每相的合成电流为

$$\begin{cases} i_U = i_{U\sim} + i_{Uz} \\ i_V = i_{V\sim} + i_{Vz} \\ i_W = i_{W\sim} + i_{Wz} \end{cases} \quad (19\text{-}32)$$

3. 转子绕组的电流和磁链

根据以上分析，突然短路时，定子上对称的周期性电枢电流分量产生的旋转磁场与转子相对静止，将在转子绕组中建立一个恒定磁链；电枢电流的非周期性分量所产生的旋转磁场与转子有相对运动，将在转子中建立一个交变磁链。在短路初始瞬间，励磁绕组和阻尼绕组也可视为超导闭合线圈，为维持自身的磁链不变，二者分别产生一个直流分量Δi_{fz}和i_{Dz}来建立一个恒定磁链，平衡电枢电流产生的磁场对它们的交链，还必须分别产生一个交变电流分量$i_{f\sim}$和$i_{D\sim}$建立一个交变磁链，以平衡电枢电流产生的恒定磁场对它们的交链。

于是可得转子励磁绕组、阻尼绕组电流的表达式为

$$\begin{cases} i_f = i_{f0} + \Delta i_{fz} + i_{f\sim} \\ i_D = i_{Dz} + i_{D\sim} \end{cases} \quad (19\text{-}33)$$

三、瞬态电抗和超瞬态电抗

同步发电机稳态短路时端电压为零，由于电枢电阻远小于电枢电抗，电枢电流$\dot{I}$滞后电动势$\dot{E}_0$接近90°，电枢反应为去磁作用，电枢磁通沿直轴磁路闭合，电枢磁通对应的电抗为直轴电抗。电枢反应磁通Φ_{ad}沿主磁路闭合，如图19-7所示。

其磁阻基本等于气隙磁阻R_{ad}，对应的磁导为Λ_{ad}，考虑到漏磁路上的磁导Λ_σ，短路电流产生的总磁通对应的磁导为

$$\Lambda_d = \Lambda_\sigma + \Lambda_{ad} \quad (19\text{-}34)$$

则相应的同步电抗为

$$X_d = X_\sigma + X_{ad} \quad (19\text{-}35)$$

三相突然短路时，转子绕组为保持自身的磁链不变，要抵制定子电枢反应磁通穿过，如图19-8所示，被挤到沿阻尼绕组和励磁绕组漏磁路上的电枢反应磁通Φ_{ad}''比主极磁通所经磁路的磁阻大得多，所以相应的直轴电抗X_d''也较X_d小得多，X_d''称为直轴超瞬态电抗。所以此时的短路电流很大，其值可达额定电流的10~20倍。

第十九章 同步发电机的异常运行和突然短路

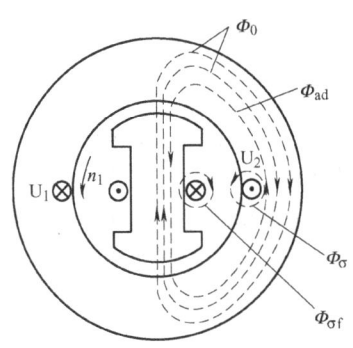
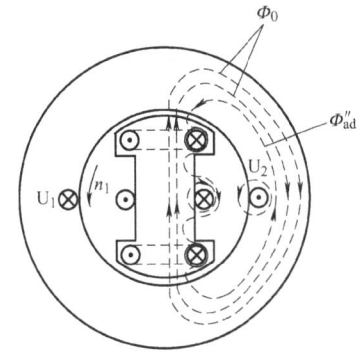

图 19-7 同步发电机稳态短路时的磁场分布　　图 19-8 装有阻尼绕组的同步发电机三相
　　　　　　　　　　　　　　　　　　　　　　　　　突然短路时发电机内的磁场分布图

电枢反应磁通 Φ''_{ad} 所经的磁路的磁阻包括气隙磁阻 R_{ad}、励磁绕组漏磁路磁阻 R_f、阻尼绕组漏磁路磁阻 R_D，即

$$R''_{ad} = R_{ad} + R_D + R_f \tag{19-36}$$

磁导为

$$\Lambda''_{ad} = \frac{1}{R_{ad} + R_D + R_f} = \frac{1}{\frac{1}{\Lambda_{ad}} + \frac{1}{\Lambda_D} + \frac{1}{\Lambda_f}} \tag{19-37}$$

考虑漏磁通及漏磁导，总磁导为

$$\Lambda''_d = \Lambda_\sigma + \Lambda''_{ad} = \Lambda_\sigma + \frac{1}{\frac{1}{\Lambda_{ad}} + \frac{1}{\Lambda_D} + \frac{1}{\Lambda_f}} \tag{19-38}$$

由于电抗与磁导成正比，故得直轴超瞬态电抗 X''_d 为

$$X''_d = X_\sigma + \frac{1}{\frac{1}{X_{ad}} + \frac{1}{X_{\sigma Dd}} + \frac{1}{X_{\sigma f}}} \tag{19-39}$$

其中，$X_{\sigma Dd}$ 和 $X_{\sigma f}$ 分别为已经归算到定子边的直轴阻尼绕组漏电抗和励磁绕组漏电抗。

由于阻尼绕组时间常数很小，其电流衰减很快。当该电流基本衰减完了，这时的电枢反应磁通 Φ'_{ad} 便可穿过阻尼绕组，这时定子周期性电流分量改由 X'_d 所限制，X'_d 称为直轴瞬态电抗，如图 19-9 所示。

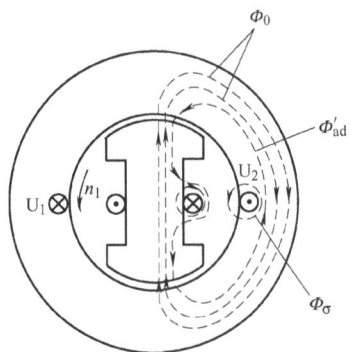

直轴瞬态电抗为

$$X'_d = X_\sigma + \frac{1}{\frac{1}{X_{ad}} + \frac{1}{X_{\sigma f}}} \tag{19-40}$$

设置阻尼绕组的好处是它提高了发电机运行的稳定性而且削弱了不对称运行时反向旋转磁场的不良影响。但是当阻尼绕组存在时，会限制突然短路时的电抗 X''_d 值小于瞬态电抗 X'_d，使电枢电流的周期性分量幅值 I''_m 比没有阻尼绕组时的电流值 I'_m 大，一般可达到

图 19-9 无阻尼绕组的同步发电机
突然短路时的磁场分布

额定电流的 7~10 倍,甚至更多。

当突然短路发生在电枢出线端时,由于电枢电阻值较小,可忽略不计,故短路电流 $\dot{I}_\mathrm{d}$ 对励磁电动势 $\dot{E}_0$ 有90°电角度的滞后。电流由 X''_d(有阻尼绕组)或 X'_d(没有阻尼绕组)限制。如果对称突然短路不是发生在电枢端点,而在电网上某一处,则由于线路阻抗使电枢电流和电枢磁动势不仅有直轴分量,还会有交轴分量。由于凸极同步发电机的直轴和交轴磁阻不等,相应的瞬态和超瞬态电抗也不相等。交轴的瞬态电抗和超瞬态的电抗以 X'_q 和 X''_q 表示。推导这些电抗的等效方法和前面的类似。由于交轴没有励磁绕组,可得

$$X''_\mathrm{q} = X_\sigma + \dfrac{1}{\dfrac{1}{X_\mathrm{aq}} + \dfrac{1}{x_{\sigma\mathrm{Dq}}}} \tag{19-41}$$

式中　$X_{\sigma\mathrm{Dq}}$——已经归算到定子侧的交轴阻尼绕组漏电抗。

如果交轴上没有阻尼绕组,或者交轴阻尼绕组上的电流已经衰减完毕,得到交轴瞬态电抗为

$$X'_\mathrm{q} = X_\sigma + X_\mathrm{aq} = X_\mathrm{q} \tag{19-42}$$

四、突然短路电流及其衰减

突然短路的最初瞬间,各绕组均要保持磁链不变,定子(电枢)、转子绕组中都出现有周期性电流和非周期性电流。其中,交流分量对各相而言大小相等,相位互差120°,直流分量与短路初始瞬间存在于绕组中的磁链有关。由于短路初始瞬间,各绕组中的磁链是各不相同的,故各相的直流分量不同,即各相的短路电流也是不相同的。各绕组的电阻均会使绕组中无能量供应的电流衰减,最后各绕组电流达到各自的稳定值。

考虑两种极限情况来分析:①短路初始瞬间,短路绕组中的磁链 $\Psi_0 = 0$;②短路初始瞬间,短路绕组中的磁链 $\Psi_0 = \Psi_\mathrm{max}$。

1. 当 $\Psi_0 = 0$ 时的突然短路电流

设在同步发电机三相突然短路的瞬间,U相交链的主极磁链为零,即 $t=0$ 时, $\Psi = \Psi_0 = 0$。由于短路电流近似为纯电感性电流,它将滞后感应电动势90°,此时该绕组中的电流恰过零点,和带有电感的电路初始条件符合,短路电流中只有交流分量, $t=0$ 瞬间交流分量的瞬时值为零。短路电流如图 19-10 所示。

电枢周期性电流由 X''_d 所限制,最大值为 $I''_\mathrm{m} = \dfrac{E_{0\mathrm{m}}}{X''_\mathrm{d}}$;当阻尼绕组中非周期性电流 i_{Dz} 衰减完后,电枢反应磁通可以穿过阻尼绕组,电

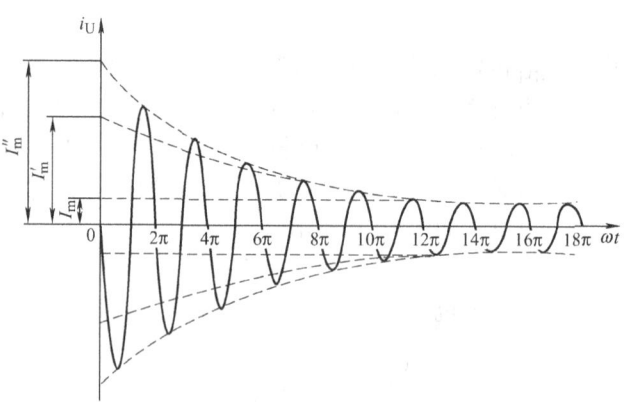

图 19-10　$\Psi_\mathrm{U}(0) = 0$ 时三相突然短路 U 相电流波形

流最大值变为 $I'_\mathrm{m} = \dfrac{E_{0\mathrm{m}}}{X'_\mathrm{d}}$;当励磁绕组中的 Δi_{fz} 衰减完后,电枢反应磁通可以穿过励磁绕组,电流最大值变为 $I_\mathrm{m} = \dfrac{E_{0\mathrm{m}}}{X_\mathrm{d}}$。电枢电流可分为三个分量:

第十九章 同步发电机的异常运行和突然短路

1) 超瞬态分量 $(I''_m - I'_m)$，它主要与阻尼绕组非周期性电流 i_{Dz} 相对应。以阻尼绕组的时间常数 τ''_d 衰减。

2) 瞬态分量 $(I'_m - I_m)$，它与励磁绕组非周期性电流 Δi_{fz} 相对应。以励磁绕组的时间常数 τ'_d 衰减。

3) 稳态分量 I_m，它与稳态励磁电流 I_{f0} 相对应，不衰减。同理，若存在非周期分量，电枢绕组非周期性电流则与阻尼绕组及励磁绕组的周期性电流 $i_{D\sim}$ 和 $i_{f\sim}$ 相对应。则以一个电枢绕组的时间常数 τ_a 来衰减。

于是可得突然短路时定子 U 相电流的瞬时值表达式为

$$i_U = -\left[(I''_m - I'_m)e^{-\frac{t}{\tau''_d}} + (I'_m - I_m)e^{-\frac{t}{\tau'_d}} + I_m\right]\sin\omega t \tag{19-43}$$

2. 当 $\Psi_0 = \Psi_{max}$ 时的突然短路电流

设在突然短路的瞬间，某相绕组的磁链恰好为最大值，即 $t=0$ 时，$\Psi_0 = \Psi_{max}$，此时该绕组的感应电动势为零，由于短路电流滞后感应电动势 90°，则短路电流的周期分量瞬时值为负的最大值。而 $t=0$ 时，绕组中电流必须保持为零，则短路电流中除交流分量外，还有直流分量，其初始值应和交流分量的初始值相抵消，保持总电流为零。由于绕组存在内阻，非周期性电流将逐渐衰减。该相突然短路电流如图 19-11 所示。图中短路电流用实线表示，其周期性分量和非周期性分量用虚线表示。

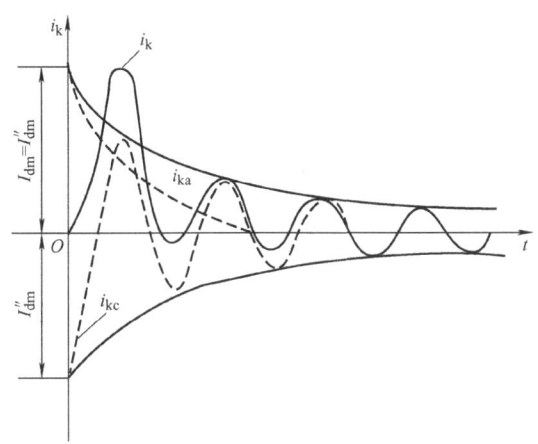

图 19-11 当 $\Psi_0 = \Psi_{max}$ 时的突然短路电流

可见，每相短路电流包括周期性分量和非周期性分量两部分，各部分的幅值按不同的时间常数衰减，写出 U 相短路电流瞬时值的表达式为

$$i_U = \left[(I''_m - I'_m)e^{-\frac{t}{\tau''_d}} + (I'_m - I_m)e^{-\frac{t}{\tau'_d}} + I_m\right]\sin(\omega t - 90°) + I''_m e^{-\frac{t}{\tau_a}} \tag{19-44}$$

还可以表示为

$$i_U = E_{0m}\left[\left(\frac{1}{X''_d} - \frac{1}{X'_d}\right)e^{-\frac{t}{\tau''_d}} + \left(\frac{1}{X'_d} - \frac{1}{X_d}\right)e^{-\frac{t}{\tau'_d}} + I_m\right]\sin(\omega t - 90°) + I''_m e^{-\frac{t}{\tau_a}}$$

式(19-44)是不计瞬态过程中交轴、直轴常数的差别而得到的近似公式。由于交轴、直轴的超瞬态电抗 X''_d 和 X''_q 不相等，定子非周期性电流只是在短路最初瞬时产生的对准直轴的静止气隙磁场，以抵消直轴电枢反应磁场的影响而保持三相磁链守恒。但是接着由于转子转动，它将交替地对准转子的直轴和交轴，因此即使不考虑衰减，定子的非周期性电流也并非恒值，它将以 2 倍基波的频率在 $\frac{E_{0m}}{X''_d}$ 和 $\frac{E_{0m}}{X''_q}$ 之间脉振。所以，此时除了衰减的直流分量之外，短路电流中还要出现一个衰减的 2 次谐波分量，一般可以忽略。

根据国标规定，同步发电机必须能够承受空载电压 $U_0 = 1.05 U_N$ 的三相突然短路，这时的冲击电流可估算为

$$i''_{\text{mmax}} = 1.8 \times \frac{1.05 \sqrt{2} U_{\text{NP}}}{X''_d} \tag{19-45}$$

式中 U_{NP}——额定相电压。

通常最大冲击电流 i''_{mmax} 不应大于 $15\sqrt{2}I_N$。

3. 时间常数

(1) 定子非周期性电流的衰减时间常数 定子非周期性电流的衰减时间常数由定子上的电枢绕组内阻和电枢非周期性电流所建立的静止气隙磁通相对应的等效电感来确定。由于此磁场是静止的，而转子在旋转，因此其磁通交替地经过直轴和交轴而闭合，于是电枢绕组对应于磁通的电抗时而是 X''_d，时而是 X''_q，一般取其算术平均值 $\frac{1}{2}(X''_d + X''_q) = X_-$，$X_-$ 为负序电抗。故定子非周期性电流衰减的时间常数（简称电枢绕组的时间常数）为

$$\tau_a = \frac{L_a}{R_a} = \frac{X_-}{\omega R_a} \tag{19-46}$$

(2) 阻尼绕组电流的衰减和时间常数 阻尼绕组中的周期性电流 $i_{D\sim}$ 是电枢绕组的非周期性电流所感应出来的，因此它和电枢非周期性电流一起按同一时间常数 τ_a 衰减。

阻尼绕组中的非周期性电流 i_{Dz} 应按阻尼绕组的时间常数 τ''_d 衰减，其值为

$$\tau''_d = \frac{L_{Dd}}{R_{Dd}} = \frac{X''_{Dd}}{\omega R_{Dd}} \tag{19-47}$$

式中 R_{Dd}——直轴阻尼绕组的电阻；

X''_{Dd}——考虑阻尼绕组与电枢绕组、励磁绕组之间的耦合作用后的等效电抗。

(3) 励磁绕组电流的衰减和其时间常数 励磁绕组包含三个分量：外电源供给的恒定电流 i_{f0}、瞬态电流的非周期性分量 Δi_{fz} 和周期性分量 $i_{f\sim}$。当存在阻尼绕组时，Δi_{fz} 的数值将比无阻尼绕组时的 $\Delta i'_{fz}$ 小，这是因为在短路开始阶段，阻尼绕组的非周期性电流 i_{Dz} 和它联合抵抗电枢周期性电流分量的去磁作用而维持磁链守恒。

由于阻尼绕组的时间常数 τ''_d 很小，发电机由超瞬态很快进入瞬态状态，这时励磁绕组中非周期性电流分量基本上还未衰减。为使分析简单，计算励磁绕组的时间常数时，可不考虑阻尼绕组的影响，而只考虑电枢绕组的影响。

于是励磁绕组的时间常数为

$$\tau'_d = \frac{L'_f}{R_f} = \frac{X'_f}{\omega R_f} = \frac{X_f}{\omega R_f} \frac{X'_d}{X_d} = \tau_f \frac{X'_d}{X_d} \tag{19-48}$$

式中 R_f——励磁绕组的电阻；

τ_f——励磁绕组自感所对应的时间常数。

五、突然短路对发电机的影响

1. 冲击电流的电磁力作用

突然短路时冲击电流产生的电磁力很大，由于定子电枢绕组的端接部分紧固条件比槽内差，会产生危险的应力，特别是汽轮发电机端部伸出较长，更易发生损伤。

由于端部磁场分布很复杂，难以准确计算电磁力。定性地看，定子电枢绕组端部受到以下几种力的作用。

1) 作用于电枢绕组端部和转子励磁绕组端部之间的电磁力 $\boldsymbol{F}_1$。由于短路时电枢磁动势

第十九章 同步发电机的异常运行和突然短路

是去磁的，故定子、转子导体中的电流方向相反，该力的作用将使定子端部向外张开，而使励磁绕组端部向内压缩，如图 19-12 所示。

2) 电枢绕组端部与定子铁心之间的吸力 F_2。此力是电枢绕组端部电流建立的漏磁通沿铁心（或压板）端面闭合而引起的，它可用镜像法求解。

3) 作用于电枢绕组各相邻端部导体之间的力 F_3。若相邻导体中电流方向相反，则产生斥力；若电流方向相同，则产生吸力。

以上这些力的作用都使电枢绕组端部弯曲，因此如果发生突然短路时，端部将受到极大的作用力。

2. 突然短路时的电磁转矩

在突然短路时，气隙磁场变化不大，而电枢电流却很大，因此将产生巨大的电磁转矩，可以分为两大类，即单向制动转矩和交变转矩。

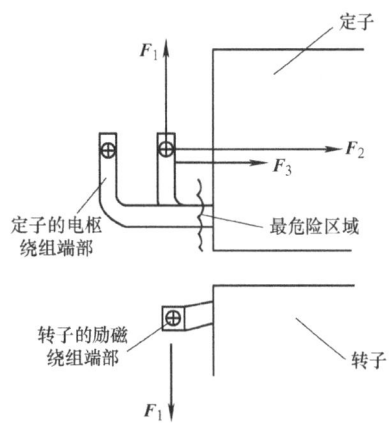

图 19-12 突然短路时定、转子上绕组端部间的作用力

单向制动转矩的产生，是因为定子、转子上的绕组都有电阻。转子上绕组非周期性电流产生的磁场与定子上的电枢周期性电流产生的电枢反应磁场在空间上同步旋转。当电枢绕组中存在电阻时，这两个磁场的轴线就不重合，它们之间产生一个方向不变的制动转矩，输入的机械功率转化为定子铜损耗。交变转矩是由于定子非周期性电流产生的静止磁场与转子周期性电流产生的旋转磁场相互作用引发的，轮流为制动和驱动转矩。

最严重情况发生在线对线不对称突然短路的初期，最大转矩可能达到额定转矩的 10 倍以上，然后很快衰减。因此在设计发电机转轴、机座和底脚螺钉等结构配件时，必须对此加以考虑。

3. 突然短路时绕组的发热

突然短路时，各绕组中都出现了很大的电流，使得铜损耗非常大。不过因为电流衰减较快，发电机热容量较大，因此各绕组的温升实际增加得不多。

例 19-1 有一台 300MW 汽轮发电机，已知下列数据：$X_d^* = 2.25$，$X_d'^* = 0.2733$，$X_d''^* = 0.204$，$\tau_{d3}' = 0.993\text{s}$，$\tau_{d3}'' = 0.0317\text{s}$，$\tau_a = 0.246\text{s}$。该机在空载电压为额定值时，发生三相短路，试求：(1) 在最不利情况下的定子突然短路电流表达式；(2) 最大瞬时冲击电流；(3) 在短路后 0.5s 时的短路电流瞬时值；(4) 在短路后 2s 时的短路电流瞬时值；(5) 在短路后 5s 时的短路电流瞬时值。

解：(1) 用标幺值计算

$$E_{0m}^* = \sqrt{2} \times 1 = \sqrt{2}$$

$$\frac{1}{X_d''^*} - \frac{1}{X_d'^*} = \frac{X_d'^* - X_d''^*}{X_d'^* X_d''^*} = \frac{0.2733 - 0.204}{0.2733 \times 0.204} = 1.24$$

$$\frac{1}{X_d'^*} - \frac{1}{X_d^*} = \frac{X_d^* - X_d'^*}{X_d^* X_d'^*} = \frac{2.25 - 0.2733}{2.25 \times 0.2733} = 3.21$$

$$\frac{1}{X_d^*} = \frac{1}{2.25} = 0.44$$

$$I'''^*_m = \frac{E^*_{0m}}{X''^*_d} = \frac{\sqrt{2}}{0.204} = 6.93$$

最不利情况下突然短路电流的表达式为

$$i^*_k = (1.76e^{-\frac{t}{0.0317}} + 4.54e^{-\frac{t}{0.993}} + 0.622)\sin\left(100\pi t - \frac{\pi}{2}\right) + 6.93e^{-\frac{t}{0.246}}$$

（2）最大冲击电流出现在半周以后，即 $t=0.01$s 时，有

$$e^{-\frac{0.01}{0.0317}} = 0.73$$

$$e^{-\frac{0.01}{0.993}} = 0.99$$

$$e^{-\frac{0.01}{0.246}} = 0.9602$$

$$\sin\left(100\pi \times 0.01 - \frac{\pi}{2}\right) = 1$$

$$i^*_k = (1.76 \times 0.73 + 4.54 \times 0.99 + 0.622) \times 1 + 6.93 \times 0.9602$$
$$= 13.067$$

即冲击电流的最大瞬时值将高达额定电流的 13 倍以上。

（3）$t=0.5$s 时，有

$$e^{-\frac{0.5}{0.0317}} \approx 0$$

$$e^{-\frac{0.5}{0.993}} = 0.604$$

$$e^{-\frac{0.5}{0.246}} = 0.131$$

$$\sin\left(100\pi \times 0.5 - \frac{\pi}{2}\right) = -1$$

$$i^*_k = (1.76 \times 0 + 4.54 \times 0.604 + 0.622) \times (-1) + 6.93 \times 0.131$$
$$= -2.456$$

此时，周期性电流中的超瞬态分量已经衰减完毕，非周期分量已衰减到起始值的 13% 左右，周期性电流中瞬态分量还有起始值的 60% 左右。

（4）$t=2$s 时，有

$$e^{-\frac{2}{0.0317}} \approx 0$$

$$e^{-\frac{2}{0.993}} = 0.133$$

$$e^{-\frac{2}{0.246}} \approx 0$$

$$\sin\left(100\pi \times 2 - \frac{\pi}{2}\right) = -1$$

$$i^*_k = -(4.54 \times 0.133 + 0.622) = -1.23$$

此时非周期分量已基本消失，瞬态分量只有起始值的 13% 左右，总的突然短路电流瞬时值已接近于额定电流。

（5）$t=5$s 时，有

$$e^{-\frac{5}{0.993}} \approx 0$$

$$\sin\left(100\pi \times 5 - \frac{\pi}{2}\right) = -1$$

$$i^*_k = -(4.54 \times 0 + 0.622) = -0.622$$

第十九章 同步发电机的异常运行和突然短路

此时，超瞬态分量、非周期分量都已衰减完毕，周期性电流中的瞬态分量也基本消失，短路电流达到稳定短路电流。

思 考 题

19-1 为什么负序电抗比正序电抗小？而零序电抗又比负序电抗小？

19-2 同步发电机不对称运行时负序电流对发电机有什么不利影响？如何减小不利影响？

19-3 表示同步发电机的负序电抗的网络和表示异步电机的负序电抗的网络有何不同？同步发电机装上阻尼绕组，负序电抗变大还是变小？

19-4 同步发电机突然短路时，定、转子上的电流各有哪些分量？哪些电流分量是衰减的？衰减时哪几个分量是主动的？哪几个分量是随动的？

19-5 同步发电机发生短路时，短路电流中为什么会出现非周期性分量？什么情况下非周期性分量最大？

19-6 比较同步发电机下列各种电抗的大小：X_d，X_d'，X_d''，X_q，X_q'，X_q''。

19-7 为什么同步发电机突然短路电流远大于持续短路电流？

习 题

19-1 有一台同步发电机，各相序电抗标幺值为 $X_+^* = 1.871$，$X_-^* = 0.219$，$X_0^* = 0.069$，计算其单相稳态短路电流为三相稳态短路电流的多少倍。

19-2 一台汽轮同步发电机，已知 $X_d^* = 1.45$，$X_d'^* = 0.155$，$X_d''^* = 0.090$（均为标幺值），时间常数：$\tau_a = 0.246s$，$\tau_d' = 0.6s$，$\tau_d'' = 0.035s$，该发电机在空载电压为额定值时发生三相短路，求：（1）在最不利情况下，突然短路电流的表达式；（2）最大瞬时冲击电流；（3）在短路后 0.5s 时的短路电流瞬时值。

第四篇小结

同步电机转子转速恒等于定子上电枢旋转磁场的转速,这就是"同步"的由来。

(1) 同步发电机工作原理及基本结构　同步发电机工作原理是转子励磁绕组通入直流电流产生励磁磁场,在转子的带动下以同步转速 n_1 旋转,旋转磁场切割定子上的电枢绕组产生感应电动势,实现机械能到电能的转化。

同步发电机由定子和转子两大部分组成。其定子结构与异步电动机定子结构相同。转子主要由转子铁心和励磁绕组组成。根据转子结构的不同,同步电机分为隐极和凸极两类。一般汽轮发电机采用隐极转子,其转速高,气隙均匀,外形细长;水轮发电机采用凸极转子,其极数多,转速低,气隙不均匀,外形粗短。

(2) 同步发电机的运行特性

1) 空载时,励磁磁动势产生空载磁通,感应空载电动势,即 $\boldsymbol{F}_{f1} \rightarrow \dot{\boldsymbol{\Phi}}_0 \rightarrow \dot{E}_0$,$E_0 = 4.44 f_1 N_1 k_{N1} \Phi_0$;负载时,励磁磁动势和电枢磁动势共同作用于发电机主磁路上,建立了负载时的气隙磁场。对称负载时,电枢磁动势基波对主极磁场基波的影响称为电枢反应。电枢反应的性质与负载的性质和大小、发电机的参数有关。电枢反应性质如下:$\Psi = 0°$,产生交轴电枢反应;$\Psi = 90°$,产生直轴去磁电枢反应;$\Psi = -90°$,产生直轴助磁电枢反应;$0° < \Psi < 90°$,既产生交轴电枢反应,又产生直轴去磁电枢反应;$-90° < \Psi < 0°$,既产生交轴电枢反应,又产生直轴助磁电枢反应。

2) 不考虑磁路饱和,同步发电机对称负载运行时,可以应用叠加定理,各个磁动势分别产生磁通和在电枢绕组中感应电动势。

隐极发电机电磁关系为

$$I_f(直流) \rightarrow \boldsymbol{F}_f \rightarrow \boldsymbol{F}_{f1} \rightarrow \dot{\boldsymbol{\Phi}}_0 \rightarrow \dot{E}_0$$
$$\dot{I}(三相) \rightarrow \boldsymbol{F}_a \rightarrow \dot{\boldsymbol{\Phi}}_a \rightarrow \dot{E}_a$$
$$\rightarrow \dot{\boldsymbol{\Phi}}_\sigma \rightarrow \dot{E}_\sigma$$

电动势方程式为 $\dot{E}_0 = \dot{U} + \dot{I}R_a + j\dot{I}X_t$,同步电抗是表征对称稳态运行时电枢旋转磁场和电枢漏磁场的一个综合参数,是对称三相电枢电流所产生的全部磁通在某一相中感应的总电动势与相电流的比例常数,是相值。

由电动势方程式可以画出相量图,对同步发电机进行分析和计算时,利用相量图的几何关系可以计算得到

$$\Psi = \arctan \frac{IX_t + U\sin\varphi}{IR_a + U\cos\varphi}$$

$$E_0 = \sqrt{(IR_a + U\cos\varphi)^2 + (IX_t + U\sin\varphi)^2}$$

凸极发电机电磁关系为

$$I_f \rightarrow \boldsymbol{F}_{f1} \rightarrow \boldsymbol{B}_{f1} \rightarrow \dot{\boldsymbol{\Phi}}_0 \rightarrow \dot{E}_0$$

$$\dot{I} \rightarrow \begin{cases} \boldsymbol{F}_{ad} \rightarrow \boldsymbol{B}_{ad} \rightarrow \dot{\boldsymbol{\Phi}}_{ad} \rightarrow \dot{E}_{ad} \\ \boldsymbol{F}_{aq} \rightarrow \boldsymbol{B}_{aq} \rightarrow \dot{\boldsymbol{\Phi}}_{aq} \rightarrow \dot{E}_{aq} \\ \dot{\boldsymbol{\Phi}}_{\sigma} \rightarrow \dot{E}_{\sigma} \end{cases}$$

电动势方程式为 $\dot{E}_0 = \dot{U} + \dot{I}R_a + j\dot{I}_d X_{ad} + j\dot{I}_q X_{aq} + j\dot{I}X_\sigma$，由于凸极发电机气隙不均匀，利用双反应理论将电枢磁动势分解为作用在直轴磁路上的 $\boldsymbol{F}_{ad}$ 和作用在交轴磁路上的 $\boldsymbol{F}_{aq}$，电枢反应的作用分别用直轴和交轴电枢反应电抗 X_{ad} 和 X_{aq} 表示，则在凸极发电机中有 X_d 和 X_q 两个同步电抗，其物理意义与隐极发电机类似。

凸极发电机中相量图的绘制，需要先绘出 $\dot{U} + j\dot{I}X_q$，找到 $\varPsi$ 角，再根据电动势方程式绘出相量图。同样得到

$$\varPsi = \arctan \frac{IX_q + U\sin\varphi}{U\cos\varphi}$$

$$E_0 = U\cos(\varPsi - \varphi) + I_d X_d = U\cos\theta + IX_d\sin\varPsi$$

3) 运行特性和参数测定　同步发电机在对称稳定运行时，保持其转速不变，负载功率因数一定时，发电机端电压 U、负载电流 I 和励磁电流 I_f，三个量保持一个不变，另外两个量之间的关系表示一种特性。

空载特性 $E_0 = f(I_f)$，实际就是发电机的磁化曲线，反映发电机的磁路饱和情况。

短路特性 $I_k = f(I_f)$，由于短路电流产生去磁的电枢反应，使气隙磁通很小，磁路不饱和，特性曲线为一条过原点的直线。

零功率因数负载特性 $U = f(I_f)$，忽略电阻时，$\varPsi \approx 90°$，电枢反应是纯直轴去磁的，使该曲线与空载特性相差一个电抗三角形，即 $E_\delta = U + IX_\sigma$，$F_\delta = F_{fl} - F_a$，可以用空载特性推求零功率因数负载特性。

外特性 $U = f(I)$，$\cos\varphi$ 不同有不同的特性曲线。

调整特性 $I_f = f(I)$，与电枢反应的性质有关，即与负载性质有关。

利用空载特性和短路特性可以测定直轴同步电抗 X_d 的不饱和值及短路比，由空载特性和零功率因数负载特性可以测定保持电抗 X_p 和 X_d 的饱和值，测定交轴的同步电抗可采用转差法。

(3) 同步发电机与电网的并联运行　为了避免发电机在并联电网时产生强烈的冲击电流，并联时需使待并联发电机的电压相序、频率、大小及相位、波形均与电网电压相同。发电机投入并联方法有准确同步法和自同步法。

(4) 功角特性及有功功率的调节

1) 隐极发电机功角特性：$P_{em} = m\dfrac{E_0 U}{X_t}\sin\theta$

2) 凸极发电机功角特性：$P_{em} = m\dfrac{E_0 U}{X_d}\sin\theta + m\dfrac{U^2}{2}\left(\dfrac{1}{X_q} - \dfrac{1}{X_d}\right)\sin 2\theta$

调节发电机输出的有功功率是通过调节原动机的输入功率实现的。增大原动机的输入功率，功角增大，发电机的电磁功率及输出功率增大，但有极限值。过载能力反映了同步发电

机的稳定程度，过载能力强则静态稳定性好。隐极发电机的过载能力为 $k_\mathrm{T}=\dfrac{1}{\sin\theta_\mathrm{N}}$。增加励磁电流、减小同步电抗可以提高同步发电机功率极限和静态稳定程度。

（5）无功功率调节及 V 形曲线　调节励磁电流即可调节发电机输出的无功功率。调节无功功率时，有功功率不发生变化。

V 形曲线中，正常励磁时，发电机只发出有功功率，定子电流只有有功分量，为最小值；过励时，发电机输出有功功率和电感性无功功率，电枢电流比正常励磁时增大；欠励时，发电机输出有功功率和电容性无功功率，电枢电流也比正常励磁时大。过励时，功角减小，静态稳定性提高；欠励时，功角增大，静态稳定性下降。

（6）同步电动机和同步调相机　同步电机可作为发电机运行，也可作为电动机运行，还可以作为调相机运行。可以用功角来判断同步电机运行状态，当 $\theta>0$ 时，为发电机运行状态，电机向电网输出有功功率；$\theta<0$ 时，为电动机状态，电机从电网吸收有功功率；$\theta\approx0$ 时，为电动机空载运行状态，即调相运行。三种运行状态，都可以通过调节励磁电流改变无功功率的大小和性质。

在同步发电机电动势方程式和相量图的基础上，将电流的方向反向，则可以得到与发电机相似的电动机的电动势方程式和功角特性。

同步电动机最大的缺点是不能自起动，通常在转子上装设起动（阻尼）绕组，利用异步转矩起动。

同步调相机是空载运行的同步电动机，通过改变励磁电流的大小，可调节其输出的无功功率的大小和性质，即专向电网提供无功功率。

（7）同步发电机的不对称运行　采用对称分量法分析同步发电机的不对称运行，分析方法为：①根据负载端的边界条件列出边界方程，分解电压、电流的各相序分量；②由各相序的基本方程式求解各相序分量；③利用叠加定理求出实际各相电流、电压的值。

正序电抗就是同步电抗。负序磁场与转子有转速为 $2n_1$ 的相对运动，转子感应出倍频电流，起到削弱负序旋转磁场的作用，使得同步发电机的负序电抗小于正序电抗。零序电流不建立基波气隙磁通，只有漏磁通，零序电抗小于或近似等于漏抗。

在励磁电流一定的条件下，单相稳态短路电流最大，三相稳态短路电流最小，三种短路电流之比为 $I_{k1}:I_{k2}:I_{k3}=3:\sqrt{3}:1$。

不对称运行引起发电机发热和振动。还会造成电网电压不对称。不对称运行造成的不良影响，主要是负序旋转磁场引起的，为减小负序旋转磁场，最常用的方法是在转子上装设阻尼绕组。

（8）同步发电机的突然短路　同步发电机发生突然短路，电枢绕组中出现很大的冲击电流，可能达到额定电流的 20～30 倍，对发电机本身、用户和电网的运行都将产生严重的影响。

分析突然短路可采用超导闭合线圈磁链守恒原理，突然短路时，定子、转子上的绕组电流中都存在周期性分量和非周期性分量两部分，其中定子（电枢）上电流的周期性分量与转子上电流的非周期性分量相对应，电枢电流的非周期性分量与转子上电流的周期性分量相对应。转子上的各绕组电阻的存在使无源的电流分量衰减，非周期性分量是主动部分，与之相对应的周期性分量是从动部分，这些分量衰减完后进入稳定短路状态，电流即为稳定短路电流。

突然短路电流增大的原因：突然短路时励磁绕组和阻尼绕组为保持磁链不变，产生对电枢反应磁通抵制的感应电流，使电枢反应磁通被挤到励磁绕组和阻尼绕组的漏磁路上，其磁路的磁阻比稳态运行时大很多，使限制短路电流的同步电抗为超瞬态电抗X_d''和瞬态电抗X_d'，它们远小于同步电抗。

第五篇 直流电机

直流电机属于旋转电机。直流发电机供电质量较好，主要作为直流电源使用。直流电动机良好的起动性能、调速性能使其常在调速要求较高的场合使用。直流电机由于有换向器，所以存在结构较复杂、造价较高等缺点，与交流电机相比运行维护成本较高，可靠性较差。近年来随着电力电子技术的发展，在某些场合，半导体整流电源已代替直流发电机；由电子换向电路实现无接触换流的直流无刷电动机也有取代传统有刷换向器直流电动机的趋势。尽管如此，直流电机仍有一定的理论意义和实用价值。

第二十章

直流电机的基本原理和电磁关系

本章在介绍直流电机工作原理、基本结构的基础上，介绍其励磁方式。直流电机也有电枢反应。此外本章还会介绍电枢绕组的感应电动势、电压和功率的平衡方程式与电枢绕组的电磁转矩和转矩平衡方程式等内容。

第一节 直流电机的工作原理、基本结构、额定值

已知旋转电机有两种形式，一是固定磁极，旋转电枢，如直流电机；二是固定电枢，旋转磁极。如同步电机。

一、基本工作原理

图 20-1 为直流发电机工作原理示意。定子上对称设有主磁极 N、S；转子上设置绕组 abcd，称为电枢绕组；绕组出线端与圆弧形的换向器连接；静止的电刷 A、B 与换向器滑动接触，使绕组 abcd 与外电路接通。

(1) 直流发电机工作原理 如图 20-1 所示，当转子被原动机驱动，电枢绕组 abcd 沿逆时针方向转动。由电磁感应定律，绕组电动势的方向为 b→a、d→c，于是对外电路而言，电刷 A 为正，电刷 B 为负。转子继续转动，当转过半周时，绕组边 ab、cd 互换位置，绕组电动势方向为 a→b、

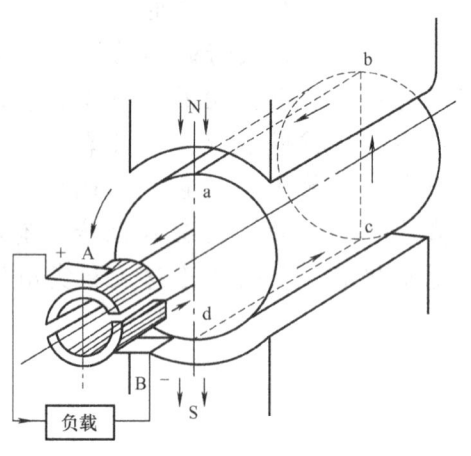

图 20-1 直流发电机工作原理示意图

c→d。因为电刷 A 始终与 N 极下的有效边接触，电刷 B 始终与 S 极下的有效边接触，所以，对外电路而言，电刷 A 的电位始终不变，即 A 为正，B 为负。即从电刷引出的是方向始终不变的直流电动势。其波形如图 20-3 所示。

(2) 直流电动机工作原理 如图 20-2 所示，将电刷 A、B 分别与外部直流电源的正、负极接通，绕组中有 a→b、c→d 的电流流通。根据左手定则，绕组边 ab、cd 将受到电磁力的作用，使转子逆时针方向转动。当绕组边 cd 进入 N 极面下、ab 进入 S 极面下，绕组电流方向变为 b→a、d→c，绕组边 ab、cd 受到电磁力作用，仍使转子逆时针转动。即输入的电能将变成转子轴上的机械能输出。

以上分析得到如下结论：

1) 绕组内感应的电动势是交变的（交流电）。

第二十章 直流电机的基本原理和电磁关系

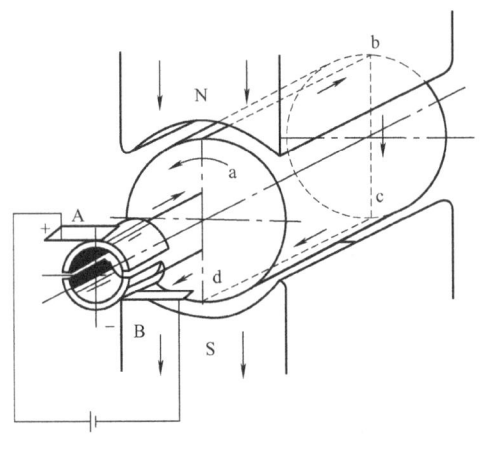

图 20-2 直流电动机工作原理图

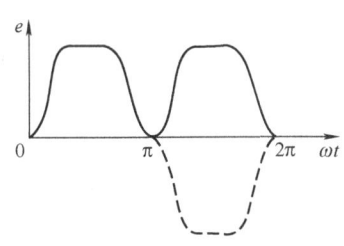

图 20-3 绕组的一个线圈中的
感应电动势的换向

2) 电刷间引出的电动势极性不变（直流电）。

3) 换向器和电刷的配合，把绕组中的交流电动势换向成引出端的直流电动势，称为机械换向。

主磁极可以通过定子上的励磁绕组通以直流电产生恒定磁场，或是用永磁材料做成永久磁极，采用永磁材料主磁极的电机称为永磁电机。同时为改善电动势波形，可以增加换向片数和绕组数。

二、直流电机的基本结构

直流电机主要由定子、转子（电枢）和气隙组成。

（1）定子 定子由主磁极、换向磁极、机座、端盖、电刷装置等组成。

1) 主磁极的作用是用于产生主磁场。主磁极由铁心和励磁绕组组成，如图 20-4 所示。

铁心由 0.5~2mm 厚的钢板冲片叠成，铁心的下部做成弧形，称为极靴。励磁绕组用绝缘铜线或铝线绕制而成，套在主磁极铁心上。

2) 换向磁极装有换向磁极绕组，用来产生换向区磁场，可改善直流电机的换向。一般安装于相邻主磁极之间的平分线上，即两个主磁极之间的小磁极，一般等于主磁极数。

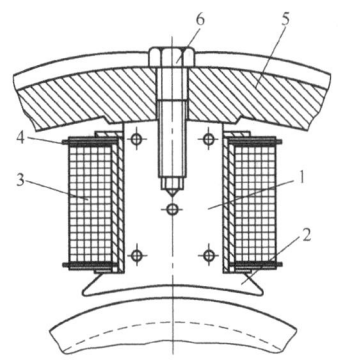

图 20-4 主磁极
1—主磁极铁心 2—极靴 3—励磁绕组
4—绕组绝缘 5—机座 6—螺杆

3) 机座。磁极外围将磁路闭合的部分称为磁轭，磁轭与底座相连即为机座。机座既是直流电机的外壳，又是直流电机的磁路的一部分。机座通常用导磁性能和机械强度都较好的铸钢或钢板焊接而成。

4) 电刷装置是电枢电路的引出或引入装置，一般直流电机电刷数等于直流电机极数，电刷大多由碳（石墨）制成。电刷装置使电枢电流由旋转的换向器通过静止的电刷与外部直流电路接通。电刷被安放在刷握中，依靠机械弹力紧压在换向器上，如图 20-5 所示。

223

（2）转子　直流电机的转子称为电枢。转子由电枢铁心、电枢绕组和换向器等部件组成。

1）电枢铁心用来嵌放电枢绕组，是直流电机磁路的一部分，通常由 0.5mm 的硅钢片叠成，从而减小电枢旋转时产生的涡流和磁滞损耗，如图 20-6 所示。

2）电枢绕组是电路的一部分，其作用是产生感应电动势、电磁转矩，实现机电能量的转换。电枢绕组一般用绝缘铜线制成，嵌放在电枢铁心槽内。每槽内可设计为放置一层绕组边，也可设计为放置两层绕组边。绕组边与槽壁、上层和下层绕组边间应可靠绝缘，最后用槽楔压紧。

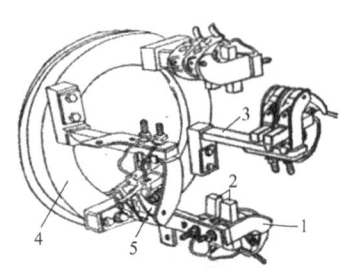

图 20-5　电刷装置
1—电刷　2—刷握　3—弹簧压板
4—座圈　5—刷杆

电枢绕组与励磁绕组串联即为串励绕组，而电枢绕组与励磁绕组并联即为并励绕组。

3）换向器由许多彼此绝缘的换向片组成，它是直流电机的关键部件，如图 20-7 所示。其作用是将电枢绕组中的交流电动势用机械换向的方法转变为电刷间的直流电动势。

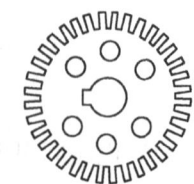

图 20-6　电枢铁心片

三、直流电机的型号和额定值

1）型号。ZF——直流发电机，ZD——直流电动机，数字表示电机的尺寸和规格。例如，ZF423/230，表示电枢铁心外直径 423mm，铁心长 230mm。

2）额定功率。额定功率是额定运行状态下，发电机向负载输出的电功率或电动机轴上输出的机械功率，单位为 W 或 kW。

3）额定电压。额定电压是在额定运行状态下，发电机供给负载的端电压或加在电动机两端的直流电源电压，单位为 V。

4）额定电流。额定电流是直流发电机带额定负载时的输出电流或直流电动机带额定机械负载时的输入电流，单位为 A。

5）额定转速。额定转速是直流电机在额定运行状态下的转速，单位为 r/min。

6）励磁方式。励磁方式是直流电机主磁极励磁绕组供电的方式及它与电枢绕组的连接方式。直流电机结构如图 20-8 所示。

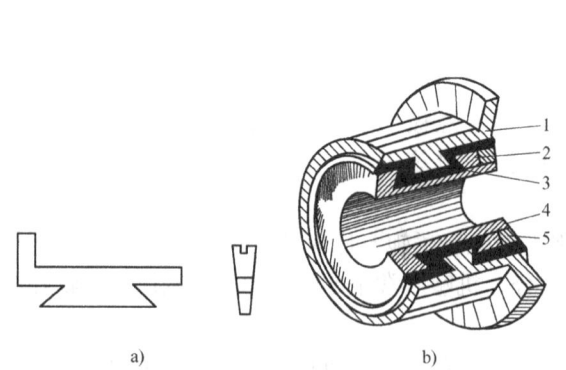

图 20-7　换向器的构造
a）换向片　b）换向器的截面图
1—换向片　2—垫圈　3—绝缘层　4—套筒　5—螺母

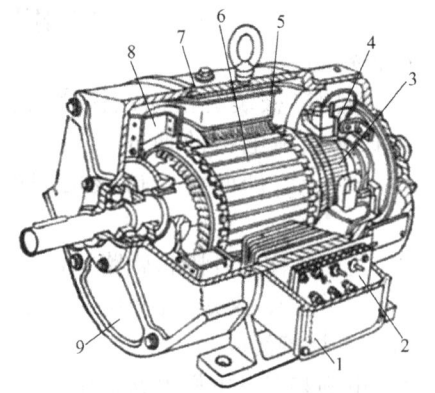

图 20-8　直流电机结构图
1—出线盒　2—接线板　3—换向器　4—电刷装置
5—主磁极　6—电枢　7—机座　8—风扇　9—端盖

第二节 直流电机的励磁方式

流过励磁绕组的直流电流称为励磁电流,励磁电流用以产生直流电机的主极磁场,主磁极的极性由励磁电流方向决定,大小由励磁电流大小决定。励磁绕组获得电流的方式称为励磁方式。根据励磁方式的不同,直流电机分为他励和自励两类。

他励是指励磁电流由其他独立的直流电源供给,励磁绕组和电枢绕组在电路上彼此独立,如图20-9a所示。

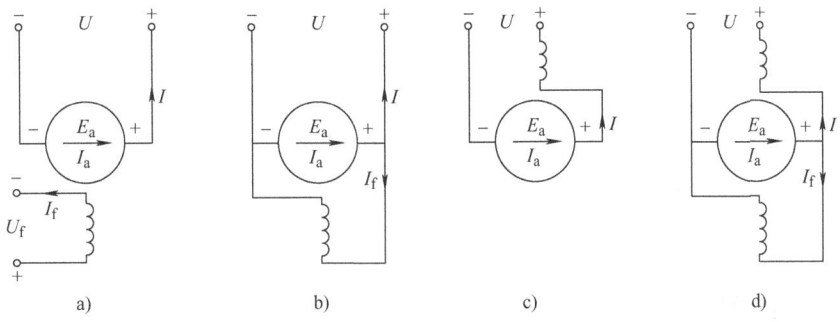

图 20-9 直流电机励磁方式
a) 他励 b) 并励 c) 串励 d) 复励

自励是指励磁绕组和电枢绕组在电路上按一定规律相连接,直流发电机中的励磁电流由电枢绕组提供,直流电动机中的励磁电流和电枢电流由同一个外部直流电源提供。按励磁绕组和电枢绕组的连接方式不同,自励又可分为并励、串励和复励。

1) 并励。这种直流电机的励磁绕组和电枢绕组并联,两个绕组上的电压相等,如图20-9b所示。

2) 串励。这种直流电机的励磁绕组和电枢绕组串联,两个绕组上的电流相等,如图20-9c所示。

3) 复励。这种直流电机的励磁绕组分为两部分,一部分与电枢绕组串联,另一部分与电枢绕组并联,如图20-9d所示。

如串联的励磁绕组产生的磁动势与并联的电枢绕组所产生的磁动势方向相同,称为积复励;若两者相反,称为差复励。先将串联励磁绕组与电枢绕组串联,再与并联励磁绕组并联的接法称为长分接法复励;先将并联励磁绕组与电枢绕组并联,再与串联励磁绕组串联的接法称为短分接法复励。复励以并绕组为主,并励组产生的磁动势占主极磁动势的70%以上。

第三节 直流电机的磁场和电枢反应

一、主极磁场

直流电机空载时,电枢电流为零,直流电机的气隙磁场由主磁极绕组的励磁电流产生,由于励磁电流是直流,所以气隙磁场是一个不随时间变化的恒定磁场。主磁极的磁通分为主磁通Φ_0和漏磁通Φ_σ,如图20-10所示。主磁通流通路径为气隙、电枢(转子)铁心、主磁极和定转子磁轭，同时交链励磁绕组和电枢绕组，将在电枢绕组中感应电动势，与电枢电流相互作用产生电磁转矩。漏磁通的一部分在主磁极周围自行闭合，另一部分在相邻主磁极之间闭合。漏磁通不交链电枢绕组，不会在电枢绕组中感应电动势。

空载时，直流电机气隙磁场由主磁极励磁电流产生，直流电机极靴下气隙小，极靴之外气隙大，磁极面磁阻较小且均匀，磁感应强度较高，两极之间的气隙处，磁感应强度显著下降，空载时主磁场的气隙磁感应强度沿圆周的分布波形如图 20-11 所示。

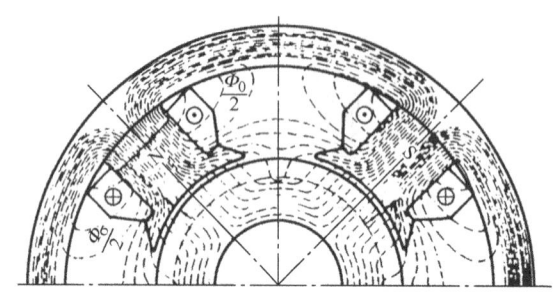 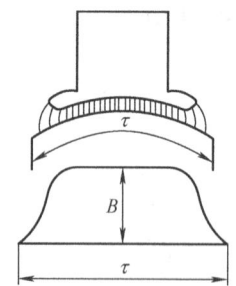

图 20-10　直流电机空载时的磁场分布　　　图 20-11　主磁场磁感应强度的分布

二、电枢磁动势

直流电机带负载时，电枢绕组中有电流流过，产生电枢磁动势，在电机内激励出电枢磁场。

实际直流电机中，电刷位于几何中性线（相邻主磁极间的平分线）上的换向片上，为简便分析，省略换向器，只画出主磁极、电枢绕组和电刷，设电刷位于交轴，即电枢电流改变方向处，电刷两边的电枢导体中，电流分布如图 20-12 所示，无论电枢旋转还是静止，其电流分布情况不变，从这些电流产生的磁动势来看，其相对电刷的位置在空间上

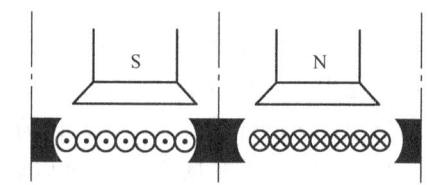

图 20-12　电刷两边的电枢导体中的电流分布

并未移动，绕组犹如静止不动一样。当负载的大小不变时，直流电机的电枢电流为一个恒定直流电流。所以直流电机的电枢磁动势是幅值固定的空间分布波。

1. 电枢磁动势的波形

以单层绕组为例，电枢绕组的每一个线圈大小和匝数相等，流过的电流是直流电流且大小相等，所以每个线圈产生的磁动势在展开图中都是幅值相同的矩形波。图 20-13a 为一个线圈产生的磁动势矩形波，图 20-13b 为 3 个线圈产生的磁动势分布波，图 20-13c 为 3 个线圈产生的磁动势波的合成阶梯分布波，图 20-13d 为电枢绕组的合成磁动势。如果组成电枢绕组的线圈无限增多，则电枢合成磁动势就如图 20-13e 所示。可见电刷在几何中性线上时，直流电机的电枢磁动势是幅值固定的空间分布波，也是空间的函数。如果沿电枢分布的线圈无限增多，则电枢磁动势的波形为三角形波，其幅值位置恰在导体中的电流改变方向处。

2. 电枢磁动势的幅值

如图 20-14 所示，设三角形波的幅值为 F_a，电枢绕组的导体数为 N，极数为 $2p$，即一个极距内有导体 $N/2p$，流经电刷的电流为 I_a，并联支路数为 $2a$，流过每一导体的电流为 $I_a/(2a)$

有 $F_a = \dfrac{1}{2} \cdot \dfrac{N}{2p} \cdot \dfrac{I_a}{2a} = \dfrac{NI_a}{8pa}$

分子、分母同乘以极距 τ，则

$$F_\mathrm{a} = \frac{1}{2} \cdot \frac{NI_\mathrm{a}}{4pa\tau} \cdot \tau = \frac{1}{2}A\tau \quad (20\text{-}1)$$

式中 A——电枢的线负载（比值电流负载），表示沿着电枢圆周每单位长度内的电流安培数。

任意点的电枢磁动势：设极中心取为原点 O，F_a 位于 $x = \frac{\tau}{2}$ 处。

则任意点 x 处的电枢磁动势为

$$F_x = F_\mathrm{a}\frac{2x}{\tau} = Ax \quad (20\text{-}2)$$

三、交轴电枢反应

当直流电机带上负载后，电枢绕组中有电流流过，由电枢电流产生电枢磁动势。电枢反应指电枢磁动势的存在使气隙磁动势、磁场分布情况发生的变化，即负载时电枢磁动势对主极磁场的影响。

设电刷位于几何中性线上，直流电机负载运行时，一个磁极下电枢绕组中的电流方向一致，相邻不同极性磁极下，电枢绕组电流方向相反。在电枢磁动势作用下，直流电机的磁场分布如图 20-15 所示。

电枢绕组中电流的分布情况不随电枢的旋转而改变，电枢磁动势的方向是不变的，它与励磁磁动势相对静止。由于电枢磁动势的轴线总是与电刷轴线重合，与励磁磁动势垂直，这种电枢磁动势称为交轴电枢磁动势，如图 20-15b 所示。

直流电机负载运行时，励磁磁动势和电枢磁

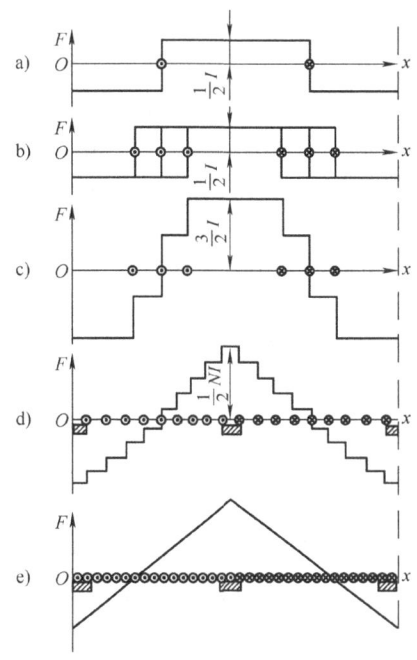

图 20-13 电枢绕组的磁动势

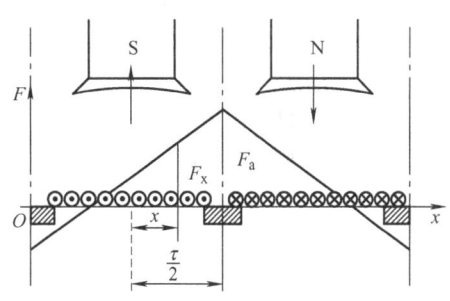

图 20-14 电枢磁动势分布曲线

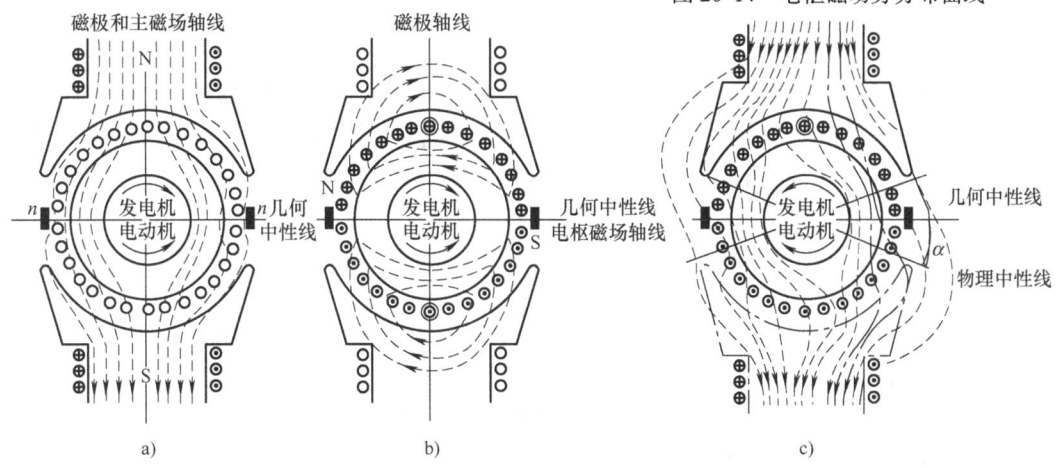

图 20-15 直流电机负载时气隙磁场
a) 主极磁场 b) 电枢磁场 c) 合成磁场

动势两部分合成总磁动势,直流电机内的磁场也是主极磁场和电枢磁场合成的,不考虑饱和的影响,两者叠加可得到如图 20-15c 所示的负载时的合成磁场。图 20-15c 中合成磁场对主磁极轴线不对称,通过磁感应强度为零的点并与电枢表面垂直的直线即物理中性线,由原来与几何中性线相重合的位置移动了一个角度。

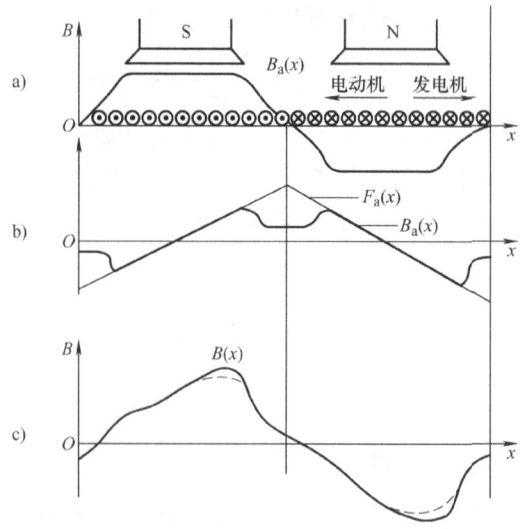

图 20-16 空载时的主极磁场和负载时气隙磁场
a) 主极磁场(空载时) b) 电枢磁场 c) 合成磁场

空载时主磁极产生的主极磁场如图 20-16a 所示,横坐标为沿圆周的距离,纵坐标为磁感应强度。电枢电流产生的磁场分布波 F_a 是三角形波,如图 20-16b,定子为凸极,气隙不均匀,所以 $B_a(x)$ 与 $F_a(x)$ 有不同的形状,在极面下部分,$B_a(x)$ 与 $F_a(x)$ 成正比,极尖以外磁阻大,$B_a(x)$ 随 $F_a(x)$ 的增大而减小,磁感应强度波形为马鞍形。图 20-16c 表示合成的磁场分布波,电枢磁动势使一半极面下的磁通减少,另一半极面下的磁通增加,减少和增加的部分相等,即每一极面下总的磁通保持不变(不计饱和)。考虑饱和时不能应用叠加定理,此时一半极面下增加的磁通小于另一半极面下减少的磁通,使每一极面下的总磁通略微减少。由于直流电机中磁路有饱和现象,所以直流电机的电枢反应略呈去磁作用。

交轴电枢反应作用如下:
1) 使气隙磁场分布发生畸变。
2) 空载时,直流电机的物理中性线与几何中性线重合。负载时,对电动机而言,物理中性线逆时针转向偏离几何中性线的一个角度。对发电机而言,则顺时针转向偏离几何中性线的一个角度。
3) 在磁路饱和的情况下略呈去磁作用。

四、直轴电枢反应

如果电刷不在几何中性线上,电刷顺着发电机旋转方向,逆着电动机旋转方向转过一个角度 β,电枢电流的分布随之变化,电枢磁动势的轴线也随着电刷移动。为方便分析,将电枢磁动势分成两个分量,交轴电枢磁动势和直轴电枢磁动势,在 2β 范围内的电枢所产生的磁动势固定作用在直轴,称为直轴电枢反应,如图 20-17a 所示,方向与主磁极极性相反,呈去磁作用。其余部分 $(\pi-2\beta)$ 角度内的磁动势,其轴线与主磁极轴线正交,为交轴电枢反应,如图 20-17b 所示。

图 20-17c 中的直轴电枢反应磁动势方向与主磁极极性相反,会削弱主磁通,呈去磁作用。若电刷顺着电动机旋转方向,逆着发电机旋转方向转过一角度 β,在 2β 范围内的电枢所产生的磁动势固定作用在直轴,方向与主磁极相同,呈助磁作用。

五、电枢反应对直流电机运行的影响

1) 电枢反应的去磁作用使每极磁通略微减少。由于直流电机中磁路饱和现象的存在,

第二十章 直流电机的基本原理和电磁关系

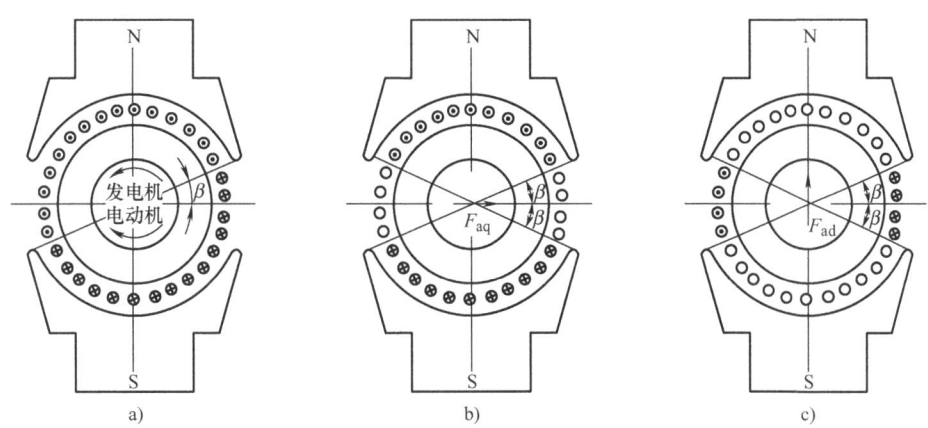

图20-17 电枢反应分解为交轴分量和直轴分量
a) 直轴分量 b) 交轴分量 c) 直轴分量为去磁作用

交轴电枢反应不仅产生交磁作用，也将产生一部分去磁作用。由于交轴电枢反应的去磁作用，当转速和频率一定时，直流电机带负载时感应的电动势比空载时略少。

2) 电枢反应使极面下的磁感应强度分布不均，从而使各换向片间的电动势也分布不均。直流电机过载时，电枢反应使磁场畸变很厉害，一半极面下的磁感应强度增加过多，电枢绕组切割最强的磁场所产生的感应电动势大于正常值，此电动势加在换向片间，可能使换向片间的绝缘层产生表面放电，称为电位差火花。在严重的情况下，电刷下由于换向而产生的换向火花可能与这种电位差火花合在一起，形成环火，烧坏换向器和电枢。此外，在交轴处的电枢磁动势使交轴处磁场不为零，将妨碍绕组中的电流换向。

第四节 电枢绕组的感应电动势和电压、功率平衡方程式

一、电枢绕组的感应电动势

电枢绕组的感应电动势是指直流电机正、负电刷之间的电动势。电刷之间的电动势等于每一并联支路中各串联导体电动势的代数和。由于电枢是旋转的，由电刷量得的电动势并非某几个固定导体的感应电动势之和，而是位于电刷之间固定位置的各个导体的感应电动势之和，如图20-18所示。

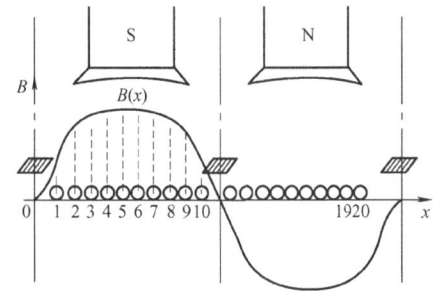

图20-18 电刷间的电动势为一支路导体的感应电动势之和

设电枢总导体数为 N，有 $2a$ 条并联支路，则每一支路的串联导体为 $N/2a$，电刷间的感应电动势为

$$Ea = \sum_{j=1}^{N/2a} e_j = \sum_{j=1}^{N/2a} B_j l v \tag{20-3}$$

式中 e_j ——第 j 个导体的感应电动势。

由于在各处的气隙磁感应强度 B_j 不相同，为简化计算，取每一极面下平均磁感应强度 B_{av}，则

$$e_{av} = B_{av}lv \tag{20-4}$$

式中 e_{av}——每个导体的平均感应电动势。

设电枢直径为 D_a，极距为 τ，则线速度为

$$v = \pi D_a \frac{n}{60} = 2p\tau \frac{n}{60} \tag{20-5}$$

因为

$$\Phi = B_{av}l\tau \tag{20-6}$$

$$e_{av} = B_{av}l\left(2p\tau \frac{n}{60}\right) = 2p\Phi \frac{n}{60} \tag{20-7}$$

则相邻电刷之间感应电动势为

$$E_a = \frac{N}{2a}e_{av} = \left(\frac{p}{a}\right)N\left(\frac{n}{60}\right)\Phi = C_e\Phi n \tag{20-8}$$

在已制成的直流电机中，P、a、N 为常数，$PN/(a60)$ 用 C_e 表示，称为电动势常数；Φ 为每一磁极的总磁通量，单位 Wb；n 为电枢旋转速度 r/min。

结论：直流电机电枢感应电动势与每极磁通量和直流电机转速成正比，与每极下的磁场分布无关。如果电刷偏离几何中性线，会使每极磁通量和电枢感应电动势略减少。

二、电压平衡方程式

1. 直流发电机电压平衡方程式

直流电机的电压、电流关系，可按励磁方式先画出接线图，在接线图中标出 U、I、E 的方向的已知量，应用基尔霍夫电流定律（KCL）、基尔霍夫电压定律（KVL）求出。这里以并励直流发电机为例（见图20-19a）。

并励直流发电机的电枢电流为

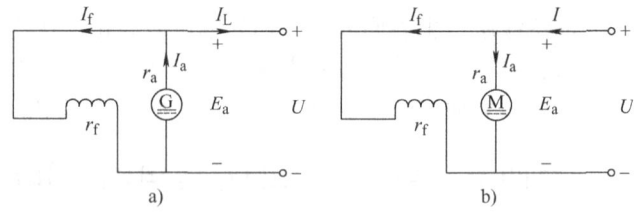

图 20-19 直流电机电路图
a) 发电机 b) 电动机

$$I_a = I_L + I_f \tag{20-9}$$

式中 I_L——负载电流；

I_f——励磁电流。

发电机向负载供电，电枢绕组的感应电动势应大于端电压，则

$$E_a = U + I_a r_a + 2\Delta U \tag{20-10}$$

式中 U——端电压；

$I_a r_a$——电枢回路中各串联绕组电阻的电压降；

ΔU——每一组电刷的接触电压降，通常认为是常数，一般石墨电刷取 1V。

2. 直流电动机电压平衡方程式

以并励直流电动机为例（见图20-19b），流入电动机的电流为 $I = I_a + I_f$，在电动机中感应电动势的方向与电枢电流方向相反，称为反电动势，小于端电压，则

$$U = E_a + I_a\sum r_a + 2\Delta U$$

得到

$$E_a = U - I_a\sum r_a - 2\Delta U \tag{20-11}$$

三、功率平衡方程式

1. 直流发电机功率平衡方程式

并励直流发电机的电磁功率为

$$P_M = E_a I_a = UI_L + UI_f + I_a^2 r_a + 2\Delta U I_a = P_2 + P_f + P_a + P_b \tag{20-12}$$

式中 P_2——输出电功率，$P_2 = UI_L$；

P_f——励磁损耗，$P_f = UI_f$；

P_a——电枢铜损耗，$P_a = I_a^2 r_a$；

P_b——电刷损耗，$P_b = 2\Delta U I_a$。

发电机输入的外加机械功率，扣除各类损耗后转变为输出的电功率，即

$$P_1 = P_M + P_{mec} + P_{Fe} + P_\Delta \tag{20-13}$$

有

$$P_1 = P_2 + P_f + P_a + P_b + P_{mec} + P_{Fe} + P_\Delta \tag{20-14}$$

式中 P_{Fe}——铁心损耗，电枢旋转时，电枢铁心中磁通是交变的，由此会产生磁滞和涡流损耗；

P_Δ——附加损耗，又称杂散损耗，一般有 $P_\Delta = (0.5 \sim 1)\% P_2$。

机械损耗和铁心损耗之和称为空载损耗 P_0，其数值基本不随负载变化，又称为不变损耗；电枢绕组的铜损耗和电刷损耗与负载电流有关，随负载电流变化，称为负载损耗，又称可变损耗。并励直流发电机的励磁损耗与负载电流大小无关，也可认为是不变损耗。

2. 直流电动机功率平衡方程式

以并励直流电动机为例，输入功率为电网电功率。

因为 $I = I_a + I_f$

电网供给的电功率为

$$P_1 = UI = UI_a + UI_f = UI_a + P_f \tag{20-15}$$

其中

$$UI_a = E_a I_a + I_a^2 \sum r_a + 2I_a \Delta U = P_M + P_a + P_b \tag{20-16}$$

$$P_M = P_2 + P_{mec} + P_{Fe} \tag{20-17}$$

计及附加损耗 P_Δ，直流电动机的功率平衡方程式为

$$\begin{aligned} P_1 &= P_2 + P_{mec} + P_{Fe} + P_a + P_b + P_f + P_\Delta \\ &= P_2 + \sum P \end{aligned} \tag{20-18}$$

式中 $\sum P$——总损耗。

第五节 电枢绕组的电磁转矩和转矩平衡方程式

一、电磁转矩

电枢绕组中流过的电流与直流电机磁场相互作用，将产生电磁力，使电枢受到一个电磁转矩。设流过电刷的电流为 I_a，则电枢导体中的电流为 $I_a/2a$，设电枢导体的有效长度为 l，则导体受到的电磁力为

$$F_j = B_j l \frac{I_a}{2a} \tag{20-19}$$

电磁转矩为

$$T_j = F_j \frac{D_a}{2} = B_j l \frac{I_a}{2a} \frac{D_a}{2} \tag{20-20}$$

式中 D_a——电枢直径。

设电枢导体数为 N，则总的电磁转矩为

$$T = \sum_{j=1}^{N} T_j \qquad (20\text{-}21)$$

设每一极面下平均气隙磁感应强度为 B_{av}，一个导体在一个极面下所受的平均电磁转矩为

$$T_{av} = B_{av} l \frac{I_a}{2a} \frac{D_a}{2} \qquad (20\text{-}22)$$

电枢总的电磁转矩为

$$T = N T_{av} = N B_{av} l \frac{I_a}{2a} \frac{D_a}{2} \qquad (20\text{-}23)$$

有 $\pi D_a = 2p\tau$ 和 $\Phi = B_{av} l \tau$，代入式 (20-23) 中，有

$$T = N B_{av} l \frac{I_a}{2a} \frac{2p\tau}{2\pi} = \frac{1}{2\pi} \frac{p}{a} N \Phi I_a = C_T \Phi I_a \qquad (20\text{-}24)$$

式中 C_T——转矩系数，$C_T = \frac{1}{2\pi} \frac{p}{a} N = 9.55 C_e$；

Φ——每极磁通的总磁通量，单位为 Wb。

式 (20-24) 为电刷位于交轴处的电磁转矩公式，由它可以得到结论：①电磁转矩 T 与 ΦI_a 的乘积成正比。②电磁转矩 T 的方向取决于 Φ 和 I_a 的方向，由左手定则确定。③电磁转矩 T 对发电机而言是制动转矩，对电动机而言是驱动转矩。

二、转矩平衡方程式

1. 直流发电机转矩平衡方程式

外加机械转矩

$$T_1 = \frac{P_1}{\Omega} \qquad (20\text{-}25)$$

式中 P_1——输入机械功率，单位为 W；

Ω——机械角速度，单位为 rad/s；

T_1——输入机械转矩，单位为 N·m。

电磁转矩是电磁作用使发电机转子受到制动的阻力转矩，有

$$T = \frac{P_M}{\Omega} = \frac{E_a}{\Omega} I_a = \left(\frac{p}{a}\right) N \left(\frac{n}{60}\right) \Phi I_a \frac{60}{2\pi n} = \frac{1}{2\pi} \frac{p}{a} N \Phi I_a = C_T \Phi I_a \qquad (20\text{-}26)$$

空载损耗引起的阻力转矩为

$$T_0 = \frac{P_0}{\Omega} = \frac{P_{mec} + P_{Fe} + P_\Delta}{\Omega} \qquad (20\text{-}27)$$

得到转矩平衡方程式为

$$T_1 = T + T_0 \qquad (20\text{-}28)$$

2. 直流电动机转矩平衡方程式

已知 $P_M = P_2 + P_{mec} + P_{Fe} + P_\Delta$，两边同除以 $\Omega = \frac{2\pi n}{60}$，有

$$\frac{P_M}{\Omega} = \frac{P_2}{\Omega} + \frac{P_{mec}}{\Omega} + \frac{P_{Fe}}{\Omega} + \frac{P_\Delta}{\Omega}$$

第二十章 直流电机的基本原理和电磁关系

即

$$T = T_2 + T_0 \tag{20-29}$$

式中 T——电磁转矩，$T = \dfrac{P_M}{\Omega}$；

T_2——轴上输出转矩，制动性质，$T_2 = \dfrac{P_2}{\Omega}$；

T_0——由机械损耗、铁心损耗和杂散损耗引起的空载制动转矩，$T_0 = \dfrac{P_0}{\Omega}$。

以上分析可见，在发电机中原动机输入转矩 $T_1 > T$，其转向由 T_1 决定；在电动机中电磁转矩 $T > T_2$，其转向由电磁转矩 T 决定。

思 考 题

20-1 简述直流电机的主要部件结构，以及各部件的功能和所用材料。

20-2 为什么电枢铁心要用硅钢片叠压而成，而磁轭却用铸钢或钢板构成？

20-3 换向器和电刷装置在直流电机中起什么作用？如何确定电刷的正确位置？电刷如果偏离正确位置，对直流电机的运行有什么影响？

20-4 直流电机空载和负载时，气隙磁场各由什么磁动势建立？电枢反应磁动势与主磁极磁动势有什么不同？

20-5 交轴电枢反应和直轴电枢反应对直流电机的性能会产生哪些影响？

20-6 直流电机负载时的电枢绕组电动势与空载时是否相同？计算电枢绕组磁动势 E_a 时，所用的磁通 Φ 是指什么？

20-7 电刷之间的感应电动势与某一导体的感应电动势有什么不同？

20-8 电磁转矩的大小与哪些因素有关？气隙中磁场的分布波形对其有无影响？

20-9 直流电机稳态运行时，磁通是不变的，试问定子和转子中是否存在铁心损耗？为什么？

习 题

20-1 有一台并励直流发电机，已知 $r_a = 0.17\Omega$，$2\Delta U = 2V$，当 $n = 970 \text{r/min}$ 时，输出电压 $U = 210V$，$P_2 = 30\text{kW}$，$I_f = 7A$。试计算此工作状态的电枢电动势 E_a。

20-2 有一台并励直流发电机，额定功率 $P_N = 9\text{kW}$，$U_N = 115V$，$n_N = 1450\text{r/min}$，电枢电阻 $r_a = 0.07\Omega$，电刷接触压降 $\Delta U = 1V$，并励回路电阻 $r_f = 33\Omega$，额定状态运行时电枢铁损耗 $P_{Fe} = 400W$，机械损耗 $P_{mec} = 110W$，试求：（1）额定负载时的输入功率和效率；（2）额定负载时的电磁功率和电磁转矩；（3）功率流程图。

20-3 有一台并励直流电动机，额定电压 $U_N = 220V$，电枢额定电流 $I_{aN} = 75A$，额定转速 $n_N = 1000\text{r/min}$，电枢回路内阻（包括电刷接触电阻）$r_a = 0.12\Omega$，励磁回路内阻 $r_f = 92\Omega$，铁心损耗 $P_{Fe} = 600W$，机械损耗 $P_{mec} = 180W$，试求：（1）额定负载时的输出功率和效率；（2）额定负载时的输出转矩；（3）功率流程图。

20-4 有一台并励直流电机，接在 220V 电源上，转速为 1400r/min，电枢内阻 $r_a = 0.54\Omega$，

电刷压降 $\Delta U = 1\text{V}$，励磁回路内阻 $r_\text{f} = 138\Omega$，不计电枢反应影响。电机在 1000r/min 时测得的磁化曲线见表 20-1。试问：（1）该电机处于发电机状态还是电动机状态？（2）电机的电磁转矩 T 的大小。

表 20-1 习题 2-4 表

I_f0/A	0.89	1.38	1.73	2.07
E_0/V	105	158	180.6	192

20-5 一台并励直流发电机，$P_\text{N} = 35\text{kW}$，$U_\text{N} = 115\text{V}$，$n_\text{N} = 1450\text{r/min}$，电枢电路各绕组总电阻 $r_\text{a} = 0.0243\Omega$，一对电刷压降 $2\Delta U = 2\text{V}$，励磁电路电阻 $r_\text{f} = 20.1\Omega$。求额定负载时的电磁转矩及电磁功率。

20-6 一台 10kW、250V 的并励直流发电机，电枢绕组电阻为 0.1Ω（包括电刷接触电阻），励磁绕组电阻为 250Ω，额定转速为 900r/min。若此时该电机作为电动机使用，额定功率 10kW，额定电压 250V。试问：（1）电动机状态的额定转速的大小；（2）发电机状态和电动机状态的电磁转矩哪个大？

第二十一章

直流发电机和直流电动机

本章重点介绍直流发电机的运行特性，直流电动机的工作特性。同时简要介绍直流电动机的起动、调速和制动。最后简单介绍直流电机换向问题。

第一节 并励发电机的电压建起

并励发电机的励磁绕组和电枢绕组并联，当发电机电压尚未建立时，励磁电流为零，不能建立发电机主磁场，此时以剩磁在电枢中感应微小的电压为基础，使直流发电机的电压逐渐上升至稳定值的过程，称为电压建起过程。

发电机原有少量剩磁场，当电枢旋转并切割剩磁场时，在电枢中感应一个微小的电动势，它产生的微小的电压加在励磁绕组上，使其中流过一个微小的励磁电流，这个电流使磁极的磁性增强，电枢的端电压也就随之增加，在升高的端电压作用下，励磁电流又进一步升高，如此反复作用，发电机的端电压便自动建立起来了。励磁电流以及与之相应的端电压均将继续增加，直到空载特性与磁场电阻曲线的交点 a（见图21-1）才达到稳定。

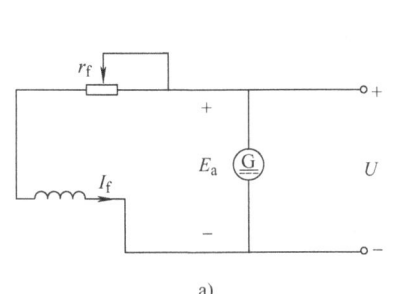
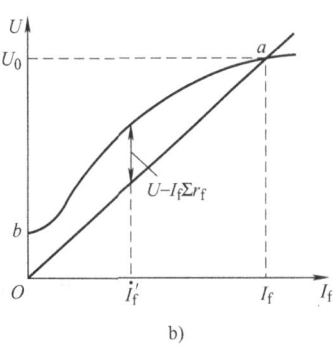

图 21-1 并励发电机的电压建起过程
a）接线图 b）电压建起过程

设空载电压为 U_0，I_f 为励磁电流，忽略 I_f 流过电枢绕组引起的电压降，则

$$U_0 = E_{a0}$$
$$U_0 = I_f \sum r_f \tag{21-1}$$
$$U_0 = f(I_f) \tag{21-2}$$

式中 $\sum r_f$——励磁回路的总电阻。

图21-1b 所示为式（21-1）和式（21-2）的图解法，曲线 ba 为空载特性曲线，直线 Oa 为场阻线（磁场电阻线），两线相交于 a 点，a 点的横坐标是发电机电压建起后的励磁电流，纵坐标是发电机电压建起后的空载电压。

由以上分析可以得到并励发电机电压建起的条件为：

1) 发电机应有剩磁，磁化曲线有饱和现象。

2) 剩磁引起的励磁电流所产生的磁通方向与剩磁方向一致。否则应将励磁绕组并联电枢绕组的两端点对调。

最初微小的励磁电流所产生的磁场方向，取决于电枢绕组与励磁绕组的相对连接方式以及电枢的旋转方向。图21-2说明了并励发电机电压建起的条件，图21-2a所示为励磁电流产生的磁场增强剩磁，使发电机电压能够建立；图21-2b表明改变电枢绕组与励磁绕组之间的相对连接方式，电枢旋转方向不变，励磁电流产生的磁场将削弱剩磁，发电机电压不能够建立；图21-2c表明同时改变电枢绕组与励磁绕组的相对连接方式和电枢旋转方向，励磁电流产生的磁场将增强剩磁，发电机电压能够建立；图21-2d表明改变电枢绕组和励磁绕组之间的相对连接方式，励磁电流产生的磁场将削弱剩磁，发电机电压不能够建立。

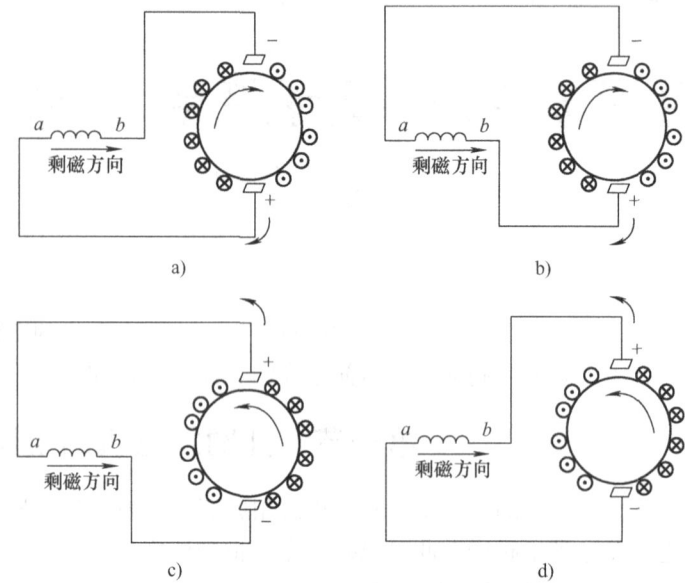

图21-2 并励发电机励磁电压建起的条件

3) 励磁回路电阻不能太大，必须小于发电机在该转速时的临界电阻。

临界电阻指某一转速下，与磁化曲线直线部分重合的场阻线。对不同的转速，有不同的临界电阻。图21-3中，直线Ob对应的场阻为$\sum r_{f2}$，当场阻为$\sum r_{f3}$时，由于其值大于临界电阻，场阻线与磁化曲线交点很低，所得电压与剩磁电动势相差无几，电压不能建起；当场阻为$\sum r_{f1}$时，其值小于临界电阻，电压可以建起。图中虚线表示转速提高后的磁化曲线，此时临界电阻将变大。即对于不同的转速将有不同的临界电阻，对应于某一个场阻，也存在一个临界转速，转速小于临界转速则不能自励，转速大于临界转速时励磁电压才能建起。

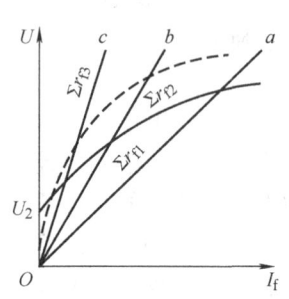

图21-3 不同场阻值对并励发电机电压建起的影响

第二节 直流发电机的运行特性

直流发电机稳态运行特性主要变量为端电压、励磁电流、负载电流和发电机转速。通常运行时保持转速和其他三个变量中任一变量保持不变，将其余两个变量之间的关系用曲线表示出来，称为直流发电机运行特性曲线。直流发电机运行特性曲线随发电机励磁方式不同而不同，对各种励磁方式的发电机应分开讨论。

一、他励发电机的特性

1. 空载特性

空载特性是一条负载电流为零的负载特性曲线，即当 $n = n_N$ = 常数，$I_L = 0$，$U_0 = f(I_f)$ 的关系曲线。由于 $U_0 = E_0 = C_e \Phi n$，当 n = 常数时，E_0 正比于 Φ，有励磁磁动势 F_f 与励磁电流 I_f 成正比，所以空载特性 $E_0 = f(I_f)$ 与发电机的磁化曲线 $\Phi = f(I_f)$ 的形状一致，因此可将空载特性看成发电机的磁化曲线。从空载特性可以判断该发电机磁路的饱和程度。

需要注意的是，空载特性指在某一特定转速下的数据，当转速不同时，曲线将随转速变化而成正比地上升或下移。

2. 外特性

外特性指当 $n = n_N$ 且为常数，$I_f = I_{fN}$ 时，$U = f(I_L)$ 的特性曲线，如图21-4所示。

对于他励发电机而言，$I_a = I_L$，端电压下降的原因有以下两方面：

1）电枢回路引起的电压降包括电枢绕组的内阻压降 $I_a R_a$ 和电刷的接触压降 $2\Delta U$。$U = E_a - I_a r_a - 2\Delta U$，$I_L \uparrow \to I_a r_a \uparrow$，$2\Delta U \uparrow \to U \downarrow$。

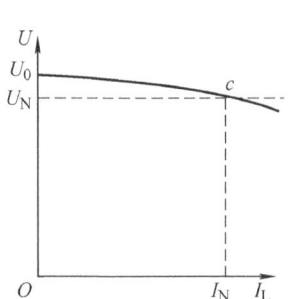

图21-4 他励发电机的外特性

2）电枢反应的去磁作用，使感应电动势下降。
$E_a = C_e \Phi n$，$I_L \uparrow \to \Phi \downarrow \to E_a \downarrow \to U \downarrow$。

端电压变化的程度用电压变化率来衡量。$\Delta U_N = \dfrac{U_0 - U_N}{U_N} \times 100\%$，即为当一台发电机自额定满负载状态卸去负载后电压上升的数值与额定电压的比值，通常为 0.05~0.1。

3. 调节特性

调节特性指 $n = n_N$，U = 常数，$I_f = f(I_L)$ 的特性曲线。

当负载电流变化大时，端电压有所下降，为维持端电压不变，随负载电流增大，励磁电流也应略微增大，以抵消电枢反应的去磁作用和电枢回路的电阻压降，如图21-5所示。

二、并励发电机的特性

1. 空载特性

并励发电机空载时，电枢电流等于励磁电流，由于励磁电流很小，因而它流过电枢回路的电压降和电枢反应的影响微不足道，所以其空载特性等同于磁化曲线。

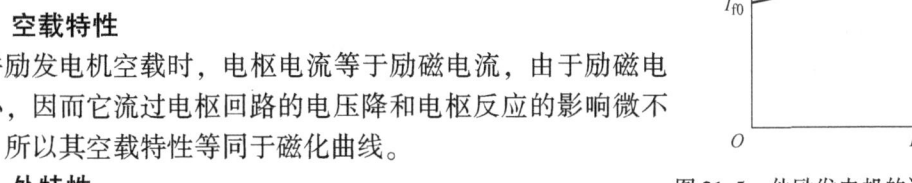

图21-5 他励发电机的调节特性

2. 外特性

负载时，$n = n_N$，保持并励回路的电阻 $\sum r_f$ 不变，$U = f(I_L)$ 的特性曲线，如图21-6所示。

负载电流使端电压下降的原因有：①电枢回路引起电压降 $I_a r_a$，$2\Delta U$ 增大；②电枢反应的去磁作用；③端电压下降后引起励磁电流下降，即 $I_f \downarrow \to \Phi \downarrow \to E_a \downarrow \to U \downarrow$。

所以，并励发电机电压变化率大于他励发电机，约为20%。

3. 调节特性

并励发电机调节特性与他励发电机相似，是一条略微上翘的曲线。而且并励发电机不需要另外的励磁电流，因此用途较广。

三、串励发电机的特性

串励发电机接线图如图 21-7 所示。

1. 空载特性

空载特性是表达感应电动势 E_0 与励磁电流 I_s 的关系的曲线，如图 21-8 中曲线 1 所示。由于 $I_L = 0$，有 $I_L = I_a = I_s = 0$，因此时励磁电流相当于不存在，所以空载特性为 E_0 与 I_s 的关系曲线即磁化曲线。此时（空载时）通常由外加电源供给励磁电流。

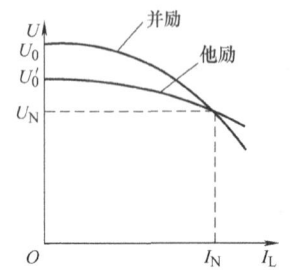

图21-6 并励直流发电机的外特性

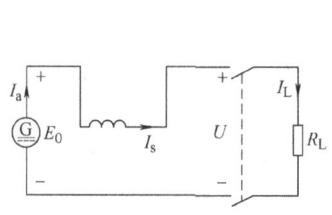

图21-7 串励发电机接线图

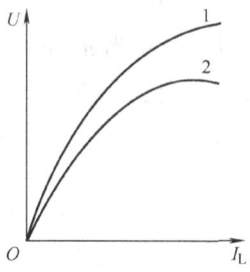

图21-8 串励发电机的特性

2. 外特性

串励发电机电流和电压平衡方程式为

$$I_L = I_s = I_a \tag{21-3}$$
$$U = E_a - I_a(r_a + r_s) - 2\Delta U \tag{21-4}$$

空载时，因为 $I_L = I_s = 0$，只有微小的剩磁感应电动势。随负载电流的增大，励磁电流增大，使感应电动势增大，所以端电压随负载电流的增大而增大。当 I_L 增大至铁心饱和时，感应电动势上升不多，此时电阻压降及电枢反应的去磁作用增大，端电压随负载电流的增大而减少，如图 21-8 所示曲线 2。

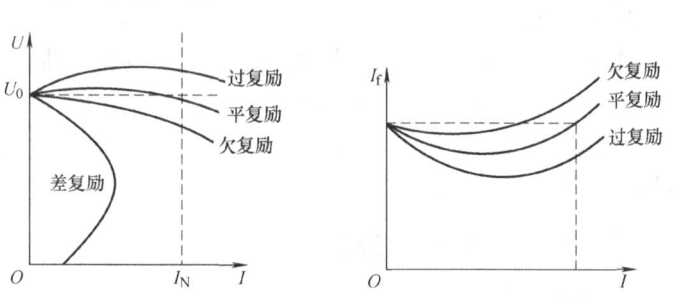

图21-9 复励发电机外特性　　图21-10 复励发电机的调节特性

四、复励发电机的特性

复励发电机有并励和串励两套绕组。复励发电机一般为积复励。串励绕组的磁化作用将补偿电枢反应的去磁作用和电枢电阻压降，以保持端电压恒定。并励绕组的磁动势起主要作用，使发电机空载时产生额定电压。

如图 21-9 所示，平复励为串励绕组的磁化作用抵消了电枢反应的去磁作用和电枢电阻电压降，则发电机的满载电压和空载电压相等；过复励为串励绕组的磁化作用较强，补偿有余，使空载电压比额定负载电压低，即 $U_N > U_0$；欠复励为串励绕组的补偿作用较弱，使额定负载电压比空载电压低，即 $U_N < U_0$。

调节特性与串励绕组的磁动势大小有关，如图 21-10 所示。

差复励发电机负载运行时，串励绕组的磁动势使发电机气隙磁场进一步减小，端电压急剧下降，所以差复励只能用于特殊情况，如直流电焊发电机。

第三节 直流电动机的工作特性和机械特性

直流电动机的工作特性指 $U = U_N$，励磁回路电阻不变时，电动机转速、电磁转矩和效率与输出功率（或电枢电流）之间的关系。

一、并励电动机的特性

1. 转矩特性 $T = f(I_a)$

在图 21-11 中，如果端电压不变，$\sum r_f$ 不变，则 I_f 也不变，当负载电流很小时，电枢反应的去磁作用小，认为 Φ = 常数，$T = C_T \Phi I_a$，即电磁转矩和电枢电流成正比，$T = f(I_a)$ 是通过坐标原点的直线。当负载电流较大时，电枢反应的去磁作用增大，使每极磁通减少，电磁转矩 T 随着电枢电流 I_a 增加得略慢。

2. 转速特性 $n = f(I_a)$

由电动势和电压方程式得到

$$n = \frac{U - I_a \sum r_a - 2\Delta U}{C_e \Phi} \tag{21-5}$$

且有：1）$I_a\uparrow \to I_a \sum r_a \uparrow \to U - I_a \sum r_a - 2\Delta U \uparrow \to n\downarrow$。

2）$I_a\uparrow \to$ 电枢反应去磁作用增强 $\to C_e \Phi\downarrow \to n\uparrow$。

一般1）的作用大于2）的作用，因此转速是略微下降的。

空载转速为

$$n_0 = \frac{U}{C_e \Phi_0} \tag{21-6}$$

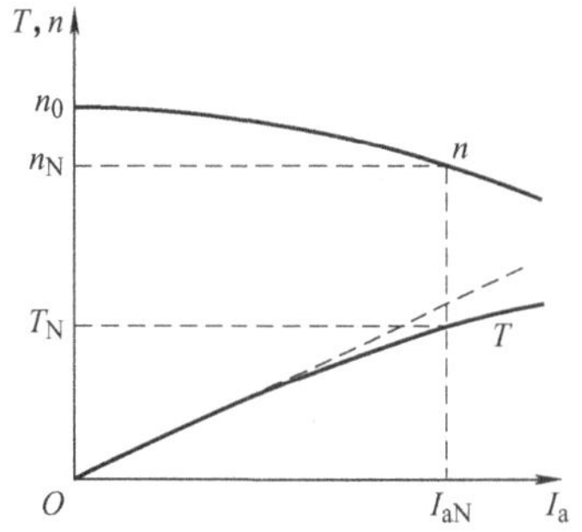

图 21-11 并励电动机的转速特性和转矩特性

式中 Φ_0——空载时励磁电流产生的每极磁通。

转速变化的大小用转速变化率 Δn 表示，即

$$\Delta n = \frac{n_0 - n_N}{n_N} \times 100\% \tag{21-7}$$

并励电动机的 Δn 为 3%~8%，基本上认为是一种恒速电动机。这种负载变化时，电动机的转速变化不多的转速特性称为硬特性，是并励电动机的主要特点之一。

当并励电动机励磁回路断路时，气隙中磁通骤降为微小的剩磁，电枢回路中感应电动势随之减小，电枢电流急剧增加，当此时的负载为轻负载，电动机转速会迅速上升，可能造成"飞车"；若此时的负载为重负载，电动机可能停转，此时电流将为额定电流的几倍大小，这些都是不允许的。

3. 机械特性

直流电动机的机械特性是指 $U = U_N$，$I_f = I_{fN}$，电枢回路电阻 $\sum r_a$ 为常数时，转速与转矩之间的关系曲线，即 $n = f(T)$，又称为转矩-转速特性。

从电磁转矩公式和电压方程式可知

$$T = C_T \Phi I_a = C_T \Phi \frac{U - 2\Delta U - C_e \Phi n}{\sum r_a}$$

整理可得
$$n = \frac{U - 2\Delta U}{C_e \Phi} - \frac{\sum r_a}{C_e C_T \Phi^2} T \tag{21-8}$$

由式(21-8)可知，并励电动机的机械特性是一条向下倾斜的直线，如图21-12所示。其中自然机械特性是指当电枢回路中没有另行接入调节电阻时（$\sum r_a = r_a$）的机械特性。若在电枢回路中接入调节电阻R_a，即$\sum r_a = r_a + R_a$，此时机械特性的斜率增大，R_a越大斜率越大。

二、串励电动机的特性

1. 转矩特性

串励电动机励磁电流等于电枢电流。当负载电流很小时，励磁电流也很小，铁心处于不饱和状态，有$\Phi = kI_a$，即每极磁通与电枢电流成正比，代入转矩公式有

$$T = C_T \Phi I_a = C_T k I_a^2 = \frac{C_T}{k}\Phi^2 \tag{21-9}$$

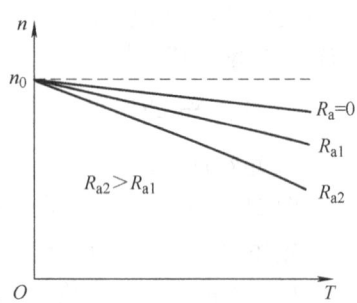

图 21-12　并励电动机的机械特性

即电磁转矩和电枢电流的二次方成正比，转矩特性为一条抛物线。当负载电流较大时，铁心饱和，励磁电流增大，每极磁通变化不大，电磁转矩与负载电流成正比。

2. 转速特性

当负载较小时，有$\Phi = kI_a$，代入转速特性公式，得

$$n = \frac{U - 2\Delta U}{C_e k I_a} - \frac{\sum r_a}{C_e k} \tag{21-10}$$

即转速和电枢电流成反比，转速特性为一条双曲线（仅第一象限）。当负载电流较大时，磁路已饱和，每极磁通变化不大，转速随电枢电流的增加而略微下降，如图21-13所示。

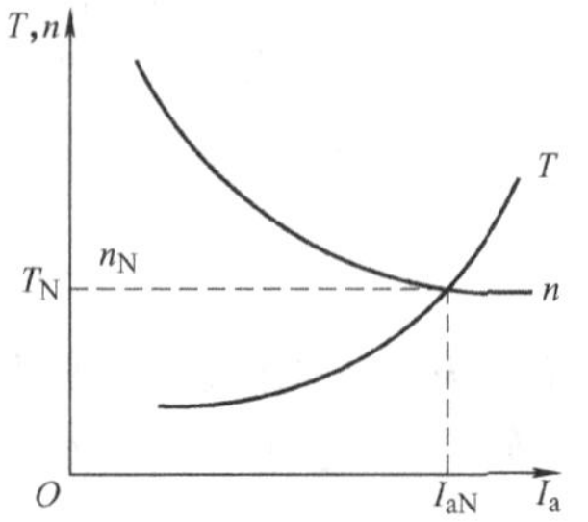

串励电动机不能在很轻的负载下运行，更不允许空载。因为此时励磁电流和电枢电流很小，气隙磁通也很小，会导致电动机转速急剧上升，可能因超速损坏电动机。

因此，串励电动机的负载转矩一般不小于额定转矩的1/4，转速变化率定义为

$$\Delta n = \frac{n_{\frac{1}{4}} - n_N}{n_N} \times 100\% \tag{21-11}$$

图 21-13　串励电动机的转速特性和转矩特性

式中　$n_{\frac{1}{4}}$——输出1/4额定功率时的转速。

3. 机械特性

由式(21-9)和式(21-10)得到串励电动机机械特性公式为

$$n = \frac{U - 2\Delta U}{a\sqrt{T}} - b \tag{21-12}$$

式中　$a = C_e \sqrt{\frac{k}{C_T}}$，$b = \frac{\sum r_a}{C_e k}$。

按式(21-12)画出的串励电动机机械特性曲线为一条双曲线，如图21-14所示（仅第一

象限）。当电枢回路的调节电阻 $R_a = 0$ 时为电动机的自然机械特性曲线。由于 n 与 $\sqrt{T}$ 成反比，当负载转矩增加时，转速快速下降，这种特性称为软特性，是串励电动机的主要特点。同时从曲线可见，串励电动机起动转矩大，具有很强的过载能力。但应注意不能在空载或很轻的负载下运行。

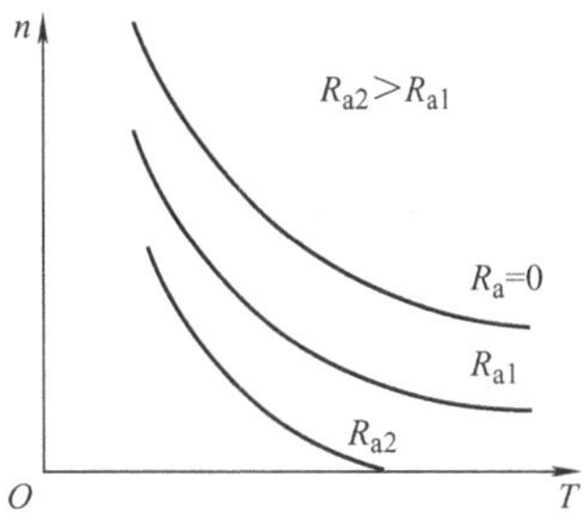

三、复励电动机（一般为积复励）

复励电动机的转速特性介于并励电动机和串励电动机之间（对积复励者而言），如图 21-15 所示。转矩特性也介于并励电动机和串励电动机之间（对积复励者而言），如图 21-16 所示。若并励磁动势起主要作用，则复励电动机特性接近于并励电动机，反之其特性接近于串励电动机。复励电动机的两组励磁绕组具有很好的互补性，负载增加时，电枢电流和串励磁动势增大，主磁通增大，可减小电枢反应的去磁作用影响，因此复励电动机比并励电动机优越，又因为并励磁动势的存在，使复励电动机可以轻载或空载运行，这克服了串励电动机的缺点。

图 21-14 串励电动机的机械特性

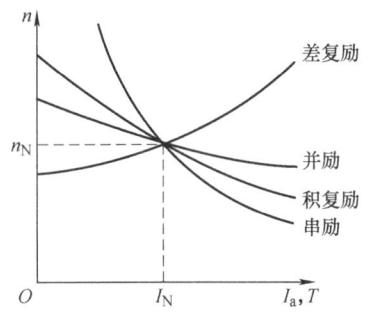

图 21-15 各种直流电动机的转速特性

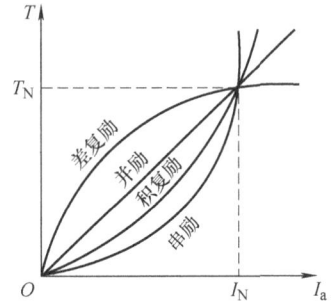

图 21-16 各种直流电动机的转矩特性

四、直流电动机稳定运行条件

当电网或轴上机械负载波动，使电动机转速发生变化时，若电动机具有能恢复到原工作状态的能力，则它是稳定的，否则会造成电动机停转或飞车，即不稳定的。电动机要稳定运行，其机械特性与机组的负载转矩特性二者要恰当配合。$T_\Sigma = T_L + T_0$ 中，T_Σ 表示机组总的阻力转矩，是生产机械负载转矩 T_L 与电动机的空载阻力转矩 T_0 之和。电动机正常运行点 A 点是 $T = f(n)$ 和 $T_\Sigma = f(n)$ 两条特性曲线的交点，如图 21-17 所示。

图 21-17 中，若由于某种原因，电动机转速获得一个增量，$n_0 \to n_2$，$T_\Sigma > T$，使电动机减速回到 n_0；若又由于某种原因，电动机转速获得一个减量，$n_0 \to n_1$，$T > T_\Sigma$ 电动机加速回到 n_0，即可以稳定运行。

稳定运行的条件：电动机具有下降的机械特性曲线。

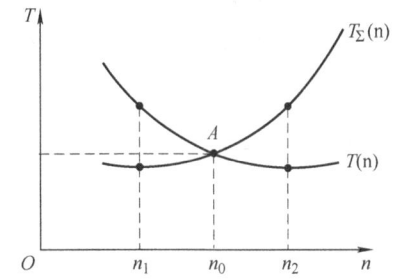

图 21-17 直流电动机稳定运行条件

图 21-18 中，若由于某种原因，电动机转速获得一个增量，$n_0 \rightarrow n_2$，$T > T_\Sigma$ 电动机反而更为加速。若又由于某种原因，电动机转速获得一个减量，$n_0 \rightarrow n_1$，$T_\Sigma > T$，电动机又更为减速，因此不能稳定运行。

不稳定运行的条件：电动机具有上升的机械特性曲线。

用数学方法判定机组工作点是否稳定运行有

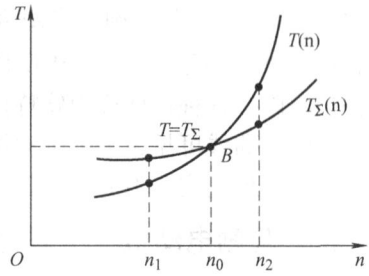

图 21-18 直流电动机不稳定运行

$$\frac{dT}{dn} < \frac{dT_\Sigma}{dn} \qquad (21\text{-}13)$$

图 21-17 中 A 点满足式(21-13) 要求，为稳定工作点。

若所拖动的负载为恒转矩负载，总的阻力转矩为常数，不随转速变化，即 $\frac{dT_\Sigma}{dn} = 0$，则式(21-13) 为

$$\frac{dT}{dn} < 0 \qquad (21\text{-}14)$$

电动机的机械特性为一条下降的曲线。

若

$$\frac{dT}{dn} > \frac{dT_\Sigma}{dn} \qquad (21\text{-}15)$$

即图 21-18 中 B 点符合式(21-14) 的条件，为不稳定工作点。

若 $\frac{dT_\Sigma}{dn} = 0$，则

$$\frac{dT}{dn} > 0 \qquad (21\text{-}16)$$

此时电动机机械特性为一条上升的曲线。

第四节 直流电动机的起动、调速和制动

一、直流电动机的起动

直流电动机的起动，应满足两项要求，一是应有足够的起动转矩，起动电流在安全范围内；二是起动设备应简单、可靠，起动时间短。

直流电动机的起动方法有：直接起动、电枢回路串联电阻起动、减压起动。

1. 直接起动（并励电动机）

由 $U = E_a + I_a r_a$，得到 $I_a = \dfrac{U - E_a}{r_a} = \dfrac{U - C_e \Phi n}{r_a}$，起动时 $E_a = C_e \Phi n$ 很小，可忽略，则起动电流为 $I_{st} = \dfrac{U}{r_a}$，通常电枢绕组内阻 r_a 很小，额定电压直接加到电枢两端，起动电流可达到额定电流大小的 10～15 倍，巨大的冲击电流将导致不良后果，可能使换向器环火，在电枢绕组上产生很大的电磁力，使绕组损坏。所以此方法一般只用在容量很小的电动机中。

2. 电枢回路串联电阻起动

一般在直流电动机起动时，可以在电枢回路中串联电阻限流起动，起动时 $I_{st} = \dfrac{U}{r_a + R_{st}}$，$R_{st}$ 越大，则 I_{st} 越小。为在整个过程中保持一定的起动转矩，在转速上升过程中应逐步切除电阻，直到转速接近额定值时将起动电阻全部切除。串联电阻起动所需设备少，在中小型直流电动机的起动中应用广泛。缺点是起动的设备笨重，能耗大。

3. 减压起动

减压起动是降低起动电流的有效方法，通常使用这种方法的电动机采用他励方式，起动时励磁绕组电压不受减压的影响，以保证有足够的起动转矩，起动过程中可逐渐升高电源电压。这种方法升速平稳，能耗小，但要有专用电源，投资大。

二、直流电动机的调速

与交流电动机相比，直流电动机有良好的调速性能，它的调速范围广、调速连续平滑、经济性好、设备投资较少、调速损耗较小、调速方法简便、工作可靠。

根据直流电动机的机械特性和转速特性，直流电动机的转速公式可写成

$$n = \frac{U - I_a(r_a + R_a) - 2\Delta U}{C_e \Phi} \tag{21-17}$$

式中 R_a——电枢回路中串联的可变电阻。

由式(21-17) 可见有三种调速方法：调节励磁电流以改变每极磁通、调节外加电压和调节可变电阻。

1. 调节励磁电流以改变每极磁通

对并励、他励电动机，通过调节励磁回路的电阻即可调节励磁电流，进而改变电动机每极磁通，达到调速的作用。转速改变的物理过程为：调节励磁回路的变阻器使电阻增大，励磁电流减小，进而使每极磁通减小，当每极磁通减小时，在最初瞬间电动机的转速还没有来得及变化，反电动势 $E = C_e \Phi n$ 减小，电动机的外加电压 U 不变，则电枢电流增大，电枢电流增加的程度远大于磁通的减小，使电磁转矩 $T = C_T \Phi I_a$ 增加，直到电磁转矩与负载转矩达到新的平衡。用这种方法调速时，电动机的效率可基本不变，是一种高效的调速方法，其不足是电动机高速运行时会受到机械强度和换向的限制，电动机最低转速时会受到励磁绕组自身电阻和磁路饱和的限制，调速比应在 1~2 的范围内。该方法可用于容量在 50kW 以下的直流电动机。

2. 调节外加电压

由转速公式可知，当励磁电流一定的情况下，一般电动机的电枢回路电压降很小，转速与外加电压近似成正比。改变电源电压，电动机机械特性硬度不变。

调节外加电压调速需要专用的直流电源向电动机供电。这种调速方法是通过调节小功率励磁电路进行的，有调节方便、损耗小、调速范围广的优点，其缺点是专用直流电源设备投资大。当有功率较大的恒转矩负载（如卷扬机、印刷机）时可以这种调速方法。

3. 调节可变电阻 R_a

该方法使转速改变的物理过程为：R_a 串联于电枢回路并增大时，最初瞬间转速还未改变，反电动势保持不变，因 $I_a = \dfrac{U - E_a}{r_a + R_a}$，$I_a$ 减小，由于励磁电流没改变，每极磁通也不变，

使 $T = C_T \Phi I_a$ 减小，若负载阻力转矩不变，则电动机转速下降。

这种调速方法，当负载转矩不变时，电枢回路串联电阻降低转速后，电动机电磁转矩也不变，流入电动机的电流、电压和输入功率仍保持不变，则输出功率随之按正比例降低，因此电动机的效率明显降低，其消耗能量大，主要是电枢回路中电流较大，所串联的调节电阻 R_a 上的功耗较大所致。故这种方法是一种耗能较大的不经济的调速方法。

第五节 直流电机的换向和改善换向的方法

一、换向过程的基本原理

直流电机的换向是用机械方法强制改变电路连接，使绕组元件在极短时间内从一条支路移入另一条支路，从而使该绕组元件中的电流方向发生改变。

设换向片宽度和电刷宽度一致。正在进行换向的元件称为换向元件，换向元件中的电流称为换向电流。

1) 换向开始，换向元件位于电刷右边的支路，换向元件与两换向片相接的连线上通过的电流分别为 i_1、i_2，在换向开始的瞬间，$i_1 = 2 i_a$，i_a 为电枢绕组支路电流，如图 21-19a 所示。换向元件中流通的电流为逆时针方向。

2) 设电枢和换向器的旋转方向为由右向左，换向元件被电刷短接，如图 21-19b 所示。换向电路是指换向片1、电刷、换向片2所构成的闭合电路。$i_1 = i_a + i$，$i_2 = i_a - i$。i 为换向元件在换向过程中的换向电流。

3) 换向结束，换向元件移入电刷左侧支路，在换向结束瞬间，$i_1 = 0$，$i_2 = 2 i_a$，如图 21-19c 所示，元件中的电流已倒转方向。

上述换向过程中，电枢引出的电流始终为 $2 i_a$。换向周期指从换向开始到换向结束所经历的时间，用 T_k 表示。换向周期很短，只有千分之几秒甚至更小。

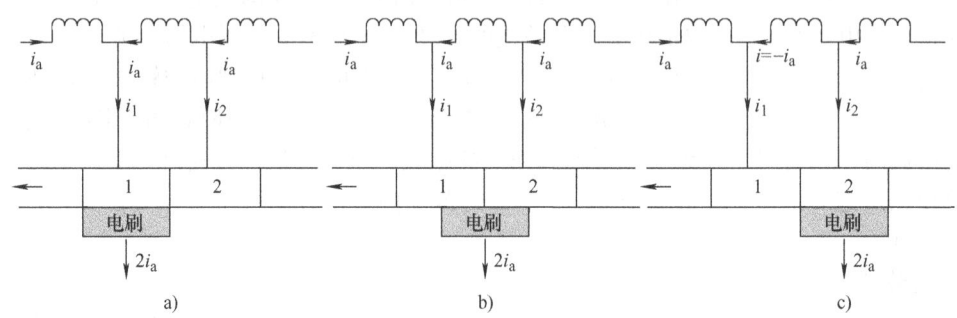

图 21-19 电枢绕组元件的换向过程
a) 换向开始 b) 换向进行中 c) 换向完毕

二、换向元件中的电动势

换向元件中的电动势主要有电抗电动势和速度电动势。

1. 电抗电动势 e_r

电抗电动势是换向电流产生的漏磁通所感应的电动势。其方向倾向于维持原来的电流不变，即倾向于阻止换向电流的变化。如果电刷宽度大于换向片宽度，则每一个电刷下有两个以上的元件同时换向，因此还存在互感电动势，即电抗电动势由自感电动势和互感电动势两部分组成。

2. 速度电动势 e_k

速度电动势是换向元件的两个圈边切割电机交轴处的磁通而感应的电动势。换向元件在换向区域内可能切割的磁通有三种：①主磁通的边缘磁通，产生的速度电动势可帮助换向，也可阻碍换向，依电刷移动方向而定；②电枢反应磁通，它感应的电动势是阻碍换向的；③换向极磁通，它感应的电动势是帮助换向的。由于换向极产生的磁通总是比电枢磁通略强且方向相反，所以总的速度电动势是帮助换向的。

三、换向电流的变化规律

换向电路电动势方程为

$$i = i_a \left(1 - \frac{2t}{T_k}\right) + \frac{\Delta e}{R_1 + R_2} \tag{21-18}$$

式中　R_1、R_2——换向片 1、2 各自和电刷间的接触电阻；

　　　Δe——换向电路的电动势，是电抗电动势 e_r 和速度电动势 e_k 之和，$\Delta e = e_r + e_k$。

1. 直线换向

$\Delta e = e_r + e_k = 0$，即电抗电动势恰好与速度电动势相抵消，由于直线换向时电刷下的电流密度相等，电刷接触处的损耗和发热均较小，是最理想的换向情况，如图 21-20 中曲线 1 所示。

2. 延迟换向

$\Delta e = e_r + e_k > 0$，即电抗电动势大于速度电动势。由于电流换向的时刻比直线换向延迟了一段时间，故称为延迟换向，如图 21-20 中曲线 2 所示。过分延迟换向在换向结束时 $i \neq i_a$，当换向元件短路回路断开瞬间，电流突然强制变为 $-i_a$，此刻 di/dt 趋近于无穷大，会释放大量的磁场储能，产生火花。

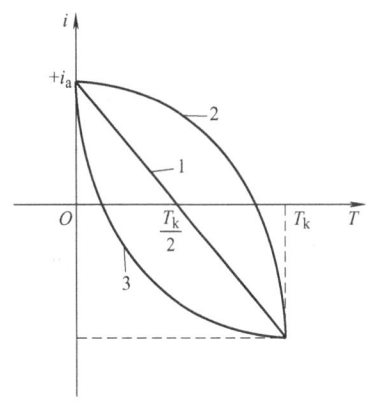

图 21-20　在换向周期内电流变化的各种情况

3. 超越换向

$\Delta e = e_r + e_k < 0$，即电抗电动势小于速度电动势。由于电流换向的时间比直线换向时超前，故称超越换向，如图 21-20 中曲线 3 所示。过分超越换向也会在换向完毕时产生火花。

四、产生火花的原因及改善的方法

1. 产生火花的原因

（1）电磁原因　直线换向条件下，电刷下电流密度分布均匀，电刷和换向器表面接触层的损耗和发热都比较小，一般不会形成火花。而在延迟换向条件下工作时，后刷边电流密度增大，达到一定数值后，后边刷与换向片之间由于高温产生电离效应。随着电枢旋转，相应的换向片必然离开电刷使换向电路突然切断，因此该瞬间磁能以电弧形式释放，即后刷边出现火花。同样，在严重超越换向条件下，前刷边在刚接触相应换向片的瞬间产生热电离作用，形成离子导电，产生换向火花。

(2) 机械原因　换向器加工不同心，表面光滑度不好，换向片与片间绝缘的热膨胀系数不同或因受离心力造成凸片，电刷在刷盒中安装不良或压力不当，在运行中引起电刷跳动，这些都可能造成换向火花。

(3) 电化学原因　正常运行的电机，换向器表面被一层氧化亚铜薄膜所覆盖。氧化亚铜薄膜具有较高的电阻，可以限制附加换向电流，同时它具有较好的润滑作用，有利于电刷和换向器的磨合。因此，如果电刷压力过大，或环境缺少必要的水分和氧气，会破坏或影响氧化亚铜薄膜的产生，容易引起换向火花。

2. 改善的方法

改善换向的目的在于消除电刷下的火花，常用的方法有：

(1) 减小电抗电动势　减小电抗电动势的方法有采用短距绕组，使同槽的两线圈件边不同时换向，减小互感及互感电动势；适当增大电刷宽度，使换向周期变长而减小电抗电动势；减小电枢绕组线圈匝数，但由于匝数减小时线圈数和换向片数都要增加，应注意机械和工艺条件的限制。

(2) 装设换向极，产生换向电动势　装设换向极是最广泛采用的改善换向的措施。利用换向极在换向区域内产生一个改善换向所需的磁场，使换向元件中电动势 e_r 和 e_k 方向相反、大小相等，则可获得理想的换向条件。

(3) 增加换向回路的电阻　适当选用电阻较大的电刷，但电刷电阻过大时，则会使电刷的接触电压降增大，能量损耗与发热也增加。

思 考 题

21-1　试描述自励发电机电压建起的过程。

21-2　有一台并励发电机不能自励，若采用了以下措施之后，该发电机能建起电压，为什么？(1) 改变原动机转向；(2) 提高原动机转速。

21-3　并励发电机在下列情况下空载电压如何变化？(1) 磁通减少 10%；(2) 励磁电流 I_f 减少 10%；(3) 励磁回路电阻减少 10%。

21-4　综合比较他励发电机、并励电动机的外特性和电压变化率。

21-5　为什么在供给相同的负载电流时，并励发电机的端电压下降比他励发电机的端电压下降大？

21-6　如何改变并励电动机旋转方向？

21-7　并励电动机运行时励磁回路发生断路将会出现什么现象？

21-8　串励电动机为什么不能空载运行？复励电动机能否空载运行？

21-9　设正常运行时，一个直流电动机电阻压降为外加电压的 5%，现将励磁回路断路，试就下列两种情况判断该电动机将减速还是加速。(1) 当剩磁为每极磁通的 10% 时；(2) 当剩磁为每极磁通的 1% 时。

21-10　为什么说直流电动机起动性能比异步电动机好？

21-11　讨论直流电动机各种调速方法的优缺点，并说明它们的应用范围。

21-12　换向回路中存在哪些电动势？它们对换向有什么影响？

21-13　直流电机装有换向极，当下列情况发生变化，会对换向产生什么影响？(1) 当负载电流大幅度增加时；(2) 当负载电流大幅度减小时；(3) 当转速升高时；(4) 当电刷接

第二十一章 直流发电机和直流电动机

触电阻增加时；(5) 当换向极绕组有一部分匝数短接时；(6) 当电刷顺着旋转方向移动一个适当角度时（分发电机和电动机两种状态讨论）。

习 题

21-1 一台他励直流电动机，$U_N = 220\text{V}$，$I_N = 100\text{A}$，$n_N = 1150\text{r/min}$，电枢电阻 $r_a = 0.095\Omega$，试求：(1) 不计电枢反应的影响，空载转速和转速变化率；(2) 满载情况下，电枢反应的去磁作用使每极磁通下降15%时的空载转速和转速变化率（额定转速保持不变）。

21-2 有一台并励直流电动机，额定数据如下：$U_N = 500\text{V}$，$I_N = 200\text{A}$，$n_N = 700\text{r/min}$，$\eta_N = 0.9$，电枢回路内阻 $r_a = 0.05\Omega$，电枢回路串联电阻调速，负载转矩保持额定值不变，略去电枢反应的影响，试求转速在 600r/min 时：(1) 电枢回路附加电阻 Δr_a；(2) 附加电阻上的损耗 P_Δ 和效率。

第五篇小结

1) 直流电机基本工作原理的理论基础是电磁感应定律和电磁力定律。需要注意的是，直流电机电刷两端的电压和电流是直流，电枢绕组中的电动势和电流是交流。换向器以机械方式实现外直流与内交流的转换。

2) 直流电机主要由定子和转子（电枢）两部分构成，两者之间有气隙，定子由主磁极、换向极、电刷、机座、端盖等组成。转子由电枢铁心、电枢绕组、换向器、转轴、轴承等组成。

3) 直流电机励磁绕组的供电方式分为他励、并励、串励和复励。

4) 直流电机空载时的气隙磁场由主磁极上的励磁绕组通入直流电流产生。主极磁场可分出主磁通和漏磁通。负载时电机中的气隙磁场由励磁磁动势和电枢磁动势共同建立。若电刷位于换向器的几何中性线上，气隙中只存在交轴电枢磁动势，它产生稍显去磁作用的电枢反应，使气隙磁场发生畸变，两个主磁极下的磁场一半被削弱，另一半被加强。若电刷偏离几何中性线，还将出现直轴电枢反应。发电机中，电刷顺电枢转向偏离几何中性线，电枢磁动势的直轴分量与主极磁动势相反，起去磁作用；当电刷逆电枢转向偏离几何中性线，电枢磁动势的直轴分量与主极磁动势相同，起助磁作用。电动机运行时，电枢磁动势直轴分量的作用与上述交轴分量相反。

5) 电枢绕组和气隙磁场由相对运动感应电动势，表达式为 $E_a = C_e n \Phi$；气隙磁场与电流相互作用产生电磁转矩，表达式为 $T = C_T \Phi I_a$。

根据电机可逆原理，直流电机既可以作为发电机运行，也可以作为电动机运行。判断直流电机运行状态的原则是：发电机运行时 $E > U$，有 I_a 与 E 同方向，电磁转矩 T 起制动作用，机械能转变为电能；电动机运行时 $E < U$，有 I_a 与 E 反方向，电磁转矩 T 起驱动作用，电能转变为机械能。

以并励直流电机为例，写出发电机基本方程式如下：

电动势方程式为 $E_a = U + I_a r_a + 2\Delta U$。

功率平衡方程式为 $P_1 = P_2 + P_f + P_a + P_b + P_{mec} + P_{Fe} + P_\Delta$。

转矩平衡方程式为 $T_1 = T + T_0$。

电动机（并励）基本方程式如下：

电动势方程式为 $E_a = U - I_a \sum r_a - 2\Delta U$。

功率平衡方程式为 $P_1 = P_2 + P_{mec} + P_{Fe} + P_a + P_b + P_f + P_\Delta$。

转矩平衡方程式为 $T = T_2 + T_0$。

6) 自励直流发电机电压建起需满足三个条件：①发电机应有剩磁，磁化曲线有饱和现象；②剩磁引起的励磁电流所产生的磁通方向与剩磁方向一致；③励磁回路电阻不能太大，必须小于发电机该转速时的临界电阻。

7) 直流发电机运行特性主要有空载特性、外特性和调整特性。外特性表征发电机端电压随负载电流变化的情况，是最重要的特性曲线。

直流电动机的特性主要有转速特性、转矩特性和机械特性。机械特性反映了直流电动机转速和转矩之间的关系。通过该特性曲线可以了解直流电动机与已知负载的机械特性是否匹配，机组能否稳定运行。

需要注意的是：运行中的并励电动机不可开路，否则可能出现电枢电流过大和飞车事故。串励电动机不允许在空载或轻载下起动和运行，否则也会出现飞车的情况。

8) 直流电动机的起动方法有：①直接起动；②电枢回路串联电阻起动；③减压起动。

9) 直流电动机有三种调速方法：①调节励磁电流改变每极磁通；②调节外加电压；③调节电枢回路引入的可变电阻。

生产实际中，使直流电动机反转常用的方法是保持励磁电流方向不变，改变电枢电流方向；或者保持电枢电流方向不变，改变励磁电流方向。

10) 换向不良会导致直流电机电刷下产生火花，直流电机运行中的换向问题不容忽视。产生火花的原因主要有电磁原因、机械原因和电化学原因。

改善换向的目的在于消除电刷下的火花，主要方法有：①减小电抗电动势；②装设换向极，产生换向电动势；③增加换向回路的电阻。

参 考 文 献

[1] 谢宝昌. 电机学 [M]. 北京：机械工业出版社，2017.
[2] 刘慧娟. 电机学 [M]. 北京：北京交通大学出版社，2012.
[3] 鲁改凤. 电机学 [M]. 北京：中国电力出版社，2014.
[4] 王铁军，高崴，饶翔. 电机学要点及典型问题解析 [M]. 北京：中国电力出版社，2013.
[5] 汤蕴璆，徐德淦. 电机学 [M]. 北京：机械工业出版社，2012.
[6] 李启煌，叶晓红. 电机学学习指导与习题解答 [M]. 北京：中国电力出版社，2015.
[7] 谢应璞. 电机学：（上册）[M]. 成都：四川大学出版社，2007.
[8] 谢应璞. 电机学：（下册）[M]. 成都：四川大学出版社，2007.
[9] 戈宝军，梁艳萍，温嘉斌. 电机学 [M]. 3版. 北京：中国电力出版社，2016.
[10] 吕宗枢. 电机学 [M]. 北京：高等教育出版社，2014.
[11] 胡敏强，黄学良，黄允凯，等. 电机学 [M]. 3版. 北京：中国电力出版社，2014.
[12] 赵莉华，曾成碧，苗虹. 电机学 [M]. 2版. 北京：机械工业出版社，2014.
[13] 谢明琛，张广溢. 电机学 [M]. 2版. 重庆：重庆大学出版社，2004.